Photoshop CC

商品照片
后期处理专业技法

同样适用于CS6及以下版本

Professional Photo Retouching Techniques for Commercial Photographers Using Photoshop

张颖 著

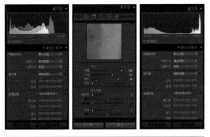

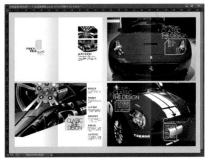

机械工业出版社
China Machine Press

图书在版编目（CIP）数据

Photoshop CC商品照片后期处理专业技法 / 张颖著. — 北京：机械工业出版社，2015.8

ISBN 978-7-111-51396-4

Ⅰ. P… Ⅱ. 张… Ⅲ. 图像处理软件 Ⅳ.TP391.41

中国版本图书馆CIP数据核字（2015）第207631号

随着电商时代的来临，网店美工成为一项新兴的职业，而要想成为一名出色的网店美工，就必须熟练掌握专业化的照片美化技术。本书从全新的商品照片处理的角度入手，全面深入地进行讲解，从最基础的商品照片的选择到最后商品照片在网店和传统媒体的应用都进行了一一的剖析，让读者更加全面地掌握商品摄影后期处理的全流程设计。

全书共5篇16章，分别讲解了商品照片处理前的准备工作、商品照片处理的重要软件知识、商品照片的快速调修、商品照片的明暗调整、商品色彩的调整、细节的美化与修饰、商品照片的批处理应用、商品对象的抠取、商品照片中的合成与特效应用、照片的后期打印与输出、服饰类商品照片处理、首饰礼品类商品照片的处理、鞋包类商品照片的处理、美容护肤类商品照片的处理以及商品照片的商业应用等内容。本书从商品摄影的角度讲解了商品照片处理需要掌握的重点知识，通过典型的案例制作，帮助读者全面提高商品照片处理技能。

本书内容丰富、实例精美，具有较高的学习价值和使用价值，适合网店美工人员、平面设计师使用，也可供Photoshop初、中级读者阅读学习。

Photoshop CC商品照片后期处理专业技法

出版发行：机械工业出版社（北京市西城区百万庄大街22号 邮政编码：100037）

责任编辑：杨 倩

印　　刷：北京天颖印刷有限公司

开　　本：184mm×260mm　1/16

书　　号：ISBN 978-7-111-51396-4

版　　次：2015年10月第1版第1次印刷

印　　张：18

定　　价：79.80元

PREFACE

前言

　　商品形形色色，多种多样，在社会大生产时代，几乎所有的工业产品都可以被称为商品。对于大部分网购者来讲，了解一件商品，首先是从一张商品照片开始的。一张好的商品照片，不仅可以满足网购者对商品的好奇心，同时也能给观者留下极好的印象。

　　在日常生活中，可以看到的商品照片大多都是非常精美的，这些精美的商品照片往往都是经过设计师一步步的后期处理获得的。好的商品照片不仅可以更好地展现商品本身的特点、性能及价值；同时，它也是完成电商广告、传统海报、广告、画册等各类设计作品的基础。商品照片的后期处理与其他题材的照片处理不同，它不仅仅需要让处理后的图像看起来更加美观，同时也需要兼顾商品本身的特点，这样才能起到更好的商品宣传推广作用。

本书适合什么样的人阅读

　　在阅读一本书之后，是否能够从书中获得所需要的知识，对于每一个读者来讲都是非常重要的。《Photoshop CC 商品照片后期处理专业技法》一书，从商品照片选取出发，层层深入地讲解了商品照片处理的全流程和商品照片在网店及传统媒体中的全流程应用，让读者既能学到更实用的商品照片处理技法，也能将所学知识应用到各类商业实战中。

本书的内容安排

　　本书共5部分，即基础知识篇、专业技法篇、技能提升篇、专题处理篇和实战应用篇。第1部分包括第1章和第2章，主要介绍商品照片处理前需要掌握的拍摄技巧与商品照片处理相关的软件知识等；第2部分包括第3~7章，主要介绍商品照片的快速调修、商品明暗、色彩以及细节等重要知识，从专业化的角度讲解商品照片处理时必经的编辑过程，帮助读者了解商品照片处理的实用性技巧；第3部分包括第8~11章，主要介绍商品照片中对象的抠取、合成与特效应用、辅助元素的添加以及照片最后的展示输出，让读者了解商

PREFACE

品照片后期处理可以实现的更多效果；第4部分包括第12~15章，主要介绍服饰、饰品、鞋子、包包、美容护肤品等不同类型的商品照片的专题处理，通过具体的实例操作学习到不同类型的商品照片处理的要点；第5部分为实战应用，用第16章一章，讲解商品照片在不同媒体中的具体应用，使读者知道商品照片处理有什么具体功用。

本书主要特色

1.完整处理流程贯穿全书：本书从商品照片处理的基础入手，根据商品照片处理的先后顺序进行内容安排，让读者能够在一个正确的方向上完成商品照片的后期处理。通过学习，读者不仅可以获得更多关于商品照片处理的相关技法，更能清楚地知道一张优秀的商业作品的由来。

2.典型的商品处理实例：书中不仅对商品照片处理技法进行了全面深入的剖析，还针对市场上主流的服饰、鞋子、箱包等多种类别商品的处理进行单独的讲解，让读者知道在面对不同类别的商品时，要处理的重点在何处，并且能够通过学习掌握典型商品照片的后期处理。

3.实用的下载资源包：随书附赠下载资源包，完整地收录了书中使用到的素材和PSD源文件，方便读者查找和练习，具有较高的学习价值和使用价值。

本书由河南工业大学设计艺术学院张颖老师编写。尽管作者在编写过程中力求准确、完善，但是书中难免会存在疏漏之处，恳请广大读者批评指正，让我们一起对书中的内容进行探讨，实现共同进步。

编 者

2015年6月

如何获取云空间资料

一、关注微信公众号

方法一：通过搜索关注

　　打开微信，在"通讯录"界面单击右上角的十字添加图标，如左下图所示。在展开的列表中选择"添加朋友"选项，再在打开的界面中单击"公众号"进入搜索界面，如右下图所示。

　　在搜索栏中输入我们的微信公众号"epubhome恒盛杰资讯"，并单击"搜索"按钮，如左下图所示，然后查看该公众号并进行关注，如右下图所示。

方法二：通过扫描二维码关注

　　在微信的"发现"页面中单击"扫一扫"功能，如左下图所示，页面立即切换至"二维码/条码"界面，将手机对准右下图所示的二维码即可扫描加入我们的微信公众平台。

扫描二维码后，系统弹出"epubhome恒盛杰资讯"的账号信息，单击"关注"按钮即可关注。

二、获取资料地址

关注微信号后，系统会自动回复欢迎词，如左下图所示。这时，读者需要回复本书书号的后6位数字（513964），如右下图所示。由于每本书的书号不同，读者只需要回复所购图书的书号即可。

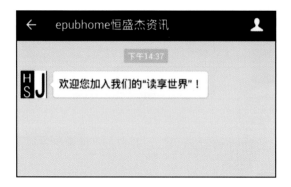

输入书号的后6位数字后，我们的公众账号会自动将该书的链接发送给你，如左下图所示。打开链接后可看到该书的实例文件与教学视频的下载地址和相应的密码，如右下图所示。

三、下载资料

将获取的地址输入到网址栏中进行搜索，搜索后跳转至左下图所示的界面中，在文本框中输入获取的下载地址中附带的密码（注意区分字母大小写），并单击"提取文件"按钮即可进入资源下载界面，如右下图所示。读者可将云端资料下载到自己的计算机中。下载的资料大部分是压缩包，读者可以通过解压软件（类似WinRAR）进行解压。

在百度云中下载资源时，一般需设置好所保存的路径，这样在下载完成后可快速找到下载的内容，此处默认在F盘下的"BaiduYunDownload"文件夹中。一般从网上获取的文件都是压缩后的文件，为了使查看更方便，可以先将压缩文件解压，只需右击压缩包，然后选择"解压到当前文件夹"选项即可，如左下图所示。

解压后，双击"云端资料"文件夹，即可看到下载的实例文件和视频文件，如右下图所示。

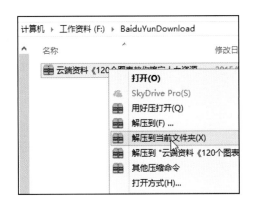

在实例文件下，读者可看到不同章节的实例文件，打开需要查看的章节文件夹即可看到该章内容下的原始文件和最终文件，如左下图所示是第2章"最终文件"文件夹下的案例表格。同样地，读者在"视频"文件夹下也可查看不同章节中录制的视频内容，如右下图所示的视频就是第2章相关的视频内容。

四、播放多媒体视频

　　播放视频文件时，需要下载Flash Player播放器，由于版本的更新，现在的Adobe Flash Player不能单独使用，它作为插件嵌入到网页中，所以在播放视频时最好选择用IE浏览器播放。如左下图所示，右击需要播放的视频文件，然后依次单击"打开方式>Internet Explorer"，系统会根据操作指令打开IE浏览器，如右下图所示，稍等几秒钟后就可看到视频内容。

CONTENTS

目录

第2部分 | 专业技法篇

第6章　用细节表现精致的商品 ⋯⋯⋯⋯⋯⋯⋯⋯⋯⋯⋯⋯79

第7章　批处理提高效率 ⋯⋯⋯⋯⋯⋯⋯⋯⋯⋯⋯⋯⋯⋯101

第3部分 技能提升篇

第4部分　专题处理篇

第 1 部分
基础知识篇

第 1 章
商品照片处理前的
准备工作

　　为了使商品照片后期处理更加轻松快捷，除了能够熟练地使用图像处理软件进行后期处理外，在拍摄时也要尽量拍摄出满意的照片，这就需要从商品照片的拍摄角度、照片尺寸设置以及用光技巧等多个方面考虑，然后才能根据拍摄出的照片，选择更适合于表现商品特色、性能的照片进行后期处理。在处理照片之前，做好一些必要的前期工作，可以在商品照片后期处理过程中，节省时间，提高工作效率。

　　本章节会详细讲解如何去判断一张照片的好坏、怎样获得好的商品照片等相关知识，通过学习，读者能够掌握更多的拍片与选片技巧。

知识点提要

1. 判断商品照片的好与坏

2. 让照片更符合网店需要

3. 为后期处理留下更多可操作空间

1.1
判断商品照片的好与坏

开始商品照片拍摄之前，首先需要学习判断一张商品照片的好与坏，这样才能帮助我们在拍摄和后期处理的过程中，获取更加出色的商品照片。一张优秀的商品照片，需要具备多个方面的特点，在本小节中会为读者一一介绍如何评判照片的好坏。

1.1.1 让拍摄的商品图片会说话

一张优秀的商品照片，不仅可以表现出摄影师高超的拍摄技术，更能让画面的商品"说话"。什么样的图片会说话呢？那就是主题鲜明、突出的图片会说话，当观者看到该图片就能联想到产品的特点、功能等，这样才能激发观者的购买欲望，达到商品营销的目的。

右图展示的商品是剃须刀，后期处理对画面进行了创意性的设计，从此图像中我们可以知道此作品在向观者说明这个剃须刀具有超强的防水功能。

◆ 背景颜色要突出产品形象

在表现商品对象时，需要根据拍摄对象的颜色选择与之反差较大的颜色为商品布景，从而更好地突显该商品，给人以美感。无论是选择单一背景拍摄或者通过背景虚化，还是利用陪体烘托拍摄，都需要注意这一点。如果背景颜色与主体颜色较为接近，在后期处理时，也不利于主体对象的选择与编辑。

右图中我们发现前一幅图像背景和产品的颜色过于接近；而后一幅图像则采用与被摄主体颜色不同的背景颜色，从图像上可以看到与拍摄主体颜色反差较大的背景颜色，让画面中要表现的主体更加突出，从而加深了观者对商品的印象。

◆ 突出主体的摆放技巧

在拍摄商品照片之前，都会先将要拍摄的商品进行合理组合，设计出一个最佳的摆放角度，为拍摄时的构图和取景做好前期准备工作。商品采用什么摆放角度和组合最能体现商品性能、特点以及价值，这是在开始商品拍摄之前就需要考虑的问题。因此，拍摄前的商品摆放是决定照片效果好坏的关键所在。一张好的商品照片，在前期商品的摆放上必定下了功夫，尝试了不同的摆放方式，才会最终呈现出漂亮的画面效果。

上图中，为了表现鞋子的样式特征，对鞋子进行错落有致的摆放，使得拍摄出的画面更有动感和节奏感，再加上不同颜色的鞋子相互搭配，让观者了解到该款鞋子提供了多种不同的颜色以供消费者选择。

◆ 巧用道具表现商品用途

在为商品布景的时候，只在拍摄环境中摆放要表现的商品，那么最终呈现出的画面效果必定非常单调，缺乏美感。因此，在拍摄时借助一些与商品相关的道具不失为一种特殊的表现方式。从很多优秀的商品照片中，我们可以看到其画面中除了要表现的商品外，通常还会摆放一些相关的小道具，以突出商品性能、特点等。

上图在拍摄化妆品的时候，为了让画面效果显得更丰富，在拍摄环境中放置了珍珠、花朵等小装饰品。这样的处理方式，既没有抢化妆品的风头，也避免了主次不分，引导观者了解并查看商品。

1.1.2 好的商品照片具备的要点

优秀的商品摄影师运用自己独特的拍摄手法，向观者呈现出一幅幅优秀的商品照片。那么什么样的商品照片才能算是优秀的商品照片呢？其实，归纳起来，一幅优秀的商品照片必定在构图、布光、色彩和质感等方面尤其突出。

◆ 合理的构图

在摄影中，构图是突出主题的重要表现手法，对于商品照片而言，构图更是体现商品特征的重要因素之一。一张漂亮的商品摄影作品，往往都是经过摄影师精心构图设计的。在商品摄影的构图上，应当遵循简洁的原则。简洁的构图可以更好地向观者展示商品的主要特点，让观者根据照片就能了解商品的实际用途。

商品照片中常见的构图方式包括了黄金分割点构图、中心点构图、对角线构图及留白构图等。对商品照片的构图处理，可以在前期拍摄时利用取景器调整照片的构图，也可以在后期处理时对拍摄的作品进行二次构图。

右侧拍摄的是一款手镯，画面中同时包含了商品及商品的包装。我们可以看出，拍摄者采用了经典的黄金分割点构图，通过两条竖线与两条横线的交叉，画面中的手镯刚好位于一条横线与一条竖线的交叉点，也就是画面的黄金分割点上，这样的构图方式使得作为商品的手镯在画面中显得更突出。

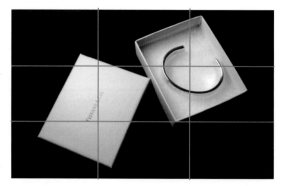

◆ 正确的布光

摄影是一门光与影的艺术，如果没有光的存在，那么摄影则无从说起。在实际的拍摄中，光分为主光、辅光、轮廓光及背景光等几种。在专业的商品摄影中，需要十分注重光线使用的先后顺序，即首先要把重点放在主光的位置，然后利用辅助光，调整画面上由于主体作用而形成的反差，突出层次，这样才能让拍摄出来的商品展现更接近于肉眼所观察到的效果。

商品摄影的对象可以说是无处不在的，只要拍摄者善于正确把握商品布光处理，那么总能通过后期处理的方式让商品无论是在光影层次还是在色彩的表现上，都能呈现出最理想、最自然的状态。

在对一些较小的物件进行拍摄时，一般会选用人造光为商品进行布光，即用闪光灯和影室灯分别对室外与室内的商品进行拍摄。

右图展示了使用闪光灯拍摄出的小饰品效果，通过运用闪光灯对商品进行布光后，可以看到拍摄出来的画面非常明亮，真实地反映出饰品最自然的形态。

在专业的商品摄影中，除了要注重光线的先后顺序外，对于布光方向的控制也是至关重要的，布光方向一般分为顺光、侧光、逆光和顶光四种，不同方向的光线所表现的效果也会有所区别。针对不同对象的拍摄，可以表现出不一样的画面效果，如顺光适合于表现商品丰富的色彩，侧光适合于表现商品的立体感，逆光适合于表现商品的轮廓形状，而顶光则适合于一些小商品的拍摄等。

上图为选择了顺光方式获得的画面效果，顺光拍摄使得物品上的明暗、色彩变化更加突出，画面层次感得到了加强。

上图为选择侧逆光方式获得的画面效果，逆光拍摄使画面中间的玩偶商品出现明亮的轮廓线，突出了商品的外形特点。

上图为选择顶光拍摄获得的画面效果，位于商品上方的光源由上而下地照在物品上，使商品显得更加突出。

◆ 准确的色彩表达

商品多种多样，色彩也不尽相同。有时拍摄者不仅要将商品原本的色彩表现出来，还会借助色彩呈现出更为多变的画面效果。

对于大部分商品照片而言，拍摄者都力图展示物品的真实色彩，让观者通过照片能够看到不同商品与其他物品之间的色彩反差。除此之外，拍摄者还会借助环境色的搭配来突出画面中的主体商品色彩。将商品融入现场光线氛围中，才能使其色彩更符合拍摄要求，也能让画面更有感染力。

右侧的两幅图像均是借助室内的白炽灯拍摄的礼品盒，两幅图像相比较，可以看出下面一幅图像增强了黄色，色彩表现更为浓郁，更能渲染出热烈的节日氛围。

对于商品照片而言，漂亮的色彩搭配自然是评价作品好与坏的重要标准之一，但是大部分照片并不是一拍摄出来其色彩就是非常漂亮的，所以通常都会根据要表现的商品特点，对画面中部分图像的颜色进行或简单或复杂的调整，使画面的色彩得到均衡的体现。合适的后期处理不但会对人的视觉造成影响，更能让人产生情绪上的感触。

右侧拍摄的是一幅美食照片，原图像的色彩显得非常的暗淡，不能反映出食物的美味，在后期处理时，通过调整照片的色彩饱和度，增强了色彩浓度，使画面中食物的色泽更加诱人，让观者一看到就忍不住想要品尝一下。

◆ 质感的真实体现

商品照片好坏的判断与其他题材照片的判断也会有所区别，它不仅需要在构图、色彩上非常出彩，同时也需要反映出商品的质感。质感对于商品来说是非常重要的，它在一定程度上决定了商品的本质属性。一些表面粗糙、质感强烈的物品，往往是非常具有表现力的，因此好的商业摄影作品，不仅需要将商品的色彩还原至自然状态，更需要着重表现出商品的质感特征。

右侧向大家展示的是一只手表，从画面中可以看到，图像利用手表上面的拉丝纹理，表现出了商品高端和时尚的品质，通过高反差的对比方式，真实地反映出了该手表金属材质的特点。

1.1.3 商品照片中经常会出现的问题

在开始运用软件对拍摄的照片进行处理前，首先需要对图像进行分析，了解当前选择的照片主要问题是什么，然后选择合适的工具或命令对图像进行编辑，让编辑后的图像更符合商品的特质。商品照片中经常出现的问题包括图像主体不明确、曝光过度或曝光不足、色彩失真及构图不理想等几大类。通过对这些问题的精细调整，能够更好地诠释商品形象，以达到促销的目的。

◆ 主体不明确

在拍摄商品时，为了让画面呈现出更丰富的效果，一般都会对拍摄环境进行布景，选择一些与拍摄主体相关的物品作为陪体，以烘托主体对象。相对于主体而言，陪体不能太过于突出，如果画面中出现了多个陪体，那么这些陪体所放置的位置也是非常重要的，如果不能正确把握这些陪体与主体之间的关系，则很容易使画面看起来零乱、主体不够突出。

在拍摄带有陪体的商品时，可以通过增大光圈值加强照片中的景深，对陪体对象进行模糊，从而突出主体对象；也可以在后期处理时，利用图像处理软件中的工具或命令在照片中模拟景深效果，进一步突出画面中的主体。

右图本来是要向观者展示铁盒中的茶叶，在拍摄的时候，选择与茶叶相关的紫砂壶作为陪体，但是整个画面中的紫砂壶、铁盒和茶叶都以清晰状态呈现，观者并不能清楚地了解此画面要突出的商品是茶叶还是紫砂壶，这就是因为要表现的主体不突出。

◆ 曝光过度或曝光不足

曝光是整个摄影过程的中心，会直接影响到最终成像的画面明暗效果。对于数码单反相机而言，在拍摄者按下快门以后，相机会在内部就完成曝光。照片的曝光情况与数码相机中设置的光圈大小有着密切的联系，光圈越大，单位时间内进入图像传感器的光线就越多，拍摄出的图像越亮；反之，光圈越小，单位时间内进入图像传感器的光线就越少，画面越灰暗。

在曝光因素不变的情况下，在摄影中，曝光分为曝光不足、曝光正常和曝光过度三种情况。除了曝光正常的照片外，曝光不足和曝光过度都是商品照片中经常会遇到的问题，曝光不足的画面偏暗，暗部细节损失较多；曝光过度的画面偏亮，亮部细节损失较多。

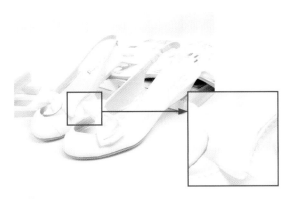

上图为一张曝光过度的鞋子素材图像，画面中高亮部分区域的图像损失较大，鞋子上方的褶痕、纹理等细节都没有了，这样的画面很难让观者从照片中了解鞋子的特点及材质等。

上图为局部曝光不足的一幅玩具汽车图片，由于拍摄时光线较弱，使得拍摄出来的图像曝光不足，暗部区域的图像丢失较大，连汽车轮廓都不能清晰地表现出来。

当照片出现曝光不足或曝光过度等问题时，在后期处理的过程中，首先就是要修复这些明显的问题。可以利用图像调整功能对其进行修复，使曝光不足或曝光过度的照片呈现正常曝光状态的效果。

右图创建"色阶"调整图层，将"属性"面板中的灰色滑块拖曳至0.34位置，设置后降低中间调部分图像亮度，使曝光过度的图像影调变得更和谐。

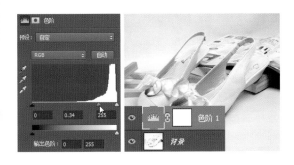

提示

开启高光溢出提示功能

拍摄商品时，如果担心拍摄出来的照片出现曝光过度的情况，可以开启数码相机中的高光溢出提示功能。开启此功能后，在拍摄时如果发现画面中有些区域在不断闪烁，则说明该区域内的图像曝光过度，提醒拍摄者是否需要调整光圈、感光度等。

◆ 色彩失真

在色彩的作用下，人眼所观察到的商品颜色是多姿多彩的，造成这一现象的主要原因是光线的反射效果促使物品在人眼中形成的色相变化。光线是影响色温的主要因素，而色温又是影响画面成像的关键。因此，在专业的商品摄影中，如果没能正确把握好色温与色彩的关系，则很容易导致拍摄出来的作品出现偏色的现象。

在不同的光线下，人眼对相同颜色的感觉基本相同，所以看到的商品颜色都是相同的。但是，数码相机却不具备此功能，所以在拍摄时，需要通过调节数码相机中的白平衡来让商品的颜色得到准确的还原。一旦设置的白平衡不符合当时的拍摄环境时，则拍摄出来的商品色彩就会与商品本来的色彩产生明显出入。

室内的光源呈现出暖调效果，拍摄出来的灯具也偏黄色。

造成图像色彩失真的原因除了前期拍摄的处理不当以外，后期调整不合适也可能出现画面中商品色彩失真的情况。在利用图像处理软件对拍摄的商品照片进行后期编辑、调整时，如果没有专业化的图像处理技术，则很可能因为对照片中部分图像色彩处理不恰当，让原本色彩较自然的商品出现色彩失真的现象。因此商品照片的后期处理应该根据商品本身的特点，对色彩进行简单的调修，不能让调整后的图像出现色彩失真的情况。

左图为一幅指甲油素材图像，原图像整体色彩较暗淡，需要在后期处理时适当地提高照片的色彩饱和度，但是由于操作不当，设置的参数值不合适，导致调整后的图像颜色饱和度太高，商品照片与实物颜色出现非常明显的区别。

◆ 构图不理想

许多商品照片还会出现一个常见的问题——构图不理想。构图可以说是决定画面最终效果的关键因素之一，对专业化的商品摄影来讲，构图是成就作品的重要手段。很多普通的拍摄者没有将环境与被拍摄对象进行合适的安排，使拍摄出来的画面出现构图不理想的情况，导致画面品质的下降。当拍摄处理的图像构图不佳时，可以通过适当的后期处理，调整整个作品的构图方式，以重新获得更好的画面构图效果。

右侧的两幅图像分别是以服饰和食品为表现主体的照片，由于在拍摄时没有处理好环境与商品的关系，使得画面要表现的商品都不完整，让观者既不能清楚地查看到商品细节，也不能了解商品的整体外观效果。

第 1 部分 基础知识篇

1.2
让照片更符合网店需要

随着网络营销的不断发展，越来越多的人选择了在网上购买各类商品。对于网店来讲，图片是吸引消费者的重要手段，因此在使用相机拍摄之前，可以对相机做一些基础的设置，并结合专业的后期修片技术，让拍摄出来的照片更加美观，以获得消费者的认可。

1.2.1 适合商品后期处理的照片格式

拍摄照片之前，需要对图像的存储格式进行设置。目前市面上大多数的数码相机都会提供多种照片存储格式供拍摄者选择，如 JPEG、NEF、ORF、JPEG+RAW 格式等。当拍摄者选择不同的存储格式时，所获得的照片尺寸大小也会不一样。通常情况下，为了满足后期处理的需要，在拍摄商品前，可选择较大的文件存储格式来存储照片。

在数码相机预设的各种存储格式中，最适合于后期处理的格式莫过于 RAW 格式照片。RAW 格式照片，严格来说它不是一种文件格式，而是一种文件类型——没有经过相机图像处理的数字图像信息，它包含的信息量最为丰富，因此后期处理时可以保证在不损害图像质量的情况下随意调整照片的色调，让后期处理更加得心应手。

在"图像画质"菜单下选择 RAW 格式。

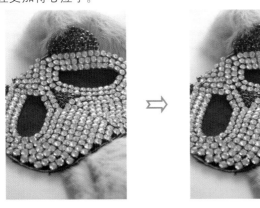

左侧第一幅图像为前期使用 RAW 格式拍摄的照片，从图像上可以发现画面色调偏黄；第二幅图像则为通过后期处理，校正了 RAW 格式照片的色彩，真实再现了饰品的本来色彩。

1.2.2 适合于电商运用的照片尺寸

前面介绍过了适合于商品后期处理的存储格式，接下来就需要了解适合于电商运用的照片尺寸。在拍摄照片时，为了方便后期处理，往往会将照片以较大的尺寸存储起来。但如果需要将这些照片应用于电商,则这些照片的尺寸就会显得太大,导致不能完成照片的上传工作。

随着电子商务的不断发展,出现了越来越多的电子商务平台,如淘宝、京东、唯品会、梦芭莎等。不同的电子商务平台,对照片的尺寸要求也不一样,即使将照片发布于同一电子商务平台上,也会因为图像所应用区域的不同,对尺寸的要求也不同。以上传到淘宝的照片为例,下面的表格中详细列举了不同应用范围的照片的尺寸以及大小要求。

照片应用	尺 寸	大 小
橱窗	宽 500 像素 × 高 500 像素	120KB 以内
店标	宽 100 像素 × 高 100 像素	80KB 以内
宝贝描述	宽 500 像素 × 高 500 像素	100K 以内
公告栏	宽度不超过 480 像素,高度不限	120KB 以内
宝贝分类	宽度不超过 165px,高度不限	在 50KB 以内

为了便于后期处理,在计算机中所保留的照片尺寸一般都比较大,在完成处理后,最后一步操作就是调整这些用于电商平台的照片大小。如果用户直接用较大尺寸进行照片的上传操作,则会导致照片上传失败。因此,为了满足不同电商平台对照片尺寸大小的要求,可以利用 Photoshop 中的"图像大小"命令调整照片的尺寸大小。

右图所示为一张抠出的男鞋照片,如果要将此照片上传到淘宝,应先执行"图像 > 图像大小"菜单命令,打开"图像大小"对话框,在对话框中可看到原图像尺寸。

在"图像大小"对话框下方输入"宽度"值为 558 像素,"高度"为 500 像素,如左图所示,输入后在对话框上方会显示调整后的图像大小,此时单击"确定"按钮,即完成照片尺寸的调整。

提 示

通过相机确认照片的尺寸大小

用户除了可以在后期处理时重新定义照片的尺寸外,也可以通过数码相机中的图像画质来选择适合于网店商品展示的尺寸大小。通常情况下,最重要的基本原则就是图像的尺寸应大于或等于网店页面对图片尺寸的要求。例如,如果网店页面要求的图像宽度为 1920 像素,那么我们在相机中所设置的尺寸就需要大于或等于 1920 像素;如果网店页面要求的图像宽度为 1280 像素,那么我们在相机中所设置的尺寸就需要大于或等于 1280 像素。这样所拍摄出来的照片既能满足后期处理需要,也更适合上传于网店。

1.2.3 根据页面设置合适的长宽比

在对商品进行拍摄前，需要根据不同网页对图像长宽比的要求，调整数码相机中的图像长宽比。很多数码相机都具备长度比设置菜单，如果用户在拍摄前不调整其设置，默认的照片长宽比通常为 3 ： 2 或是 4 ： 3，用户开启数码相机后，应在相机的设置菜单中更改照片长宽比，以获得更符合网店要求比值的照片。

下面的两幅图像是长宽比分别为 1 ： 1 和 3 ： 2 时所展示的商品效果。

除了在拍摄时，选用数码相机预设的长宽比来控制拍摄出的照片长度和宽度比值外，也可以通过后期处理来设置适合于商品表现的长宽比。在 Photoshop 中，通过运用"裁剪工具"能够快速更改照片的长宽比，也可以结合选区工具和"裁剪"命令更改照片的长宽比。在具体的后期处理时，应根据商品本身的特点选择适合的长宽比。例如瘦长的商品，适合采用 3 ： 2 或 16 ： 9 这样的比例，而接近正方形或圆形的商品则适合采用 1 ： 1 的比例。

下面左侧图为打开的一张饰品照片，单击"裁剪工具"按钮，在"裁剪工具"选项栏中选择 1 ： 1 的比例选项，在图像中绘制裁剪框，对照片进行裁剪操作。可以看到经过裁剪后，将照片的长宽比更改为了 1 ： 1，画面效果显得更紧凑，商品也变得更加突出。

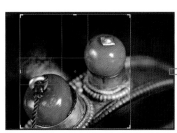

在 Photoshop 中，要对照片的长宽比进行调整，除了可以运用"裁剪工具"来实现外，也可以结合"裁剪"命令和"矩形选框工具"进行设置。选择"矩形选框工具"，在选项栏中将选区比例设置为 1 ： 1，在图像中绘制正方形选区，再执行"图像 > 裁剪"命令，就可将方形选区外的图像裁剪掉。

1.3
为后期处理留下更多可操作空间

摄影是展现商品在不同时和空间中进行变化的一个瞬间固定的影像。前期的商品拍摄只完成了整个摄影步骤的一部分，另一部分则是对照片进行精确的后期处理。为了让后期处理更加方便，在前期拍摄时需要注意一些小问题，这样才能为后期处理留下更多的可操作空间，为后期创作留下更大的可利用空间。

1.3.1 保留较大的照片尺寸

在商品照片后期处理过程中，有时会因为构图不理想、陪体不合适等原因，对照片进行一定的裁剪，这样就会使照片的尺寸变小，此时如果拍摄的照片本来就较小，那么经过裁剪后的图像则会出现画面品质下降的情况，导致图像不能满足较高的后期输出需要。

为了增大后期处理空间，在存储卡存储空间足够大的情况下，可以在相机中对照片的宽度和高度像素比例的存储格式进行设置，以满足后期处理的需求。在拍摄照片时，可以根据照片的输出方式选择不同等级的画质，如果是需要放大或用于印刷的照片，那么应该选择尽量高的画质进行输出，比如 L 画质；如果只是用于记录生活点滴或用于网络展示，那么可以考虑用低画质拍摄以节约存储空间及加快传输速度，比如 S 画质。

右图为在单反相机屏幕菜单设置中设置不同照片尺寸的不同效果，在菜单中选择一个规则尺寸或图像格式后，屏幕菜单上方会显示相关的像素值及所获得的文件大小。

 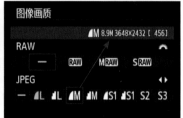

数码相机中所设置的像素大小对裁图有着非常重要的影响，在对商品照片进行处理时，经常需要表现商品细节，此时就需要对照片进行一定的裁剪。通过裁剪的方式表现商品细节，可以减少拍摄时对镜头的依赖性。如果照片本身的尺寸较大，在后期处理时，即使对它做了一定的裁剪操作，其图像本身的质量也不会有丝毫的下降；反之，若原来拍摄时所设置的尺寸较小，那么裁剪后很可能会导致照片品质下降，稍微放大图像就会变得模糊等。

左图为选择较大图像画质所拍摄的图像，运用"裁剪工具"对照片进行裁剪后，可以看到被保留下的图像仍然非常清晰。

右图为选择较小图像画质所拍摄的图像，运用"裁剪工具"对照片进行裁剪后，可以看到被保留下的图像放大后变得模糊起来。

1.3.2 **尝试从不同角度拍摄照片**

在对商品进行拍摄时，即使是只对一件商品进行拍摄，也可以选择从多个角度或不同的距离进行取景，从而表现商品在不同区域或是不同角度下所呈现出的效果。拍摄角度通常包括了拍摄高度、拍摄方向，其中拍摄高度分为平拍、俯拍和仰拍 3 种，拍摄方向分为正面拍摄、侧面拍摄、以及全侧面拍摄等。同一件商品，选择不同的取景角度进行拍摄，往往会获得不同的视觉效果。

◆ 不同拍摄高度拍摄商品

拍摄高度是指被拍摄对象与相机位置之间的上下角度关系，随着相机位置的不同，拍摄出来的照片呈现出来的感觉也不一样。拍摄角度一般分为与摄影师视线高度一致的平拍、从低往高处拍摄的仰拍和从高往低处拍摄的俯拍 3 种。

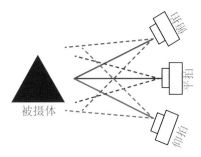

平拍是最为自然的拍摄角度，这类照片容易给人以亲切感，使画面产生交流感，情感表达更为直接；仰拍是将相机或镜头抬高进行拍摄，这类照片能够展现商品纤长的特点，使主体的地位更好地凸显出来；俯拍则是从物品上方往下进行拍摄，这类照片画面的透视变大，可以表现商品更加高大的形象。

左侧的 3 幅图像分别为平拍、仰拍和俯拍 3 种不同拍摄角度拍摄出来的商品所呈现的效果。

◆ 不同拍摄方向拍摄商品

拍摄方向是指以商品为中心，相机左右位置的变化。拍摄方向分为正面拍摄、侧面拍摄和全侧面拍摄等。拍摄商品时，拍摄方向的适当变化能够对商品的形象表现产生明显的影响，也决定了画面将展现和强调商品哪方面的特征。

正面拍摄是指商品正面对着相机，这样拍摄出来的商品会给人对称、和谐的感觉；侧面拍摄是指商品与相机镜头形成一定的角度进行拍摄，这种拍摄方法所获得的照片能够更好地呈现立体的商品效果；全侧面拍摄则是商品与相机镜头构成大约 90 度的角度进行拍摄，这种拍摄方式能更好地展现商品的侧面轮廓。

3 幅图像分别为正面拍摄、侧面拍摄与全侧面拍摄出的数码相机，从各个方向展现了数码相机的外形特征。

1.3.3 多拍摄几张便于照片的选择

在商品照片的拍摄过程中，为了让后期的选择空间更大，在拍摄同一个产品对象时，可以增加拍摄的数量。如果只获得了少量的拍摄照片，则会在后期处理时给照片的选择带来一定的难度，缩小了图像的选择空间。

右图所示为同一场景中拍摄出来的4张照片，通过观察图像，可以看到每张照片的总体效果变化不大，但还是存在一定的差异，这样为后期照片的处理提供了更多的选择。

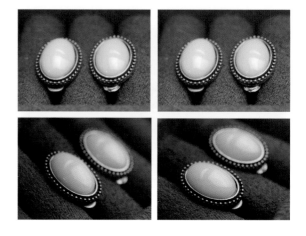

1.3.4 保证照片足够的清晰度

清晰度是决定照片品质的重要因素之一，对于任何照片而言，清晰都是最基本的一项要求。在后期处理时，要将清晰的照片变得模糊非常简单，而要将模糊的照片重新变清晰则非常麻烦。

画面清晰度与数码相机的对焦有着非常密切的关系，现在大部分的数码相机都以自动对焦为主。采用自动对焦拍摄时，相机会自动判断焦点处的画面是否足够清晰，如果相机觉得焦点处的画面已经很清晰，则会发出提示音，表现已经合焦，这时拍摄出来的照片通常都是非常清晰的。如果相机跑焦，则很容易导致照片变得模糊。因此，在拍摄照片时也可以根据具体的拍摄对象，手动调焦，有效防止出现跑焦导致的模糊现象。

上图为拍摄的儿童服饰照片，很模糊的衣服区域是画面中要表现的主体，但由于焦点位于右侧的植物上，脱离了衣服主体，形成脱焦，服饰变得模糊。

上图中拍摄者重新调整了焦点位置，用焦点覆盖小朋友身上穿着的衣服后再次进行对焦，衣服因此变得清晰。

选择正确的焦点是获得清晰照片的一个重要因素，拍摄者在拍摄的过程中有时会因为长时间拿相机而产生疲劳感，使得拍摄的过程中出现手部抖动的情况，手部的抖动会使得拍摄出来的照片出现整体模糊而影响画面的质量。鉴于这种原因，在前期拍摄的过程中，可以借助三角架来帮助稳定相机，避免画面出现模糊的情况。

第 2 章
掌握商品照片
处理的软件知识

开始商品照片后期处理工作前，选择一款适合于自己的图像处理软件是很有必要的。目前，市面上流行的数码照片后期处理软件种类繁多，用户可以根据个人的操作习惯，选择一款合适的软件，通过运用软件中相应的图像编辑功能，帮助用户轻松获得好的商品照片。

本章会对商品照片处理中经常会使用到的一些主流图像编辑软件进行简单的介绍，主要包括 Camera Raw 8.0、Adobe Lightroom 5 和 Adobe Photoshop CC。通过本章的学习，用户能够了解各软件的主要功能及适合的图像范围，为后面商品照片的处理奠定基础。

知识点提要

1. 掌握并了解常用图像处理软件优缺点

2. 针对 RAW 格式照片调修——Camera Raw 8.0

3. 快速修图的必备软件——Adobe Lightroom 5

4. 专业的照片处理软件——Adobe Photoshop CC

2.1
掌握并了解常用图像处理软件优缺点

在数码照片后期处理过程中，可以使用的软件非常多，除了众所周知 Photoshop 以外，还有一些非常简单实用的图像处理软件，这些软件的操作相对于专业化的 Photoshop 来讲，操作显得更为简单，下面对其中几款经典照片处理软件进行介绍。

软件名称	软件简介	优　点	不　足
Adobe Photoshop CC	Adobe Photoshop CC 是 Adobe 公司旗下最为出名的图像处理软件之一，它通过众多的编辑与修图工具，能有效地对图像进行编辑工作，其应用范围非常广泛	1. 无损的图像编辑技术； 2. 方便快捷的图像校色与润色技术； 3. 精细的图像抠取功能； 4. 天衣无缝的合成技术； 5. 专业化的特效制作； 6. 跨平台的图像处理功能	1. 对硬件要求较高； 2. 占用系统资源较大； 3. 使用起来操作较为烦琐
Adobe Lightroom 5	Adobe Lightroom 5 是一款以后期制作为重点的图像编辑软件，它面向于数码摄影、图像设计等专业人员和高端用户，支持各种 RAW 图像的编辑，主要用于数码照片的浏览、编辑、整理与打印等	1. 高效率的照片输入、选择与展示功能； 2. 支持各种 RAW 格式图像编辑； 3. 精美的幻灯片功能实现照片的动态浏览； 4. 便捷的电子书籍制作； 5. 超强的照片地理位置的标记功能	1. 不再支持 Windows XP 系统； 2. 不能进行图像的抠取与合成； 3. 无法在照片中添加文字信息； 4. 不能创建特效
光影魔术手	光影魔术手是一款对数码照片画质进行改善及效果处理的软件。用户不需要任何专业的图像处理技术，就可以制作出专业化的照片摄影色彩效果。因此，它能够满足大部分数码照片后期处理的需要，可快速完成照片的批量调整	1. 拥有强大的调整图像参数； 2. 丰富的数码暗房特效； 3. 海量的精美边框素材； 4. 随心所欲的拼图技术； 5. 便捷的文字和水印功能； 6. 图片批处理功能	1. 无法实现较细致的图像处理； 2. 不能手动调节图像大小； 3. 经编辑后的图像像素较低； 4. 在未连接网络时大量素材不可用； 5. 抠图、换背景的能力差
美图秀秀	美图秀秀是一款非常流行的数码照片后期处理软件。美图秀秀的操作和应用相对于光影魔术手来讲，更为简单，它独有的图片特效、拼图、场景、边框功能，能够让用户快速制作出漂亮的闪图效果	1. 高速、实用的一键美化功能； 2. 专业化的人像美容技术； 3. 随性自由的拼图技术； 4. 完整的批处理功能； 5. 有趣的动画制作技术	1. 不能对照片局部进行调修； 2. 无法实现照片的抠取与合成操作

2.2
针对RAW格式照片调修——Camera Raw 8.0

RAW 格式照片无损地记录了照片中的所有信息，可以通过后期处理恢复照片的原始色彩。目前大部分的数码相机都专门配置了相应的 RAW 格式照片转换与处理软件，与这些自带软件相比，Adobe 公司推出的 Adobe Camera Raw 具有操作简单、运行速度快、设置简单等诸多优点，因此它也成为 RAW 格式照片的专业软件。

2.2.1 Camera Raw 处理照片的工作流程

在使用 Camera Raw 对照片进行编辑之前，我们需要对该软件处理操作流程有一定的了解，这样才能在使用 Camera Raw 的过程中更加流畅，从而让后期的编辑更加得心应手，达到事半功倍的效果。

 修复瑕疵

◆ 打开并修复瑕疵

选择一幅 RAW 格式素材图像，检测照片中是否有污点、瑕疵，如果有，则选择工具条中的"污点去除"对照片中明显存在的瑕疵进行修复。

校正光影

◆ 校正照片光影

在完成照片瑕疵修复后，接下来就是对照片颜色明暗进行调整，通常在"基本""色调曲线"选项卡中进行选项设置，可以对照片明亮度和对比度进行快速调整，也可以利用"HSL/ 灰度"选项卡针对八大色系的明亮度进行单独调整。

调整颜色

◆ 调整照片色彩

为了让照片中的商品色彩更符合实际效果，应用"基本""色调分离""HSL/ 灰度"选项卡中的设置来对照片中阴影、高光及单个颜色的色相、饱和度进行调整。

细节修饰
局部润色

◆ 调整细节、局部润色

利用"细节"选项卡中的参数锐化图像，去除杂色，并结合工具条中的"调整画笔""径向滤镜"和"渐变滤镜"对商品局部颜色进行处理。

确认设置
存储图像

◆ 确认设置、存储照片

应用 Camera Raw 处理好照片以后需存储设置后的效果。单击 Camera Raw 左下角的"存储选项"按钮，打开"存储"对话框，在对话框中指定存储的位及名称等，完成 RAW 格式照片的存储。

2.2.2 认识 Camera Raw 的界面构成

了解运用 Adobe Camera Raw 处理照片的流程后，接下来就需要进一步认识 Camera Raw 的工作界面。随着 Photoshop CC 的发布，Adobe Camera Raw 也做了相应的改进，它将 Adobe Camera Raw 8.0 集成到 Photoshop CC 中，与 Photoshop CC 紧密结合在一起。用户可以将要处理的 RAW 格式照片拖入启动的 Photoshop CC 中，快速打开 Camera Raw 8.0 对话框，也可以在 Photoshop 中打开图像后，执行"滤镜 > Camera Raw 滤镜"菜单命令，打开 Camera Raw 8.0 对话框。

标题栏：Camera Raw 版本、拍摄照片所使用的相机型号。

工具条：工具条中包括了用于 RAW 格式照片调整的所有工具，单击不同的工具按钮后，在图像窗口中可以应用该工具对图像进行编辑。

切换全屏模式：单击按钮将显示模式切换至全屏幕模式。

预览：用于预览处理前与处理前的图像，取消勾选时在预览窗口中显示原图像效果。

直方图：在直方图区域中可看到当前打开照片的色彩直方图和照片拍摄时的光圈、快门以及 ISO 数值等，对图像进行编辑后，直方图会随着操作而实时更新。

存储图像：单击按钮，将打开"存储选项"对话框，在对话框中可将 RAW 格式文件转换为 JPEG、TIFF 和 PSD 等格式。

选项卡：在选项卡上方包括 10 个不同的按钮，包括"基本""色调曲线""细节""HSL/灰度""分离色调""镜头校正""效果""相机校准""预设"和"快照"按钮。单击不同的按钮即可将选项卡中的设置切换至相应的选项卡中，通过调整这些选项卡的参数，实现照片影调与色彩的处理。

打开图像：单击按钮将编辑后的 RAW 格式图像在 Photoshop 中打开。

完成：单击按钮，对图像应用当前所有设置，并关闭 Camera Raw 对话框。

取消：单击按钮，取消当前编辑状态，并关闭 Camera Raw 对话框，如果按下 Alt 键，则"取消"按钮会切换"复位"按钮，单击按钮可将设置选项恢复到默认状态。

2.2.3 Camera Raw **中的工具**

在照片中，如果需要在输入的文字上添加渐变颜色效果，往往会先在照片中输入合适的文字后，再将文字图层载入选区进行渐变颜色的添加，这样就会导致照片中的图层增多，而且显示也较为麻烦，此时就可以运用"横排文字蒙版工具"和"直排文字蒙版工具"快速创建文字蒙版。"横排文字蒙版工具"和"直排文字蒙版工具"均可以在画面中进行文字选区的创建，不同的是前者会在画面中获得横排文字选区，而后者则会在画面中获得直排文字选区。

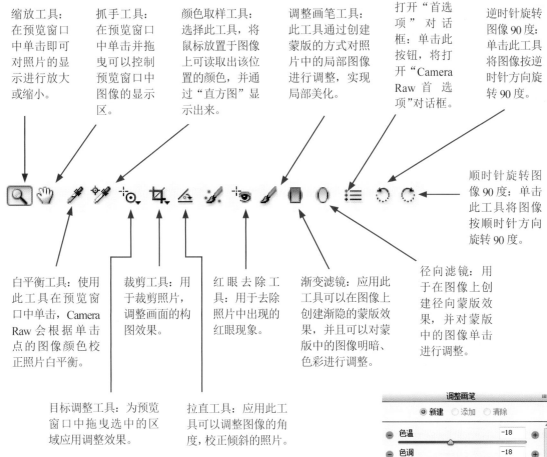

缩放工具：在预览窗口中单击即可对照片的显示进行放大或缩小。

抓手工具：在预览窗口中单击并拖曳可以控制预览窗口中图像的显示区。

颜色取样工具：选择此工具，将鼠标放置于图像上可读取出该位置的颜色，并通过"直方图"显示出来。

调整画笔工具：此工具通过创建蒙版的方式对照片中的局部图像进行调整，实现局部美化。

打开"首选项"对话框：单击此按钮，将打开"Camera Raw首选项"对话框。

逆时针旋转图像90度：单击此工具将图像按逆时针方向旋转90度。

顺时针旋转图像90度：单击此工具将图像按顺时针方向旋转90度。

白平衡工具：使用此工具在预览窗口中单击，Camera Raw会根据单击点的图像颜色校正照片白平衡。

裁剪工具：用于裁剪照片，调整画面的构图效果。

红眼去除工具：用于去除照片中出现的红眼现象。

渐变滤镜：应用此工具可以在图像上创建渐隐的蒙版效果，并且可以对蒙版中的图像明暗、色彩进行调整。

径向滤镜：用于在图像上创建径向蒙版效果，并对蒙版中的图像单击进行调整。

目标调整工具：为预览窗口中拖曳选中的区域应用调整效果。

拉直工具：应用此工具可以调整图像的角度，校正倾斜的照片。

运用 Camera Raw 工具条中的工具对照片进行编辑时，选择不同的工具后，会进入相应的工具编辑状态，同时在 Camera Raw 窗口右侧会显示与之对应的选项卡。单击不同工具栏中的不同工具按钮，在窗口右侧所显示的工具选项也会不一样，完成工具编辑后，单击工具箱中的其他任意工具就会退出该工具的使用编辑模式。

右侧分别展示了单击"污点去除"按钮和单击"调整画笔"按钮后所显示出的工具选项。

2.2.4 了解各选项卡的设置

初步认识 Camera Raw 中的工具后，接下来就要认识 Camera Raw 中的各个选项卡。Camera Raw 中一共包括"基本""色调曲线""细节""HSL/灰度""分离色调""镜头校正""效果""相机校准""预设"和"快照"10个选项卡，在 Camera Raw 中的大部分操作都可以通过这些选项卡中的选项设置来实现，下面对几个常用选项卡进行简单介绍。

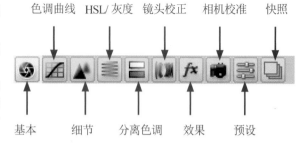

色调曲线　HSL/灰度　镜头校正　相机校准　快照

基本　　　细节　　分离色调　效果　　预设

单击"基本"按钮 ，切换至"基本"选项卡，用于对照片的基本影调和色彩进行调整，即调整照片的白平衡、曝光、鲜艳度等。

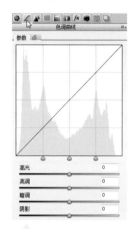

单击"色调曲线"按钮 ，切换至"色调曲线"选项卡，在此选项卡下利用"点"和"参数"两个标签中的选项来调整图像亮度和对比度。

单击"细节"按钮 ，切换至"细节"选项卡，在此选项卡中包括了"锐化"和"减少杂色"两个选项组，用于调整照片清晰度及减少照片杂色。

单击"HSL/灰度"按钮 ，切换至"HSL/灰度"选项卡，其中包括"色相""饱和度"和"明亮度"3个标签，主要调整八大色系的颜色、饱和度及明亮度。

单击"分离色调"按钮 ，切换至"分离色调"选项卡，在此选项卡中可分别调整高光部分和阴影部分的色相及饱和度。

单击"镜头校正"按钮 ，切换至"镜头校正"选项卡，可以选择配置文件、颜色和手动三种方式校正因镜头原因造成的变形或暗角。

单击"效果"按钮 ，切换至"效果"选项卡，其中包括"颗粒"和"裁剪后晕影"两个选项组，用于添加颗粒和晕影效果。

单击"相机校准"按钮 ，切换至"相机校准"选项卡，在此选项卡中可选择并匹配相机内置文件，校正照片颜色。

2.3
快速修图的必备软件——Adobe Lightroom 5

Adobe Lightroom 是一款以后期制作为主的图像处理软件，它主要面向于数码摄影和图像设计等专业人士，并且支持各种 RAW 格式照片的编辑与查看操作。Adobe Lightroom 与其他图像处理软件不同的是，它不仅可以对照片的色彩和细节进行修整，同时也能将处理后的照片选择以幻灯片、电子图书和网络等不同的方式进行输出与查看。

2.3.1 Adobe Lightroom 5 的主要特色

在商品照片上输入文字后，如果想对文字的外形轮廓进行调整，那么就需要将输入的文字转换为图形，利用图形的可编辑功能，对文字做进一步的调整。在 Photoshop 中，应用"转换为形状"命令能够将文字图层转换为形状图层，此时可以利用矢量图形编辑工具，选择文字路径上的相应锚点，对路径的形状进行更改，从而调整出任意形状的文字效果。

◆ 强大的图像管理与查看功能

Adobe Lightroom 是一种适合于专业摄影师输入、选择和展示大量数字图像的高效率软件，它利用完整的"图库"功能，查看并选择适合于后期创作需求的照片，使用户可节省照片的整理时间，而留出更多时间用在照片的后期处理上。

右图为"导入"面板，在该面板中可以看到当前指定文件夹中的多张素材图像，用户可以在其中选择一张或多张照片，将其导入到"图库"。

◆ 方便快捷的图像处理技术

Lightroom 是一款重要的后期制作软件，与 Photoshop 有很多相通之处，不过相对于 Photoshop 而言，Lightroom 的操作显得更为方便和直观。用户只需要在右侧的面板中对各项参数进行设置，在左侧的图像预览窗口中就会显示应用该选项调整后的效果。除此之外，在 Lightroom 中还可以选择不同的视图方式查看图像调整前与调整后的对比效果，从而更为直观地了解各调整选项所表现出来的效果。

打开一幅素材图像，可以看到原图像偏暗，色彩也不够亮丽，将其导到 Lightroom 中以后，在"基本"面板上对其中一些选项进行了调整，经过设置后可以看到图像中的手链更加漂亮，富有吸引力。

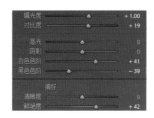

◆ 多元化的照片展示

在 Lightroom 中，不但可以对照片进行编辑，还可以将照片设置为幻灯片、电子书籍及网络相册，用户可以通过这些不同的方式，查看到经过处理后的商品图像效果。

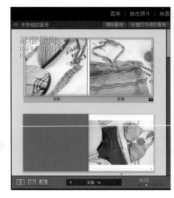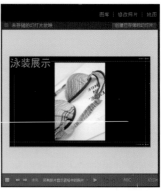

右图中，选择了"图库"中导入的照片，分别切换至"画册"和"幻灯片放映"模块，制作为电子画册和幻灯片效果并展示照片。

2.3.2 了解 Adobe Lightroom 5 的界面构成

Adobe Photoshop Lightroom 5 是当今数字拍摄处理工作流程中不可或缺的一部分，它支持几乎所有品牌数码相机的 RAW 格式照片的编辑。在 Adobe Photoshop Lightroom 5 中，提供了多个流程模块，用户可以利用它快速地导入、处理、管理和展示商品图像。执行"开始 >Adobe Photoshop Lightroom 5"菜单命令，或者双击桌面上的"Adobe Photoshop Ligthroom 5"图标，即可启动 Lightroom 软件。启动软件后，可以看到整个界面由菜单栏、模块选取区、左面板、照片显示区域、右面板、胶片显示窗口等几个部分组成。

菜单栏：用于选择菜单命令调整照片，与 Photoshop 中的工具栏类似。

照片显示区域：用于照片的显示，在此区域可以以缩览图片的方式显示多张照片，也可以单独显示一张照片。

模块选取区：包括了 7 个模块标签，单击不同的按钮标签，将切换至相应的工作环境中。

左面板：根据所选用的程序模块而变化，主要用于管理文件目录、照片文件夹、显示历史记录和预设的模板等。

胶片显示窗口：像传统胶片一样排列照片，便于浏览和选取照片。

右面板：在不同的模块中，将显示不同的控制区，主要用于处理元数据、关键字以及调整图像。

2.3.3 照片处理的常用模块介绍

Adobe Lightroom是一款基于工作流程设计的软件,此软件包含"图库""修改照片""地图""书籍""幻灯片放映""打印"和"Web"7个流程模块,应用这7个流程模块可以完成从照片导入到输出的全部操作流程。

应用 Lightroom 编辑商品照片时,单击 Lightroom 窗口右上角的模块标签,就将会进入到相应的模块中。除此之外,也可以按下键盘中的 Ctrl+Alt 键的同时按下 1~7 中的任一数字键,在 7个工作模块间自由地切换。当进入不同的模块之中时,在 Lightroom 左侧两侧的窗口中会显示不同的面板,利用这些面板中的参数设置,可以实现照片的全流程编辑。下面对商品照片处理常用的模块进行简单介绍。

◆ "图库"模块

应用 Lightroom 处理照片前,需对要编辑的照片进行导入操作。在 Lightroom 中,提供了完整的照片组织和管理功能,这些功能被放置在"图库"模块中。用户导入图像后,这些导入的图像都显示在"图库"模块中。单击"图库"标签,将会转入"图库"模块,在"图库"模块中就可以将导入照片按各自的特征进行分类管理,同时还能对照片进行快速调整,轻松获得较好的画面效果。

◆ "修改照片"模块

商品照片处理流程中,最重要的一步操作就是对照片进行编辑与调整。Lightroom 中照片调整操作绝大部分都集中在"修改照片"模块中。单击窗口上方的"修改照片"按钮,转换至"修改照片"模块,"修改照片"模块集合了Photoshop 中图像处理的重要核心功能,如色调曲线、色相饱和度、锐化等,在具体的编辑过程中,用户可选择不同的面板,并对该面板中选项值和滑块位置进行调节,从而控制商品图像效果。除此之外,用户还可以在"修改照片"模块中,利用不同的视图显示方式查看到调整之前和调整之后的图像对比效果。

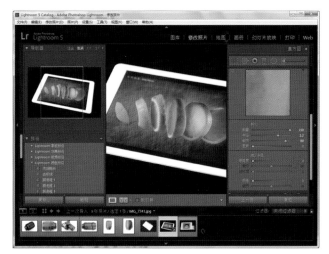

提 示

"修改照片"模块中的调色功能

Adobe Lightroom 5软件中的"修改照片"模块集合了Photoshop中的核心功能,其中包括"基本""色调曲线""细节"等多个选项面板,单击面板右上角的倒三角按钮,就会展开对应的参数设置面板,在面板中输入或拖曳滑块,就可以完成对照片的快速调整。

◆ "书籍"模块

Lightroom 中添加的"书籍"模块功能，可将编辑后的照片整理为电子图库，让观者更全面地了解商品信息。在"书籍"模块下预设了 180 种专业的书籍布局，用户可以单击预设书籍布局快速创建电子图书，也可以根据个人喜好，对书籍页面进行重新编辑，方便照片的游览与查看。

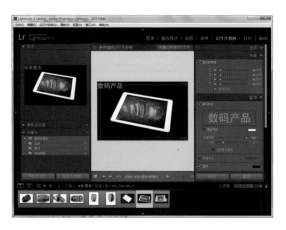

◆ "幻灯片放映"模块

除了将修改的照片制作为书籍方式进行浏览外，还能用 Lightroom 中的"幻灯片放映"模块将编辑后的照片制作成幻灯片效果，让大家分享并浏览处理后的商品照片效果。除此之外，用户还可以为幻灯片放映添加背景音乐，让照片的浏览工作更加舒适。

◆ "打印"模块

为了更好地向人们展示商品照片的效果，可以将编辑后的商品图像打印出来。Lightroom 提供了一个专业化的图像"打印"模块，在此模块中集成了非常专业、实用的照片打印功能，用户可以轻松地为照片设置出血效果，并可以对处理后的照片进行快速的打印校样，完成照片的高质量打印。

◆ "Web"模块

在互联网盛行的今天，商品照片在电商中的应用非常普遍，如果需要将照片上传到网络上，可应用 Lightroom 中的 Web 画廊创建漂亮的 Web 画廊效果。在"Web"模块下，我们只需简单的几步操作，就可以制作出让人称赞的 Web 画廊。

"Web"模块下的"模板浏览器"预设了多种网页画廊布局，用户可以单击其中一种版面布局，快速创建出非常精美的 Web 画廊，也可以自定义画廊布局，制作出更具个性的 Web 画廊效果。

2.4
专业的照片处理软件——Adobe Photoshop CC

商品照片的后期处理，除了可以应用前面介绍的 Camera Raw 和 Lightroom 外，也可以使用 Photoshop 进行编辑。Photoshop 提供了更为全面的图像编辑功能，用户可以利用它完成更高品质的商品照片的处理。与其他照片处理软件相比，Photoshop 不仅可以对图像进行简单的调色、锐化，还可以通过抠取图像，制作出更有创意的画面效果。

2.4.1 Photoshop 照片处理的基本流程

完成数码照片的拍摄之后，需要对拍摄的照片进行适当的后期处理，以得到更加理想的画面效果。在学习使用 Photoshop 处理商品照片之前，首先需要对 Photoshop 处理照片的基本流程有一个大致的了解，这样才能在处理照片时更快地获得需要的图像效果。下面对 Photoshop 的照片处理流程作一个简单的介绍。

二次构图

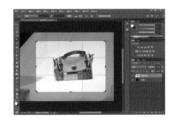

◆ 打开并修复瑕疵

构图是一张照片的灵魂，因此，在打开商品照片后，首先需要观察照片的构图是否合理，如果照片构图不合理，可以选用裁剪类工具对照片进行裁剪，调整画面构图，让主体对象更突出。

修复瑕疵

◆ 去除瑕疵修复细节

在拍摄的商品照片中，难免会出现污点、杂物等瑕疵问题，在后期处理时，需要利用 Photoshop 中的污点修复工具对照片中较明显的污点进行修复，还原干净的画面。

校正光影

◆ 调整光影还原正常影调

完成了照片中的瑕疵修复后，接下来需要对照片的曝光和对比度进行调整，Photoshop 提供了多个用于调整画面明暗的命令，利用这些命令可以修复照片的明暗问题，并且可以增强对比，让画面中的商品更有立体感。

调整色彩

◆ 调整色彩让商品更出色

色彩可以在商品的表现上起到重要的作用，在商品照片后期处理过程中，可以根据商品最终的表现需求，利用 Photoshop 中的色彩命令，对画面的色彩进行调整，使观者注意力都被吸引到商品对象上来。

创意特效
艺术合成

◆ 创意性照片的抠取与特效应用

在完成照片的影调设置后，为了获得更出色的画面效果，可以通过抠图、合成和滤镜相结合的方式，对商品图像应用一些创意性的特效设计，表现出商品更加多元化的一面，带给人全新的视觉感受。

存储、输出或打印

◆ 将处理的照片存储并输出或打印

完成照片的处理后，最后需要对照片进行存储操作，即将编辑后的结果保存下来，通过"文件"菜单命令中的命令可将照片存储、输出或打印出来。

2.4.2 了解 Photoshop CC 的界面构成

在掌握了使用 Photoshop CC 处理照片的流程之后，接下来就需要进一步了解 Photoshop CC 的界面构成。安装 Photoshop CC 后，执行"开始 >Adobe Photoshop CC"菜单命令，或者双击桌面上的"Adobe Photoshop CC"图标，即可运行 Photoshop CC 软件，此时我们可以清楚地看到 Photoshop CC 的整体界面构成。

菜单栏：提供了 10 个菜单命令，几乎涵盖了 Photoshop 中能使用到的菜单命令。

选项栏：用于控制工具属性值，选项中的内容会根据选择不同的工具而发生变化。

面板：面板主要用于设置和修改图像，Photoshop 中将一些功能相似的选项设置集合到面板中，选择不同的面板对图像进行编辑，可提高工作效率。

工具箱：将 Photoshop 的功能以图标的方式聚在一起，从工具箱中单击可以选择用于编辑图像的工具。

状态栏：显示当前图像的文件大小以及当前图像的显示比例。

图像编辑窗口：用于对图像进行绘制、编辑等操作，在 Photoshop 中，所有图像的操作效果都会在图像窗口中显示。

2.4.3 认识 Photoshop 在商品照片处理中的重要功能

在了解 Photoshop CC 的整个界面组成后，接下来就需要对 Photoshop 中的一些与商品照片后期处理相关的功能和技巧进行学习。在商品照片后期处理过程中，最为常用的功能主要有图层、选区、蒙版、调整命令等，只有在开始进行照片处理之前，对这些功能有一定的了解，才能在后期处理时提高工作效率。

◆ 图层

Photoshop 中对所有照片的处理操作都离不开图层。图层是编辑图像的基础，也是处理图像的信息平台，它承载了几乎所有的编辑操作。使用图层可以在不影响其他图层内容的基础上处理其中一个图层中的内容，即把图层想象成一张张叠起来的透明胶片，每一张透明胶片上都有着不同的图像。通过改变这些图层排列顺序和属性，可以控制照片最后所呈现出的效果。

Photoshop 中图层一般分为背景图层、普通图像、调整图层和文字图层四类，这四种类型的图层，都可以通过"图层"面板中的缩览图进行区别。背景图层默认为锁定状态，是一种用于图像背景的不透明图层，不能调整"不透明度"和"图层混合模式"的编辑操作；普通图层是指用一般方法创建的图层，是商品照片处理时最为常用的图层；文本图层是用文字工具建立的图层，只要使用文字工具在图像中输入文字，就会创建对应的文字图层；调整图层是一种比较特殊的图层，主要用来控制图像的色调和影调，通过调整图层处理照片色彩时，不会改变源图像的效果。

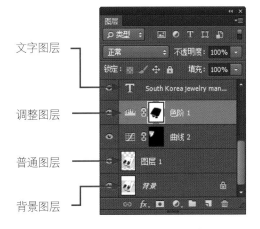

◆ 选区

选区是 Photoshop 中的一个重要概念，也是商品照片后期处理时经常会使用到的功能之一，应用选区功能，可以将照片中的一部分图像选取出来，这在商品照片的抠取中会被经常使用到。Photoshop 中提供了多种用于创建规则和不规则选区的工具，使用这些工具可以在照片中以单击或拖曳的方式选中画面中的部分图像，从而实现照片的局部调整。

选区的创建分为规则选区的创建和不规则选区的创建。规则选区的创建可以使用选框工具来完成，Photoshop 中的选框工具隐藏在"矩形选框工具"下，单击"矩形选框工具"按钮并按下鼠标不放，在弹出的隐藏工具中会显示除"矩形选框工具""椭圆选框工具""单行选框工具"和"单列选框工具"，使用这些工具在打开的照片中单击并拖曳，可以创建规则选区。

矩形选框工具：通过单击并拖曳鼠标在画面中创建矩形或正方形的选区。

椭圆选框工具：通过单击并拖曳鼠标在画面中创建圆形或椭圆形的选区。

单行选框工具：通过在画面中单击创建宽度和高度为 1 像素的横向选区。

单列选框工具：通过在画面中单击创建宽度和高度为 1 像素的纵向选区。

　　Photoshop 中除了创建规则选区外，在大部分操作中都会遇到不规则选区的创建。要创建不规则选区，可以使用"套索工具""快速选择工具"或"魔棒工具"进行创建。其中"套索工具"中的工具通过单击并拖曳的方式创建选区，选取图像，而"快速选择工具"和"魔棒工具"则只需要在画面中单击，就可以创建不规则选区。

套索工具：用于创建自由的选区，选择任意形状的对象。

磁性套索工具：通过在图像中单击并拖曳，沿图像边缘自动查看对象，创建自由的选区效果。

魔棒工具：通过单击快速创建不规则选区，选取画面中的对象。

多边形套索工具：通过在图像中连续单击的方式，创建多边形的不规则选区。

快速选择工具：通过调整画笔笔触大小，在画面中单击创建不规则选区。

◆ 蒙版

　　蒙版是一种灰度图像，具有透明的特性，利用蒙版可以控制图层的显示区域。商品照片后期处理时，经常会应用到蒙版功能，如用调整图层编辑色彩、用蒙版拼合图像等。

　　Photoshop 中蒙版分别为"图层蒙版""剪贴蒙版""快速蒙版"和"矢量蒙版"四种。这四种蒙版都有着各自不同的作用，在图像中创建蒙版后，通过"图层"面板中的缩览图可以区分创建蒙版的类型，可以单击蒙版并利用工具或菜单命令编辑创建的蒙版。

剪贴蒙版

矢量蒙版

图层蒙版

◆ 调整命令

　　调整命令是 Photoshop 的重要功能，也是商品照片后期处理过程中经常会使用到的重要功能之一。通过对打开的照片进行明暗、色彩的调整，可以使色彩平淡的照片重新变得更加美观，使商品的形象更为突出，为商品的推广起到积极作用。

　　Photoshop CC 中的"调整"命令菜单中提供了多个不同的调整命令，执行"图像 > 调整"菜单命令，就会打开对相应的子菜单，在该菜单中显示了不同的调整命令。执行其中一个菜单命令后，大多数情况下都会弹出对应的参数设置对话框，通过在对话框中设置选项，实现照片明暗、色调的调整操作，让商品图像的影调更为出色。

打开素材图像，执行"图像 > 调整 > 色阶"菜单命令，在打开的对话框中设置参数，调整图像，提高画面亮度，再执行"图像 > 调整 > 自然饱和度"菜单命令，调整选项后，增强色彩饱和度。

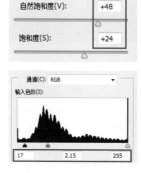

第 2 部分
专业技法篇

第 3 章
商品照片的快速调修

观察拍摄到的各类商品照片，就会发现有些照片本身没有太大的问题，所以在后期处理时，不需要经过太多繁杂的处理操作。此时，可以选用照片快速调修工具与命令，对照片进行一些简单的处理，获得不错的画面效果。商品照片在后期处理时，可以根据照片的具体情况，分别选择最适合的菜单或命令进行快速的处理，提高商品的品质。

本章分别讲解 Lightroom、Camera Raw 和 Photoshop 中的一些基础图像编辑与调整功能，通过运用这些功能，能够快速变换照片影调，更改照片的构图，将要表现的商品更突出地展示出来。

知识点提要

1. 运用 Lightroom 快速处理商品照片

2. RAW 格式照片快速处理

3. 商品照片的自动调整

4. 商品照片的二次构图

3.1
运用 Lightroom 快速处理商品照片

与 Photoshop 相比起来，Lightroom 在照片调色中的应用更为便捷。使用 Lightroom 可以快速调整照片曝光、明暗，并且还可以对照片的色调进行转换，从而创建更符合于商品特点的色调效果。使用 Lightroom 编辑商品照片前，需要先将照片导入到 Lightroom 中的"图库"中，然后再对导入的素材图像进行调整。

3.1.1 使用"快速修改"面板更改商品风格

Lightroom 中提供了一个用于快速调整照片影调的"快速修改照片"面板，此面板位于"图库"模块中。将商品照片导入到"图库"中以后，在右窗口中就会显示"快速修改照片"面板。如果此面板被隐藏，则可以单击右侧的倒三角形按钮，将其展开。在"快速修改照片"面板下方的选项组中，如果还有未显示的调整选项，可以再单击右侧的倒三角形按钮，显示更多的快速调整选项，以便能对当前照片设置进行更为方便的调整。

导入一幅 CD 素材图像，展开"快速修改照片"面板，单击两次"曝光度"选项左向单箭头，降低 1/3 挡曝光，使曝光过度的图像细节得到恢复，如下左图所示。单击两次"黑色色阶"选项左向双箭头，增加黑色色阶剪切，使画面中暗部区域变得更暗，如下右图所示。

◆ 设置白平衡变换照片色彩

在不同的光源照片中，同一物体可能呈现出不同的色调效果。为了让拍摄出来的商品更加漂亮，往往会选择尝试使用不同的光源进行拍摄，从而获得各种不同色调的图像效果。在对商品照片进行后期处理时，可以利用"快速修改照片"面板中"白平衡"选项组，校正偏色照片，也可以通过单击变换照片的色温和色调，创建不同意境的画面效果。单击"白平衡"选项右侧的倒三角形按钮，就会展开"白平衡"选项组，在该选项组中可以单击右侧白平衡下拉按钮，将显示"白平衡"下拉列表，在该列表中选择不同的选项，会使照片呈现不同的色调效果。

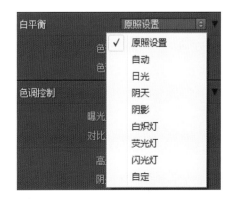

导入一幅素材图像，展开"快速修改照片"面板，单击"原照设置"选项右侧的倒三角形按钮，在打开的下拉列表中选择"自动"选项，根据选择调整图像色彩，还原偏色的商品对象，如右图所示。

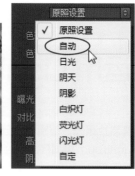

在"白平衡"选项组中，除了可以应用预设的白平衡选项调整照片颜色、变化画面色调外，也可以使用"白平衡"选项下方的"色温"和"色调"两个选项右侧的单箭头和双箭头按钮进行调整。单击"色温"选项左向单箭头或双箭头，则会降低 1/3 挡或 1 挡色温；若单击"色温"选项右向单箭头或双箭头，则会提高 1/3 挡或 1 挡色温；若单击"色调"选项左向单箭头或双箭头，则会降低 1/3 挡或 1 挡绿色色调；若单击"色温"选项右向单箭头或双箭头，则会提高 1/3 挡或 1 挡洋红色调。

单击按钮将画面转换为冷调。　　单击按钮将画面转换为暖调。

单击按钮向画面增加绿色。　　单击按钮向画面增加洋红色。

单击两次"色温"选项左向双箭头按钮，向照片中补偿高的色温，使画面转换为冷色调效果。

单击三次"色调"选项右向双箭头按钮，向照片中增加洋红色，使画面变为暖色效果。

◆ 单击按钮更改照片色调

在"快速修改照片"面板中不但可以使用"白平衡"选项调整照片整体色调，也可以使用该面板下方"色调控制"按钮，对导入照片的"曝光度""对比度""白色色阶"等选项进行调整，变换照片的色调。

右图中单击了两次"对比度"选项右向双箭头，加强了对比效果，再单击两次"白色色阶"选项左向单箭头，减少白色色阶剪切，修复因增强对比而造成的曝光过度效果。

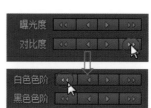

3.1.2 使用"自动调整色调"功能修复光影瑕疵

在拍摄商品时，会受到光线的影响让拍摄出来的画面出现偏暗、偏亮的情况，若是将这种照片应用于商品的效果展示，则不利于观者查看到商品的真实效果。为了更好地呈现商品状态，可以应用 Lightroom 中的"自动调整色调"功能，对照片的明暗进行调整。通过单击"快速修改照片"面板中"自动调整色调"按钮就可以快速调整照片的亮度、对比度等，并且调整后在"修改照片"模块中参数也会随之发生改变。

选择一幅服饰素材图像，并将该图像导入到"图库"之中，单击"快速修改照片"面板右侧的倒三角形按钮，展开"快速修改照片"面板，单击面板中的"自动调整色调"按钮。

单击按钮后，自动对照片的曝光及明暗进行调整，使原本偏暗的图像变得明亮起来，单击"修改照片"按钮，切换至"修改照片"模块，在此模块的"基本"选项卡中可以看到更改后的曝光度、对比度、白色色阶以及黑色色阶选项值。

3.1.3 使用"预设"面板变换商品色彩

为了让商品达到某种特定的宣传效果，往往会对商品的颜色进行艺术化处理。在 Lightroom 中，可以应用"预设"面板快速转换图像风格，使画面呈现出不同的感观效果。Lightroom 中的预设效果被存储于"预设"面板中，只需要在该面板中单击对应的预设名，就可以在图像中应用预设调整照片。

左图打开了一张茶具照片，单击"Lightroom颜色预设"下的"古极线"预设，应用该预设调整更改了画面的整体色调。

◆ 在"预设"面板中应用已有预设

在"预设"面板中存储了多个不同种类的预设组，Lightroom 中将一些效果类似的预设存储于同一预设组中，便于用户快速选择并应用同类预设效果。单击预设组左侧的倒三角形按钮，会展开对应的预设组，不同的预设组所包括的预设效果也有所区别。当单击预设组以后，只需要单击该预设组中的预设名，就可以对当前图库中选中照片应用该预设，变换出对应的图像效果。

单击"Lightroom 效果预设"左侧的按钮，展开Lightroom 效果预设。

单击"Lightroom 颜色预设"左侧的按钮，展开Lightroom颜色预设。

◆ 创建新预设快速编辑商品对象

Lightroom 中除了系统预设的多个预设组中的预设效果外，也可以将用户设置的选项存储为新的预设。如果要存储预设，则单击"预设"面板右上角的"新建预设"按钮，打开"新建修改照片预设"对话框，在对话框中设置要应用于预设调整的选项，并勾选选项前方对应的复选框，单击"创建"按钮即可。创建新的预设后，该预设会被显示于"用户预设"组中。如果需要在另外的图像上应用该预设效果，只需要导入图像，展开到预设面板后单击该预设，就可以对图像中应用新的预设效果。

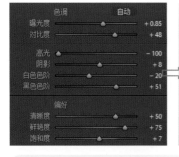

导入一幅鞋子素材图像，在"修改照片"模块中对照片的"色调"选项进行调整，设置后色彩暗淡的图像变得鲜艳，且图像亮度也得到了提高。

单击"预设"面板右上角的"新建预设"按钮，打开"新建修改照片预设"对话框，在对话框中输入预设名称为"快速对鞋子润色"，并勾选下方要调整的选项，单击"创建"按钮，创建"快速对鞋子润色"预设。此时，导入另一幅鞋子素材图像，展开"预设"面板，单击"用户预设"左侧的倒三角形按钮，在展开预设列表中单击"快速对鞋子润色"预设，可以看到应用预设调整后的图像效果。

3.2
RAW 格式照片快速处理

　　RAW 格式照片记录了数码相机的感光元件的最原始感光数据，是没有经过任何处理的"电子底片"。因此，为了让后期处理得到更多的创作空间，在拍摄商品时，可以选用 RAW 格式存储拍摄的照片。对于拍摄的 RAW 格式照片，只需要通过单击的几步操作，就能轻松还原商品的影调与色彩。

3.2.1 使用"自动"功能快速让商品曝光更准确

　　若要快速调整一张曝光有问题的照片，在 Camera Raw 中可应用自动调整照片曝光功能，根据照片的曝光情况自动调整画面明暗调，快速展现正常曝光时的画面效果。打开 RAW 格式照片后在窗口右侧显示的"基本"选项卡中即提供了"自动"选项，单击该选项后，Camera Raw 会根据影像曝光情况，自动调整下方的曝光、对比度、高光、阴影等各选项，从而改变画面曝光情况，让偏暗的照片提亮，偏亮的照片变暗至合适的程度。

在 Camera Raw 窗口中打开一张素材照片，在右侧的"基本"选项卡中单击"自动"按钮，可看到下方各选项参数发生了变化，同时平衡了画面曝光情况，让偏暗的商品变得明亮。

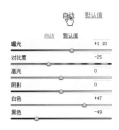

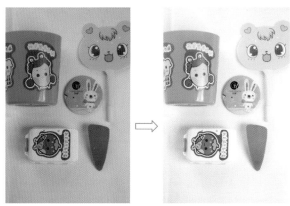

3.2.2 使用"自动"白平衡再现画面真实感

　　校正白平衡就是将画面的颜色校正为最接近人眼所观察到的色彩。对于拍摄的 RAW 格式照片，可以运用 Camera Raw 中的自动白平衡功能，根据照片的拍摄环境，自动对白平衡进行设置，还原出物体原本的色彩。单击"白平衡"右侧下拉按钮，在展开的下拉列表中会查看到"自动"白平衡选项。

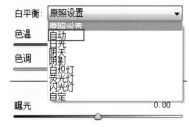

打开一张室内拍摄的静物照片，从图像中可以看出画面轻微偏黄，单击"白平衡"右侧下拉按钮，在弹出的列表中选择"自动"选项，校正照片颜色，使图像中物体的色彩得到准确还原。

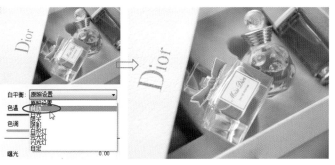

在"白平衡"下拉列表中，除了"自动"选项外，还可包含"日光""阴天""阴影""白炽灯""荧光灯"和"闪光灯"6个白平衡选项。使用这6个选项，可以分别针对于不同光源下的照片进行色彩调整。例如"白炽灯"白平衡用于灯泡照片环境下照片出现的偏色校正，"阴天"白平衡则可以把昏暗处光线调整为原色状态，"荧光灯"白平衡可用于荧光灯下拍摄的照片的颜色校正。应用预设白平衡除了可以校正照片偏色外，也可以调整这些白平衡选项，转换照片色调，获得更有艺术氛围的商品效果。

右侧的几幅图像分别展示了选择不同的预设白平衡选项后，得到的不同颜色的画面效果。

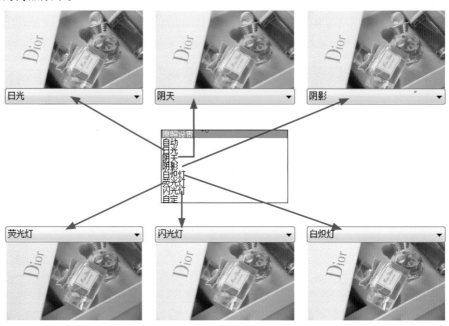

3.2.3 使用白平衡工具快速展现商品自然色彩

Camera Raw 中，除了可以使用"白平衡"选项中的预设白平衡快速调整照片颜色外，也可以使用"白平衡工具"校正照片中错误的白平衡，从而还原物体本来的色彩。使用"白平衡工具"调整照片颜色时，只需要在图像中接近于白色但又不是纯白色的位置单击，Camera Raw 就会根据鼠标单击位置调整照片中错误的白平衡，快速地校正偏色的照片。

打开一张偏色的饰品照片，单击 Camera Raw 窗口工具栏中的"白平衡工具"按钮，将鼠标移至项链旁边的接近于白色的位置单击，可看到校正了偏色的图像，快速还原了商品自然的色彩。

运用"白平衡工具"后，位于"基础"选项卡中的"色温"和"色调"选项值也随之一起发生变化，如果用户对调整后的图像颜色不满意，还可以通过拖曳这两个选项下方的滑块或在右侧的数值框中输入准确的参数值，快速地变换不同色调的画面效果。

提 示

数码相机的白平衡

现在所有的数码相机都自带有多种白平衡设置，在拍摄之前可以根据拍摄对象所处的环境，适当调整相机白平衡，使拍摄出来的画面中商品颜色更接近于肉眼观察到的效果。按下相机顶部或背部的 WB（白平衡）按钮，在显示的相机菜单中即可选择合适的白平衡。

3.3
商品照片的自动调整

　　商品照片的快速调整除了可以应用 Lightroom 和 Camera Raw 进行编辑外，也可以使用 Photoshop 中的自动调整命令进行操作。Photoshop 中的"图像"菜单中包含"自动色调""自动对比度"和"自动颜色"3 个自动调整图像的命令，使用这 3 个命令可以让 Photoshop 根据照片的色调、对比度等信息，对照片进行自动调整，让画面效果更完美。

3.3.1 使用"自动色调"命令还原商品色调

　　"自动色调"命令可以理解为自动色阶，它是将红色、绿色和蓝色 3 个通道的色阶分布扩展至全色阶范围。通过此命令可以增加图像色彩的对比度，但有可能会造成图像偏色。

　　"自动色调"命令可使数码照片的像素值平均分布，应用此命令在调整图像的过程中会自动调整图像的暗部和亮度，并将每个颜色通道中最亮和最暗的像素调整为纯白和纯黑，中间像素则按比例重新分布。若对单个颜色通道应用"自动色调"命令，则有可能会移去颜色或发生色偏。

　　打开一张毛绒玩具照片，从原图像上可以看到照片略微偏黄，执行"图像 > 自动色调"菜单命令后可以看到照片的色彩和明暗都发生了一定的变化，原图像中的黄色削弱，画面中的商品显得更加突出。

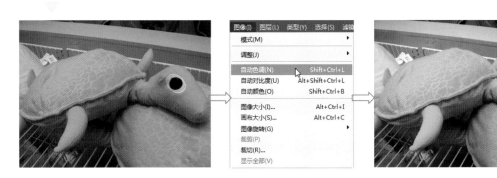

3.3.2 使用"自动颜色"命令纠正偏色的图像

　　"自动颜色"命令可以校正照片中的偏色现象，它通过搜索图像来标示阴影、中间调和高光，从而调整图像的对比度和颜色。"自动颜色"命令可以自动调整照片中最亮的颜色和最暗的颜色，并将照片中的白色提高到最高值 255，黑色降低至最低值 0，同时将其他颜色重新分配，避免照片出现偏色。默认情况下，用目标颜色来中和中间调，并将阴影和高光像素剪切 0.5%。

　　打开一幅偏色的化妆品图像，执行"图像 > 自动颜色"菜单命令，执行该命令后，可以看到照片的色彩发生了变化，图像恢复为正常的色调效果。

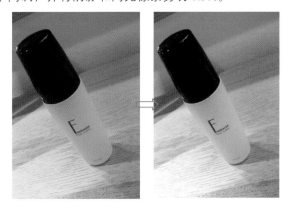

3.3.3 使用"自动对比度"命令让商品更有层次感

应用"自动对比度"命令可以自动调整图像对比度。此命令不会单独调整通道，它会剪切图像中的阴影和高光值，再将图像中剩余部分的最亮或最暗像素映射到纯白（色阶为 255）和纯黑（色阶为 0）上，使图像中的高光部分变得更亮，而阴影部分变得更暗。"自动对比度"命令不能默认的情况下，在调整图像中的最亮或最暗像素时，"自动对比度"命令将剪切白色和黑色像素的 0.5%，即忽略两个极端像素值前 0.5% 的像素。

打开一幅画面偏灰对比不强的数码相机素材图像，执行"图像 > 自动对比度"菜单命令，可以看到图像的明暗对比发生了变化，数码相机镜头显得更有层次。

"自动颜色""自动色调""自动对比度"命令根据在"自动颜色校正选项"对话框中设置的值来中和中间调并剪切白色和黑色像素。在"色阶"或"曲线"对话框中单击"选项"按钮，即会打开"自动颜色校正选项"对话框。使用"自动颜色校正选项"控制"色阶"和"曲线"中的"自动颜色""自动色调"和"自动对比度"选项应用的色调和颜色校正，并指定暗调与高光剪切百分比，向暗调、中间调和高光指定颜色值，从而让画面的明暗、色彩更自然。

在"自动颜色校正选项"对话框中，提供了多种调整图像整体色调范围的算法，其中"增强单色对比度"能统一剪切所有通道，使高光显得更亮而暗调显得更暗的同时，保留图像整体色调关系；"自动对比度"命令即采用此种计算法调整明暗对比；"增强每通道的对比度"可最大化每个通道中的色调范围，以产生更明显的校正效果，它与"自动色阶"命令算法一致；"查找深色与浅色"可查找图像中平均最亮和最暗的像素，并用它们在最小化剪切的同时最大化对比度。

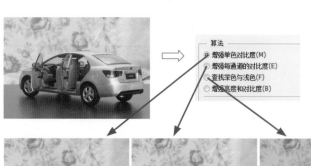

左图所示为分别选择"增加单色对比度""增强每通道的对比度"和"查找深色与浅色"算法时，快速调整照片明暗、色彩后所呈现出的不同的图像效果。

3.4
商品照片的二次构图

　　摄影过程中将环境与被摄物体进行重新安排和塑造，并通过合理的构图可以将商品更好地表现出来，吸引观者的视线，呈现出更多的艺术效果。对于前期拍摄的商品照片，如果对构图效果不满意，则需要在后期处理时，选择各种不同的裁剪方式对其进行恰当的裁剪，实现照片的二次构图，诠释出商品的实际意义。

3.4.1 使用 "裁剪工具" 获得更理想的构图

　　当画面中构图效果不理想时，不但让观者不知道要表现的商品对象，更容易导致画面零乱。此时，需要通过重新构图来使画面中的主体商品更加突出，由此获得构图完美的画面效果。Photoshop 中，利用 "裁剪工具" 可以快速对照片的构图进行调整，裁剪掉多余的图像，达到对照片的构图进行重新定义的目的。

　　在工具箱中选择"裁剪工具"后，将会显示对应的工具选项栏，在选项栏中对要裁剪的图像大小、裁剪比例及参考线进行调整，满足不同的后期创作需求。

　　打开一张商品照片，选择工具箱中的 "裁剪工具"，在图像窗口中可以看到沿照片边缘自动添加了一个裁剪框，使用鼠标单击并拖曳裁剪框的边线，调整裁剪框的大小，将画面要表现的产品放置在裁剪框的中心，完成裁剪框的调整后，按下 Enter 键确认裁剪，将边缘外无用的背景去除，可以更清楚地看到商品的细节部分。

　　当使用 "裁剪工具" 在照片中绘制裁剪框以后，如果要对裁剪框进行调整，可将光标放置在裁剪框的边线位置，当光标变为双向箭头时，单击并拖曳鼠标，可对裁剪框的大小进行调整，如果需要对裁剪框的位置进行调整，则把光标放于裁剪框内，当光标呈现出实心的黑色箭头时，单击并拖曳即可移动裁剪框的位置；如果要对裁剪框进行旋转，则可以将鼠标移至裁剪框的转角位置，当光标变为弯曲的双向箭头时，单击并拖曳鼠标即可对裁剪框进行任意角度的旋转；如果要对裁剪框的中心点位置进行调整，则把鼠标移至裁剪框的中心位置，当光标变为 ▶ 形状时，单击并拖曳鼠标即可重新定义裁剪框的中心点。

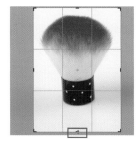
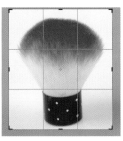

左图中将鼠标移至创建的裁剪框下边线的转角位置，此时光标变为了双向箭头，单击并向下拖曳鼠标，调整裁剪框，缩小裁剪范围。

右图中将鼠标移至创建的裁剪框底角的转角位置，此时光标变为弯曲的双向箭头，单击并拖曳鼠标，即可对裁剪框进行转换操作，此时在鼠标旁边显示对应的旋转角度。

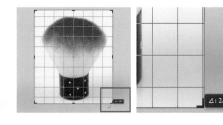

◆ 选用预设裁剪值快速裁剪照片

在运用"裁剪工具"对照片进行重新构图的过程中，除了手动绘制裁剪框裁剪图像外，也可以选用 Photoshop 中预设裁剪参数快速地对照片进行裁剪，从而获得更佳的构图效果。单击"裁剪工具"选项栏中"比例"选项右侧的下拉按钮，即可展开相应的下拉列表，在该列表中单击选择要裁剪的比例或是像素大小，在图像窗口中就会根据选择的选项，在照片中创建一个对应比例或像素的裁剪框。

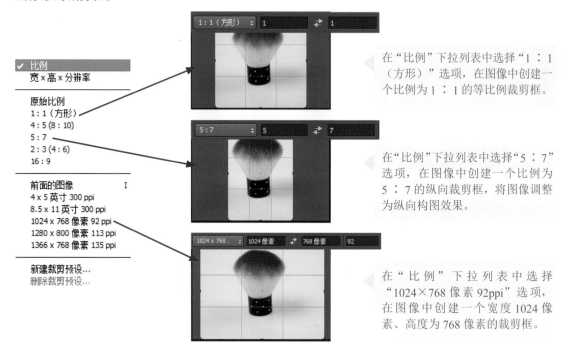

在"比例"下拉列表中选择"1：1（方形）"选项，在图像中创建一个比例为 1：1 的等比例裁剪框。

在"比例"下拉列表中选择"5：7"选项，在图像中创建一个比例为 5：7 的纵向裁剪框，将图像调整为纵向构图效果。

在"比例"下拉列表中选择"1024×768 像素 92ppi"选项，在图像中创建一个宽度 1024 像素、高度为 768 像素的裁剪框。

◆ 不同裁剪叠加方式让商品照片获得经典构图

构图的形式有很多种，运用经典的构图方式可以对画面进行重新布局，使图像中的商品更有艺术感。在 Photoshop 中，可以利用"裁剪工具"选项栏中的"叠加选项"选择不同的构图参考线，查看并调整照片的构图效果。单击"叠加选项"下拉按钮，将展开"叠加选项"下拉列表，在该列表中可以看到系统包括的多种辅助参考线，默认选择"三等分"选项，当用户选择不同的选项后，在裁剪框中将显示不同的辅助参考线条。在对商品照片的构图进行调整时，利用这些辅助线条，可创建更适合于当前商品的构图方式。

左图为拍摄的项链，原图像的画面背景元素太多，选择"三角形"叠加显示选项，对照片应用黄金分割构图法，将小饰品调整至黄金分割点的位置，使得画面的视觉更集中。

◆ 调整屏蔽颜色查看裁剪商品

在使用"裁剪工具"的过程中，被裁剪区域默认的显示方式为黑色半透明度的蒙版遮盖效果，但是有的照片由于色彩和影调的原因，不能清晰地反映被裁剪的区域。此时，如果要更清楚地查看到裁剪效果，可以通过"启用裁剪屏蔽"选项对被裁剪区域的叠加颜色和不透明度等选项进行调整，让裁剪的效果更为直观。

单击"设置选项"按钮，在展开的隐藏面板中勾选"启用裁剪屏蔽"复选框，在"颜色"下拉列表中选择"自定"选项，单击右侧的颜色块，将遮盖颜色设置为蓝色，设置后可看到原来灰色的蒙版区域显示为蓝色区域。

3.4.2 使用拉直裁剪让画面中的商品显得更稳定

出色的构图可以让画面中的商品显得主次分明，给人以美感。地平线倾斜是商品照片中的一大忌，对于地平线倾斜的照片，在后期处理过程中最重要的一步操作就是对倾斜效果进行校正，让照片的地平线恢复到平稳状态。利用 Photoshop 中的"裁剪工具"中的拉直功能，快速对照片的水平或垂直基线进行重新定义，并以一定的调整角度对照片进行旋转裁剪，从而校正倾斜的图像。

打开一张水平线倾斜的服饰照片，在工具箱选择"裁剪工具"，单击选项栏中的"拉直"按钮，使用鼠标在照片中单击并沿画面的水平方向进行拖曳，重新绘制画面的水平基线，在图像上可看到绘制的直线末端会显示出直线的角度，释放鼠标后，Photoshop 会根据绘制的基线创建一个带有一定角度的裁剪框，此时裁剪框中的图像将显示为平稳的画面效果。

除了使用"拉直工具"拉直图像外，还可以使用"标尺工具"对图像进行旋转操作。在使用"标尺工具"沿水平线方向拖曳一条直线后，会显示"拉直工具"选项栏，在该选项栏中提供了"拉直图层"按钮，单击此按钮即可对倾斜图像进行放置操作，旋转图像以后运用"裁剪工具"将边缘的透明区域裁剪即可。

选择工具箱中的"标尺工具"，使用此工具沿照片中的图像水平线进行拖曳，绘制一条直线，再单击选项栏中的"拉直图层"按钮，Photoshop 会根据绘制的直线对照片进行一定角度的旋转，单击"裁剪工具"，在图像上单击并拖曳，绘制裁剪框，裁剪掉多余图像。

3.4.3 使用"内容识别比例"命令裁剪商品多余背景

为了避免在裁剪商品图像时，画面中所要表现的商品出现变形的情况，可以结合"内容识别比例"命令来裁剪照片。"内容识别比例"命令能在保持照片内容不发生改变的情况下对照片的构图进行调整，让画面内容更完整。"内容识别比例"命令仅适用于普通图层和选区，它不能作用于调整图层、图层蒙版、各个通道等，并且此命令只能用于 RGB、CMYK、Lab 和灰度模式及所有位深度的色彩模式。

打开一幅服饰素材图像，为了突出服饰上身后的效果，可以对照片进行裁剪操作，先将图像复制，切换至"通道"面板，新建 Alpha1 通道，使用"画笔工具"对通道进行编辑，运用白色画笔将不需要变换的人物主体部分涂抹出来，执行"编辑 > 内容识别比例"菜单命令，显示自由变换编辑框，然后在选项栏中设置"保护"为 Alpha1 通道，接下来对照片进行自由变换，在变换时可以看到被保护区域内的图像不会受到操作的影响。

完成变形调整后，单击工具箱中"裁剪工具"，在图像上单击并拖曳，绘制裁剪框，将透明的背景区域进行裁剪，变换照片的构图，将照片裁剪为正方形效果。

3.4.4 使用"裁剪"命令保留商品主体

使用"裁剪工具"裁剪照片时，如果裁剪框太靠近文档窗口的边缘，则会自动吸附到画布边界上，此时无法再对裁剪框进行细微的调整。为了避免这一问题，可以尝试使用"裁剪"命令裁剪照片。在应用"裁剪"命令裁剪照片前，需要确定要裁剪的图像区域，即选用工具箱中的选区创建工具创建选区，将需要保留的图像添加至新创建的选区中，然后再执行"裁剪"命令裁剪照片。

 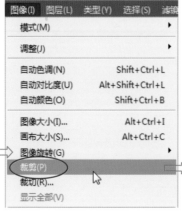

打开素材图像，选用"矩形选框工具"在画面中需要保留的图像上单击并拖曳鼠标，创建选区。创建选区后，执行"图像 > 裁剪"命令，裁剪照片，此时会看到位于选区外的其他图像均被裁剪掉。

第 4 章
调整明暗重现
商品的光影层次

　　商品照片明暗的调整是获取更多产品信息的重要手段，在后期处理时，为了画面中商品显得更有层次感，需要对照片整体或局部的明暗进行修饰。Photoshop 中提供了多种用于调整照片明暗的菜单命令和工具，使用它们可以完成照片明暗的快速修复与润饰，从而使拍摄出来的商品更能引起观者的注意。

　　本章会对商品照片中常用的明暗调整命令，如曝光度、亮度 / 对比度以及色阶等命令的使用方法以及在具体一些照片中的应用技巧进行详细的讲解，使读者学到更为实用的商品照片调修技法。

知识点提要

1. 从直方图观察商品照片的曝光

2. 平衡商品照片的曝光

3. 商品照片的明暗调整

4. 突显商品层次的局部调修

4.1
从直方图观察商品照片的曝光

对于商品照片而言，准确的曝光不仅可以让观者更准确地查看到商品各部分的层次细节，还能增加照片的美观性。在对商品照片进行明暗调整前，需要对当前所打开的商品照片的曝光情况有一定的了解，这样才能在后期处理时，选择更合适的菜单或工具来对照片进行明暗的处理。

要了解照片具体的曝光情况，就要利用到"直方图"面板。"直方图"面板可以真实地反映出照片暗部和亮部的分布情况，并以坐标轴上的波形图形式显示照片的曝光。在"直方图"面板中，横轴代表了灰度或颜色色阶，范围在0~255；竖轴代表特定颜色或者色调层次的像素值。低色调图像的细节集中在阴影处，高色调图像的细节集中在高光处，而平均色调图像的细节集中在中间调处。

单击可更改当前图像的直方图效果

蓝通道的直方图表现

绿通道的直方图表现

红通道的直方图表现

竖轴表示给定值的像素总数

暗调　　中间调　　高光

横轴方向代表亮度值，从左至右依次变亮

在默认工作区下，"直方图"面板会被隐藏起来，用户需要执行"窗口>直方图"菜单命令，打开并显示"直方图"面板，在面板中单击右上角的扩展按钮，在弹出的菜单中执行"全部通道视图"命令，会显示单个通道的直方图，用户通过直方图能够观察到该商品照片各颜色通道中的色彩分布，便于后期对商品对象的明暗进行更准确的还原。

◆ **曝光正常**的商品照片

在光线较明亮的情况下拍摄商品时，拍摄出来的画面无论是暗部还是亮部都会非常的清晰，具有层次感，这样的照片自然是曝光非常理想的，在 Photoshop 中将照片打开后，可以在"直方图"面板中看到画面中像素被均匀地分布在所有色调区域中，并且大部分图像像素集中在中间部分。在后期处理时，仅仅需要对照片进行简单的调整，就能使画面还原到商品拍摄时所见的效果。

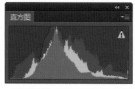

左图为正常曝光的照片，可以看到照片中酒瓶亮部的高光和暗部的阴影，以及大量的中间调图像，此时在"直方图"面板中会以一个相对平稳的轮廓显示出该商品照片像素分布。

◆ 曝光过度的商品照片

如果在光线较亮的环境下拍摄，或开启闪光灯进行拍摄，则很有可能导致拍摄出的商品出现曝光过度的情况。曝光过度的图像在"直方图"面板中会看到曲线波形集中在面板的右侧，而阴影部则缺少像素，使图像高光部分细节尽失。在后期处理时，可以适当降低高光区域的亮度，让图像尽可能达到正常曝光情况下的影像效果。

右图为打开的曝光过度的商品照片，可以看到画面中因为光源太强，背景呈现出大量的白色区域，但是拍摄者是为了突出画面中间的鞋子主体。因此，这种适当的曝光过度也是突出商品的表现方式之一。

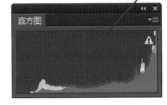

◆ 曝光不足的商品照片

在商品照片拍摄过程中，除了曝光过度的情况外，也会有曝光不足的情况。大部分商品的拍摄都会选择在室内进行，当室内光线不足时，就很有可能导致拍摄出来的片子曝光不足。曝光不足的照片整体偏暗，在"直方图"面板中会看到曲线波形偏向于左侧，而右侧几乎没有像素，照片暗部细节损失较大。在后期处理时，需要提高照片暗部的亮度，还原清晰的影像效果。

右图为曝光不足的照片，可以看到画面中背景基本处于完全黑暗的状态，画面中的商品偏灰而没有层次，同时在"直方图"面右侧也只显示了少量的像素，而大部分的像素都被集中在直方图的左侧。

◆ 调整曝光后的照片与直方图

在对商品照片的曝光进行调整时，用户可以借助直方图来观察照片的编辑情况。如果照片经过编辑后丢失了部分细节，那么在"直方图"面板中也会及时地将这一情况反映出来，即在直方图上会出现间隙或者尖峰等情况，分别表示特定的颜色或色彩层次损失和不同层次的图像被均化。此时，如果丢失的情况不严重，还可以通过调整找回。

编辑后在"直方图"中出现了尖峰和间隙。

上图为编辑后的商品图像，可以在"直方图"面板中看到调整后的图像存在少量的图像信息丢失情况。

4.2
平衡商品照片的曝光

曝光是摄影中经常会提到的问题，对于商品照片而言，曝光显得尤为重要，曝光不准确很有可能给观者造成视觉上的误导，不能准确地反映出商品的本质特征。在后期处理时，可以根据画面的具体情况，选择适合的调整命令或工具对照片的曝光进行处理，平衡商品对象的曝光，重现自然状态下的理想画面。

4.2.1 提高 / 降低 "曝光" 量改变画面明暗

商品照片中的曝光不准确一般分为曝光不足和曝光过度两种情况，其中曝光不足的照片表现为画面整体较暗，暗部细节不清晰；曝光过度的照片表现为图像整体偏亮，亮部细节较少。对于照片中曝光不足或曝光过度相对不严重的图像，最好的调整方式就是运用 Camera Raw 滤镜中 "曝光" 选项进行调整。在具体的操作中，执行 "滤镜 >Camera Raw 滤镜" 菜单命令，打开 Camera Raw 对话框，对话框右侧的 "基本" 选项卡就会显示 "曝光" 选项。通过向左或向右拖曳滑块来对照片 "曝光" 量进行控制，使画面的明暗更加突出。

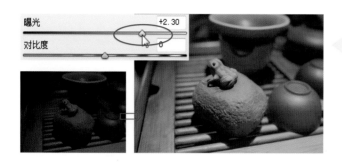

左图是在室内进行拍摄的，光线较暗，使画面存在曝光不足的情况，因此将 "曝光" 滑块向右拖曳，增大参数值，提高曝光量，使画面变得明亮。

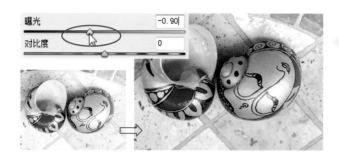

左图因为光线较强，画面出现轻微的曝光过度的情况，因此将 "曝光" 滑块向左拖曳，减小参数值，降低曝光量，使画面变昏暗。

4.2.2 调整 "曝光度" 修复不理想的商品曝光

对商品照片曝光度的调整，除了可以应用 "曝光" 选项进行调整外，也可以应用 "曝光度" 命令进行处理。"曝光度" 命令可以通过调整不同选项参数值来控制照片的明暗变化，它与摄影中的曝光量类似，在 "曝光度" 对话框中能够使用 "曝光度" "位移" 和 "灰度系数校正" 来对照片的曝光情况进行设置，实现商品照片的二次曝光调节。

打开一张曝光不足的商品照片，执行"图像 >
调整 > 曝光度"菜单命令，打开"曝光度"
对话框，在对话框中依次向右拖曳"曝光度"
和"灰度系数校正"两个选项滑块，拖曳后
可以看到照片恢复了正常曝光效果，商品的
暗部区域的层次感也显现出来了。

◆ 用预设选项快速调整商品的曝光

　　使用"曝光度"命令调整照片曝光时，如果不能确认要设置的参数大小，那么可以选用"预设"
的方式进行处理。应用"预设"的曝光度调整选项，可以快速调整照片的曝光度，使拍摄到的商品
恢复到正常曝光的效果。单击"预设"右侧的下拉按钮，在展开的下拉列表会显示"减 2.0""减 1.0""加
2.0""加 1.0" 4 个选项。

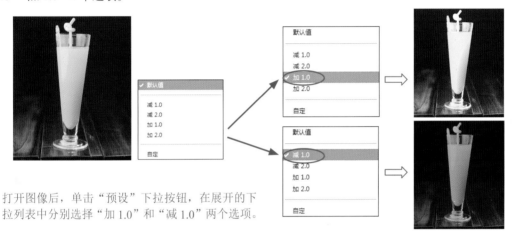

打开图像后，单击"预设"下拉按钮，在展开的下
拉列表中分别选择"加 1.0"和"减 1.0"两个选项。

◆ 通过定义黑、白、灰场来调整曝光

　　在"曝光度"对话框中，除了可以用预设选项来调
整照片的曝光度外，还可以运用吸管工具来快速对照片的
黑、白、灰场进行重新定义，从而达到改变照片曝光的目的，
让拍摄商品呈现出正常的明暗效果。如果要定义照片中
的黑场，则使用"在图像中取样以设置黑场"工具在图
像中最接近黑色的区域单击；如果要定义照片中的灰场，
则使用"在图像中取样以设置灰场"工具在图像中的中
间调区域单击；如果要定义照片中的白场，则使用"在
图像中取样以设置白场"工具在画面中的最亮部分单击。

在图像中取样
以设置黑场。

在图像中取样
以设置灰场。

在图像中取样
以设置白场。

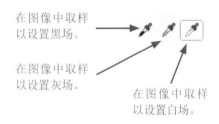

提 示

存储调整选项

为了便于对同一场景下拍摄的多张照片进
行快速调整，可以应用"存储预设"功能
将"曝光度"对话框中设置的参数存储为
预设。

左图中选用"在图像中取样以设置白场"工
具在画面中单击，单击后画面中较暗的部分
图像亮度得到了提高，让商品显得更有层次
感。同时，在"曝光度"对话框可看到对"曝
光度"值进行了相应的调整。

4.3
商品照片的明暗调整

为了让观者能够最大限度地了解商品的特点,在后期处理时往往需要对商品的明暗进行调整。相同的商品,不同的亮度会给人带来不一样的感受,如果拍摄的照片较亮,能够给人一种清新、甜美的视觉感受;如果拍摄的商品照片较暗,则能给人一种古典、高贵的视觉感受。由此可见,对照片进行合适的明暗调整,可以增强商品的视觉感观效果,给人留下更为深刻的印象。

4.3.1 调整"亮度 / 对比度"增强商品层次

在处理商品照片时,调整照片原来的亮度和对比度可以起到美化商品的作用。在 Photoshop 中,应用"亮度 / 对比度"命令可以分别对照片的亮度和对比度做单独的设置,即更改变画面的亮度或提高照片的对比度等。使用"亮度 / 对比度"命令调整照片明暗时,会对照片中的所有像素进行相同程度的调整,因此该命令不适合于局部较亮或较暗的图像的调整。

打开一张画面偏暗且对比较弱的包包照片,执行"图像 > 调整 > 亮度 / 对比度"菜单命令,打开"亮度 / 对比度"对话框,在对话框中对"亮度"和"对比度"选项进行设置,设置后可以看到画面被提亮了,并且增强了对比效果,明亮的画面刺激了观者的视觉感官。

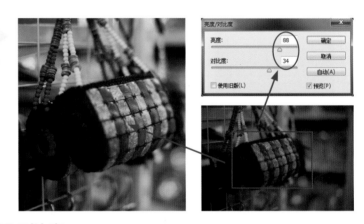

◆ 设置参数调整商品的亮度和对比度

亮度和对比度共同决定画面明暗程度,同一件商品会因为亮度不同呈现出不同的状态效果,在"亮度 / 对比度"对话框中,应用"亮度"选项可控制图像整体亮度,单击并向左拖曳"亮度"滑块可降低图像的亮度;单击并向右拖曳"亮度"滑块可增加图像的亮度。当拍摄的照片偏灰时,则可以通过调整"对比度"选项,向左拖曳"对比度"滑块可降低对比,向右拖曳"对比度"滑块可降低对比。

右图分别展示调整"亮度"和"对比度"后所呈现出的画面效果,从图像上可以看到,不同的亮度和对比度既可以使商品变得美观,也可能导致商品品质的下降。

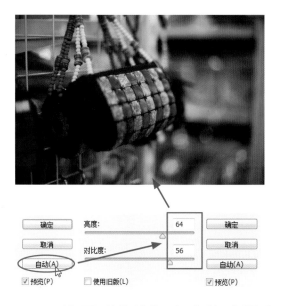

◆ 自动亮度 / 对比度让商品影调更和谐

使用"亮度 / 对比度"命令调整照片的明暗时，如果不注意商品的细节处理，则很容易忽略掉图像中部分存在的色彩，因此调整时可应用"自动"亮度 / 对比度功能调整照片的亮度和对比度，避免因调整过度而造成画面细节的丢失。在"亮度 / 对比度"对话框中，单击"自动"按钮，系统将会自动调整"亮度"值和"对比度"值，并在图像窗口中显示调整后的图像。

左图中单击"亮度 / 对比度"对话框中的"自动"按钮，在对话框中的会自动调整"亮度"和"对比度"参数，并将其应用到图像上，此时可看到图像中商品的细节得到了最好的保留。

4.3.2 使用"曲线"命令快速提高或降低照片亮度

前面介绍了使用"亮度 / 对比度"命令调整商品照片的明暗，接下来将为大家讲解运用"曲线"调整图像，让画面的层次更突出、明确。应用"曲线"调整照片的明暗对比时，可以根据要调整的画面效果，在曲线上添加多个曲线控制点并对该曲线控制点的位置进行处理，实现照片中不同区域的明暗调整。

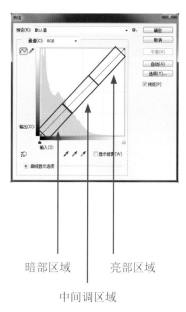

如下图所示，打开一张室内拍摄的商品照片，可看到图像曝光不足，暗部区域过于偏暗，执行"图像 > 调整 > 曲线"菜单命令，打开"曲线"对话框，在对话框中单击添加一个曲线控制点，再向上拖曳该曲线点，更改曲线形状，设置后可看到原本偏暗的图像变得明亮，增加了产品的辨识度。

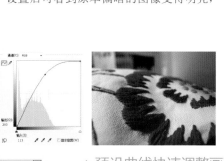

暗部区域　　　亮部区域

中间调区域

◆ 预设曲线快速调整画面明暗

在"曲线"对话框中提供了预设曲线调整功能，能满足一些明暗对比较弱的商品对象的调整。单击"曲线"右侧的倒三角形按钮，在展开的下拉列表中即可查看或选择预设的曲线调整选项。

左图中选择了"较亮（RGB）"选项，对照片的亮度方面进行了轻微的处理，从图像上可看到画面的亮度还是不够高。

◆ 不同曲线形态改变画面的明暗、对比

　　曲线调整的优势就在于，能够通过对曲线形态的自由调节让照片中的对象的影调得到更精彩的呈现。一般情况下，曲线的形态分为 C 形曲线、S 形曲线和 M 形曲线。C 形曲线可以用于调整照片整体的明暗，当曲线呈现为正 C 形时，会提高图像中间调的亮度；当曲线呈现反 C 形状时，会降低画面中间调区域的亮度。S 形曲线可以少量提高照片的中间调和不特别明亮或特别暗的区域的对比，起到增强对比的作用。M 形曲线则主要用于对象细节的展现，如果画面中间调部分的细节层次不明显，可以设置 M 形曲线轻微调整中间调部分的图像的明暗，让其细节更为清晰。

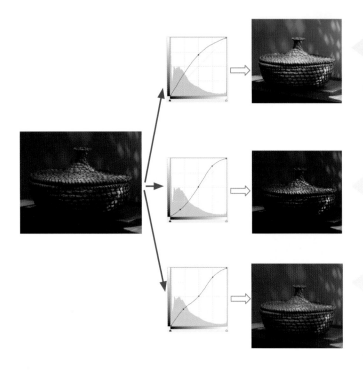

在曲线上 1/2 的位置单击，添加一个控制点，向上拖曳该控制点将曲线调整为正 C 形状，此时照片的亮度得到了提高，画面中的商品也变得明亮。

分别在曲线 1/4、1/2、/3/4 的位置添加控制点，再单击并向上拖曳 1/4 位置的控制点，提高画面中高影调的亮度，单击并向下拖曳 3/4 位置的控制点，降低中低影调的亮度，由此加强对比，强化了商品印象。

在曲线 1/4 和 3/4 的位置添加控制点，再分别单击并向上拖曳 1/4 和 3/4 位置上的控制点，设置后图像中接近中间调区域的图像被提亮，商品上的细纹等细节得到了更好的展现。

◆ 手动绘制曲线以修改画面明暗

　　如果觉得在曲线中单击并拖曳曲线非常麻烦，那么还可以用"铅笔工具"手动绘制曲线，实现照片明暗的快速调整。当单击"铅笔工具"后，在右侧的曲线上就可以进行曲线的绘制操作，绘制完成后系统会根据绘制的曲线形态调整图像的影调。如果认为绘制曲线不够平滑或者是出现了断开的曲线段，可以单击"平滑"按钮，将绘制的曲线自动进行连接并做平滑处理。

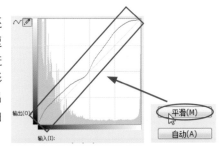

右图中选择了"铅笔工具"手动绘制曲线，再将绘制的曲线连接成平滑的曲线后，在图像中可以看到，竹篮上的中间调部分的细节与层次感都得到了加强，观者从拍摄的照片中就能够看到篮子的编织纹理，清晰地了解该商品的制作特点等，大大增强了商品的表现力。

4.3.3 使用"色调曲线"实现更精确的明暗调节

为了让拍摄到的商品更能打动消费者的情绪和情感反应，在对照片的明暗进行处理时，可以运用 Camera Raw 中的"色调曲线"对高光、亮调、暗调和阴影做更准确的设置。"色调曲线"的调整原理与"曲线"的工作原理相似，都可用通道曲线的形态来改变画面的明暗，唯一不同的是，"色调曲线"除了可以对曲线形态进行编辑外，还可以通过运用"参数"标签对画面中阴影、高光、暗调等不同区域的图像的明暗进行处理，使画面更适合于产品主题的表现。

启动 Camera Raw 后，单击"色调曲线"按钮，就可切换至"色调曲线"选项卡，默认会选中"参数"标签，在此标签下就会显示对应的"高光""亮调""暗调""阴影"4 个选项，用于控制不同明暗区域的明亮效果，也可以在"点"标签中对曲线形状进行自由的调整来改变画面中任意图像区域的明暗效果。

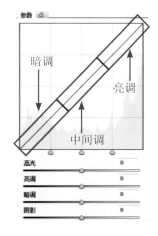
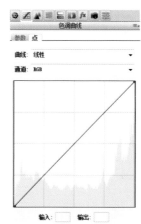

◆ "参数"标签调整不同区域的明暗

在"色调曲线"选项卡中，默认选中"参数"标签，在具体的操作时，可以通过拖曳该标签下方的 4 个选项滑块或输入数值，快速对画面的明暗进行针对性的调整。对参数进行设置后，上方的曲线形状也会随着数值的变化而发生变化。

如右图所示，打开一幅有晕影的商品图像，然后在"参数"标签下对"暗调"和"阴影"值进行更改，而"高光"和"亮调"选项不变，经过设置后画面中的暗部和阴影区域的图像变得更为明亮，而降低了商品边缘部分晕影的强度。

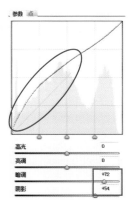

右图中图像放大后，可以看到照片在拍摄时出现了局部曝光过度的情况，衣服上的蝴蝶结位置偏亮，因此将"高光"和"亮调"滑块向左拖曳，降低"高光"和"亮调"区域的图像亮度，通过对比发现，处理后的图像中，蝴蝶结的层次变得更加突出，也更好地向观者展示了该礼服的甜美风格。

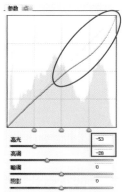

◆ "点"标签自由调整画面明暗

在"色调曲线"选项卡中除了可以应用"参数"标签调整照片的明暗外，也可以使用"点"标签来调整图像。在"点"标签下，可以通过手动的方式进行曲线形状的调整，在默认情况下曲线以45度的斜线进行显示，与"曲线"对话框作用相同，左侧的曲线用于控制画面暗调区域，中间部分用于控制画面中间调区域，右侧的曲线用于控制画面亮调区域。除此之外，用户还可以选择预设的曲线，快速地对商品的明暗进行调整。

如右图所示，打开一幅皮质背包的图像，单击"色调曲线"选项卡中的"点"标签，切换至"点"选项卡，分别在曲线上的各位置单击，添加3个曲线点，再将第一个曲线点向上拖曳，将第二个曲线点轻微向上拖曳，将第三个曲线点向上拖曳，由此使画面亮部与暗部区域的对比变大，原商品照片中的图像影调也随之发生变化。

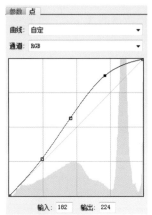

按下快捷键Ctrl++，将图像放大显示，可以清晰地看到调整前后图像之间的明暗差距，如左图所示，经过处理后的图像与原图像相比，更能表现出该款皮包所使用的皮质，观者透过图像就能感觉到该款皮包高端的品质，更能反映出商品的特色。

提 示

对单个通道的颜色进行调整

运用"色调曲线"对商品的明暗度进行调整时，不仅可以对整个图像进行明暗的调整，而且可以对单个颜色通道进行明亮度的调整。单击"点"选项卡中的"通道"选项，在弹出的下拉列表中可以选择用于调整的颜色通道。

与图像整体明暗调整有所不同，如果对单个颜色通道应用曲线调整，则会影响到整个画面的色调，对不同的颜色通道应用曲线调整后，会使照片的颜色产生明显的变化。因此，如果没有特别的要求，通常都只需要对图像整体的明暗进行处理。否则，会导致画面偏色，无法表现出商品的本质特征。

4.3.4 使用"色阶"调整画面的对比

在了解了不同曝光情况下的直方图表现后，就可以学习运用"色阶"来调整图像的明暗了。Photoshop 中的色阶表现了一幅图像的明暗关系，它是用横坐标和纵坐标说明照片中像素色调分布的图表。使用"色阶"命令调整明暗时，可以分别对照片中阴影、高光和中间调部分的图像的明暗进行处理，并且可以根据色阶图来观察需要进行调整的区域和控制调整的应用效果。执行"图像 > 调整 > 色阶"菜单命令，即可打开"色阶"对话框，在对话框中可对整个图像的明暗参数进行设置，也可以选择某个单独的颜色通道，对该通道中图像的明暗进行处理。

打开一张层次不理想的商品照片，执行"图像 > 调整 > 色阶"菜单命令，打开"色阶"对话框，在对话框中对色阶滑块的位置进行设置，将黑色滑块拖曳至 27 位置，灰色滑块拖曳至 0.91 位置，设置后降低了中间调部分的图像亮度，使画面给人一种错落有致的感受。

◆ 通过"预设"快速校正商品明暗细节

为了便于快速地校正一些明暗问题不大的商品照片，在"色阶"对话框中设定了一个"预设"选项。在操作时，只需单击"预设"选项右侧的倒三角形按钮，在展开的下拉列表中选择用于调整的预设选项，就可以完成对照片的快速调整。选择其中一个选项后，在下方的"输入色阶"中会自动对下方的滑块位置进行调整。

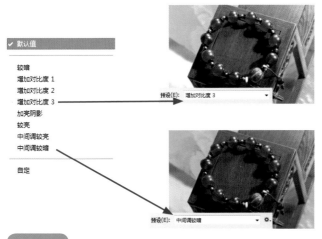

如左图所示，在"预设"下拉列表中分别选择了不同的预设选项后，图像会呈现出不同的效果，由此可知明暗的调整对于商品整体效果的呈现也是非常重要的。

> **提示**
>
> **自动色阶调整明暗**
>
> 当用户单击"自动"按钮后，系统将会根据照片的影调，自动更改"输入色阶"选项组下方的滑块位置，使图像恢复到自然状态下的影调效果，此操作可以用于轻微调整照片的影调。

◆ 输入色阶控制商品各部分的曝光

"色阶"对话框中使用色阶图说明照片中像素色调分布情况，可以通过拖曳色阶图下方的黑色、灰色和白色 3 个选项滑块分别处理照片中的阴影、中间调或高光部分的图像的明暗。黑色滑块代表最暗亮度，向右拖曳该滑块图像变暗；灰色滑块则代表中间调在黑场和白场之间的分布比例，向暗部区域拖曳则图像中间调变亮，反之则变暗，对应画面中的中间调部分；白色滑块代表最高亮度，对应画面中的高光部分，向左拖曳图像变亮。

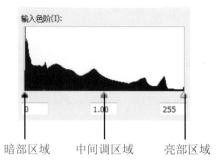

暗部区域　　中间调区域　　亮部区域

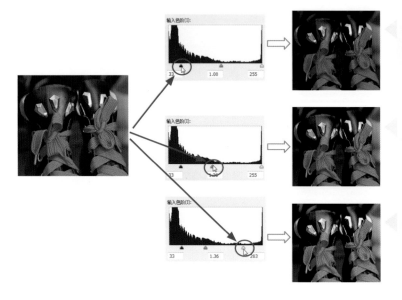

单击选中黑色滑块，向右拖曳黑色滑块后，图像中的阴影部分变得更暗。

单击选中输入色阶中的灰色滑块，向左拖曳该滑块，降低了中间调亮度，增强了明暗层次。

单击选中白色滑块，向左拖曳滑块，原图像中高光部分变得更亮，设置后，增强了暗调与亮调之间的对比。

◆ 输出色阶加强对比

增强或降低照片中的反差，最有效的方法就是设置输出色阶。在"输出色阶"下显示了一个黑色滑块和一个白色滑块，用于图像影调的整体把握，若将黑色输出滑块向右拖曳，则图像整体变亮；若将白色输出滑块向左拖曳，则图像整体变暗；若把黑色滑块向右拖曳，同时把白色滑块向左拖曳，则会导致图像的反差降低。

向右拖曳提亮图像。

向左拖曳降低亮度。

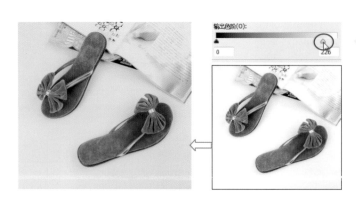

在"输出色阶"下将右侧的白色滑块向左拖曳至 226 位置，降低了画面的整体亮度，让偏灰的图像影调更为突出。

4.3.5 使用"阴影与高光"命令控制阴影与高光部分的明暗对比

在拍摄商品时，如果采用顺光拍摄，则拍摄出来的照片会显得比较平淡，画面的明暗对比相对较弱；而采用逆光或侧光拍摄，则前景部分会变暗，背景部分会相对较亮，这些就能够更好地展示商品的外形轮廓。但是在强逆光下画面容易形成剪影，为了解决这一问题，Photoshop 中提供了一个"阴影/高光"命令。

应用"阴影/高光"命令不但可以修复逆光照片中的剪影，而且还能解决太接近于闪光灯拍摄而出现的反白情况。"阴影/高光"命令的工作原理是基于阴影或高光周围的像素，即把与阴影和高光相近区域进行增亮或变暗处理，得到更丰富的层次表现。执行"图像>调整>阴影/高光"命令，打开"阴影/高光"对话框，如右图所示，对话框中包括"阴影"和"高光"两个选项组，在默认情况下以简略的方式显示，如果需要设置更多选项，则可以勾选"显示更多选项"复选框，以显示更多的阴影与高光调整选项。

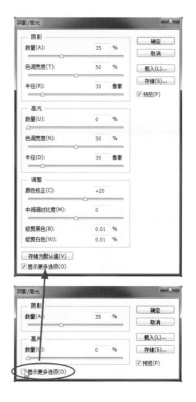

◆ 针对商品的暗部进行调整

针对一些暗部细节不明显的照片，可以使用"阴影/高光"对话框中的"阴影"选项组对阴影部分的图像进行提亮处理，让暗部细节突显出来。"阴影/高光"对话框中的"阴影"选项组包含"数量""色调宽度"和"半径"3 个选项，其中"数量"选项用于设置图像中阴影部分的亮度，通过下方的滑块调整阴影，向左拖曳滑块则图像变暗，向右拖曳滑块则图像变亮；"色调宽度"选项用于决定多暗或多亮的像素会被用作阴影或亮度；"半径"选项用于设置邻近范围的大小，在设置每个像素周围的像素平均值时，此选项可设置查找范围。

打开一张逆光拍摄的商品照片，执行"阴影/高光"命令，在打开的对话框中对"阴影"选项组中的参数进行设置，可看到在不影响画面亮部区域的同时，对照片中的暗部区域进行了提亮，让商品细节变得更为清晰。

提 示

将选项存储为默认值

在"阴影/高光"对话框中对"高光"和"阴影"选项进行设置后，直接单击"阴影/高光"对话框底部的"存储为默认值"按钮，就可以将当前设置的参数存储为默认值，以后对打开的图像进行"阴影/高光"调整时，会以现在设置的默认值调整该图像。

◆ 针对商品的亮部进行调整

对于很多小商品的拍摄,大多会选择棚拍的方式,此时会因为布光或相机曝光的不准,导致照片出现局部曝光过度或亮部细节不明显的情况。在后期处理时,可以应用"阴影/高光"对话框中的"高光"选项组降低商品中高光部分的图像亮度,还原其真实的细节,让图像的光影恢复到正常曝光时的状态。在展开更多选项的"阴影/高光"对话框中,可以看到"高光"选项组下也包含了"数量""色调宽度"和"半径"3个选项,应用这3个选项即可针对画面中高光部分进行亮度调整。

右图是一幅用闪光灯拍摄的饰品图像,为了削弱水晶饰品上的反光,在"阴影/高光"对话框中对"高光"进行设置,设置后可以看到饰品的细节得到了更好的还原。

◆ 对商品照片中间调细节进行调整

调整了照片中的阴影与高光部分的亮度后,为了进一步增强高光、阴影的细节反差,可以运用"调整"选项组中的选项进一步对中间调对比进行处理。在"调整"选项组中包括"颜色样正""中间调对比度""修剪黑色"和"修剪白色"4个选项,其中"颜色校正"选项用于设置调亮或调暗区域的饱和度;"中间调对比度"选项用于在不使用单个曲线调整的情况下,修复中间调的对比度;"修剪黑色/白色"选项通过调高百分比值,将256种色调中的大多数色调转换为纯黑或纯白,起到增强对比的作用。如果将画面中过多的色调转变为极端的纯黑或纯白,容易导致阴影、高光的细节受损。

向左拖曳降低饱和度,向右拖曳提高饱和度。

向左拖曳降低中间调对比,向右拖曳提高中间调对比。

设置转换为纯黑或纯白区域范围。

左图中设置了"颜色校正"参数,将选项下方的滑块向右拖曳至 -100 位置,降低了饰品的色彩鲜艳度,使得画面中的小饰品显得更加的晶莹剔透。

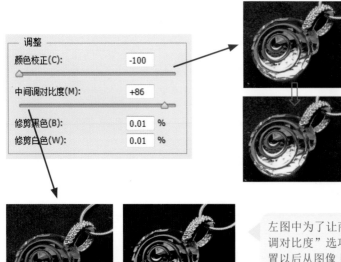

左图中为了让商品与背景的反差变得更大,将"中间调对比度"选项下方的滑块向右拖曳至 +86 位置,设置以后从图像上会发现,画面不仅修复了部分的高光,而且降低了背景部分的图像的亮度,使画面中的小饰品不受到环境的影响。

4.4
突显商品层次的局部调修

在表现商品时，除了要将商品外形轮廓表现出来，同时也需要赋予商品更为鲜明的层次感。为了让拍摄的商品呈现出最佳的亮度和层次，除了在处理过程中对画面进行整体的调整外，局部的明暗调整也是必不可少的，通常调整照片中的对象的局部明亮度，可以最大限度减少画面中细节的丢失，并且可以让拍摄到的商品呈现最佳的视觉效果。

4.4.1 使用"减淡工具"让商品变得更有层次

光线是影响商品拍摄效果的重要因素之一，如果拍摄时光线不足，画面就会显得较暗，此时就需要通过后期处理为画面加光。在 Photoshop 中"减淡工具"即具有加光的作用，选择此工具后，在图像上进行涂抹，就可以完成照片的加光处理，让涂抹区域的图像变得明亮起来。

打开一张局部影调较暗且细节不够明显的商品照片，选择"减淡工具"，然后在选项栏中设置工具选项，将鼠标移至画面中的商品所在位置进行涂抹操作，经过反复的涂抹后，可看到被涂抹区域的图像变亮，画面的影调显得更为和谐。

使用"减淡工具"为照片加光时，可以选择要加光的区域，即运用"减淡工具"选项栏中的"范围"选项进行设置。单击"范围"选项右侧的倒三角形按钮，可以看到"阴影""中间调"和"高光"3 个选项。当拍摄的商品整体画面偏暗时，为了保护中间调和亮调，可以选择"阴影"选项进行编辑；当需要保护暗调和高光部分的影调时，则可以选择"中间调"选项进行设置；当需要保护中间调和暗部的影调时，选择"高光"选项进行设置。

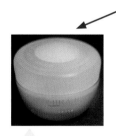

选择"阴影"选项，在化妆品上涂抹，提高了阴影部分的图像的亮度。

选择"中间调"选项，在化妆品上涂抹，提高了中间调部分的图像的亮度。

选择"高光"选项，在化妆品上涂抹，提高了高光部分的图像的亮度。

> **提 示**
>
> **快速调整涂抹范围**
>
> 选择"减淡工具"减淡图像时，可以按下键盘中的／键来快速调整画笔的笔触大小，由此来控制减淡的范围在，按下 [键，将放大画笔笔触的大小；按下] 键，将缩小画笔笔触的大小。

4.4.2 使用"加深工具"为商品添加晕影

在后期处理时，既然可以为拍摄的商品进行加光，自然也可以为其减光。Photoshop 中应用"加深工具"可以实现照片的减光处理。"加深工具"与"减淡工具"的作用刚好相反，选择此工具后，在图像上涂抹，会降低画面中被涂抹区域的图像的亮度，使其变得更暗。

右图中打开了一幅轻微曝光过度的家居摆件图像，选取工具箱中的"加深工具"，在选项栏中设置参数后，将鼠标移至画面中的家居摆件位置进行涂抹操作，经过反复的涂抹，可以看到处理后的图像中，家居摆件变得更暗，家居摆件的层次感被表现出来。

运用"加深工具"加深图像时，可以利用"范围"选项来控制加深的图像范围，针对不同的照片处理需求，可以选择需要用于加深的范围。当设置好加深的范围时，还能结合"曝光度"选项，对加深的程度进行设置，输入的"曝光度"越大，图像就越暗；反之，数值越小，图像加深效果越弱。

左侧的两幅图像分别展示了将"曝光度"设置为 10% 和 60% 时，在照片中涂抹所呈现的效果。从画面中可以看到，当"曝光度"为 10% 时，只对图像进行了轻微的加深处理，而当"曝光度"为 60% 时，在图像上涂抹后，加深的效果明显增强，此时很有可能导致画面中暗部细节的丢失。

提示

保护色调的加深 / 减淡处理

使用"加深工具"或"减淡工具"对照片的明暗处理时，通常会在保护原像素的色调不受影响的情况下进行。此时在"加深工具"和"减淡工具"选项栏中的"保护色调"复选框显示为勾选状态，如果取消勾选，运用工具在图像上涂抹时，原图像的色调也会随着加深或减淡操作而发生一定的变化。

第 5 章
让色彩展现商品的独特魅力

　　在一张商品照片中，色彩不只是真实记录下物体，还能带给我们不同的心理感受。在商品照片后期处理时，运用 Photoshop 中提供的调整工具和菜单命令对照片中的商品对象进行合适的编辑与处理，可以让拍摄出来的商品更能从视觉上强烈地吸引观者的注意。

　　本章会对商品照片中常用的色彩调整命令的使用方法和在不同照片中的具体应用逐一讲解，其中主要包括色彩平衡、色相 / 饱和度、可选颜色等，通过本章的学习，读者可以独立完成商品的调色，设计出更符合产品特征的色调效果。

知识点提要

1. 影响商品色彩的三属性

2. 色温、色调与白平衡

3. 调整商品照片的整体色彩

4. 商品照片的局部润色

5.1
影响商品色彩的三属性

色彩是人脑识别反射光的强弱和不同波长所产生的差异，人们依借光辨别物体的形状和色彩，从而获得对客观世界的认识。在生活中，我们所看到的任何物体都有着各自的色彩，这些不同的色彩形成了人们对商品的第一印象。虽然我们看到的商品颜色丰富多彩，千差万别，各不相同，但是总结起来都具备色相、明度和纯度 3 个属性。色彩的这 3 个基本属性共同决定了商品颜色的鲜艳度及亮度等。

◆ 色相

色相是色彩所呈现出来的质的面貌，是色彩的第一特征，能够比较明确地表示某种颜色色别的名称，也是各种颜色之间的区别。

色相是由色彩的波长决定的，以红、橙、黄、绿、青、蓝、紫代表不同特征的色彩相貌，构成了色彩体系中最基本的色相，可以用 12 色相环和 24 色相环来查看不同颜色的特征。在基本色相中，色彩还具有不同的分类，如红色可以分为大红、浅粉、玫瑰粉等。对于商品来说，我们所说的红色、黄色、绿色等都是依靠色相而存在的，由此可见色相是影响商品色彩最重要的因素。

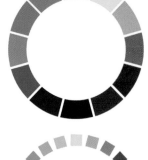

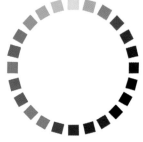

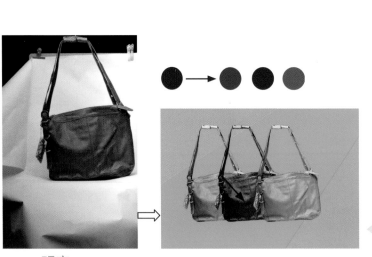

在商品照片处理中，为了展现不同的颜色下的商品效果，可以对商品的颜色进行处理，如左图，画面中展示的是一款经典女式手提包，在后期处理时，对包包的颜色进行了调整，让同一款商品呈现出了不同的颜色效果，使得消费者能够选到更适合自己颜色的包包。

◆ 明度

明度是指色彩的明暗程度，它决定了反射光的强度，任何的色彩都存在着明暗的变化。在无彩色中，黑白为明度的两个极端，黑白之间存在从暗到亮的灰色系列；而在有彩色中，黄色明度最高，紫色明度最低。把有彩色和无彩色加入白色混合，就会呈现出不同的明度变化。明度可以用于表现物体的立体感和空间感，在商品照片中后期处理时，可以通过调整照片中的色彩明度，赋予商品立体感和真实感。

低明度 ----- 无彩色的明度渐变条 ----- 高明度

低明度 ----- 有彩色的明度渐变条 ----- 高明度

同一种色相也会存在着不同的明暗差别，不同明度的色彩具有不同的视觉感受。通常情况下，高明度的色彩能给人一种鲜明、清晰的视觉感受；中明度的色彩会给人一种含蓄、优雅的视觉感受；低明度的色彩则给人一种深沉、神秘的视觉感受。因此，在商品照片后期处理时，可以根据要表现的主体商品对象，选择适合的明度加以表现，给人以鲜明的视觉冲击。

右图为曝光度较低的商品照片，可以看到画面略微偏暗，在后期处理时，对照片的曝光度进行调整，提高了图像的亮度，让照片中的洗面奶显得更加白皙、水润。

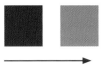

低明度到高明度的
颜色变化

◆ 纯度

纯度是指色彩的鲜艳程度，也称为色彩的饱和度、彩度、鲜度等，它是鲜艳与灰暗的对照，即同一种色相相对鲜艳或灰暗。纯度取决于该种颜色中含色成分与消色成分的比例，其中灰色含量较少时，纯度越高，图像的颜色也就越鲜艳。

通常我们会把纯度划分为 9 个阶段，其中 1~3 阶段的纯度被称为低纯度；4~6 阶段的纯度被称为中纯度；7~9 阶段的纯度被称为高纯度。纯度越低，颜色越趋近于黑色；反之，纯度越高，色彩越接近于纯色。

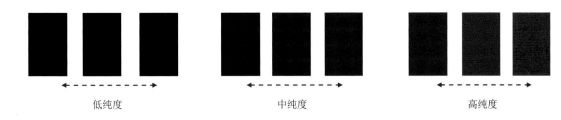

低纯度　　　　　　　　　中纯度　　　　　　　　　高纯度

色彩的纯度决定了色彩的鲜艳程度，纯度越高的图像颜色越明亮、艳丽，适合美食、小饰品、服饰等商品的表现，能够反映商品精美的特点；相反，色彩纯度越低，画面就越灰暗，适合于手表、陶瓷制品的表现，能够反映商品的高端品质感。在对商品进行后期调色时，要把握好色彩纯度对画面的影响，切记不能仅为了使画面美观，而脱离商品的本质色彩。

左图中展示了调整颜色鲜艳度前和调整鲜艳度后的画面对比效果，从图像中可以看到，高纯度的色彩更适合于表现美味的食品，能够激发观者的购买欲望。

5.2
色温、色调与白平衡

　　商品照片的后期处理离不开色彩的调整，大多数商品在拍摄完成后，都需要经过后期处理，对照片的色彩进行调整，使画面中的商品看起来更为美观，这样才能激发消费者对该商品的购买欲望。对于商品照片而言，色温、色调与白平衡是影响图像色彩的重要因素，因此在开始商品照片的调整编辑前，需要对色温、色调及白平衡有一定的了解，这样才能在后期的处理过程中选择更适合的菜单命令来完成对照片色彩的调整。

　　◆ 色温与色调

　　色温字面上的意思就是色彩的温度。任何物体受热后都会发光，当温度处于 0℃时，任何物体都是黑色的。随着色温的升高，黑色物体会因光线照射反射出不同颜色的光线，从而得到我们肉眼所观察到的色彩。

　　在升温的不同阶段，商品呈现的颜色也会不断变化，色温最高的光是蓝色，而色温最低的光是红色，从下面的色温对照图中，可以清晰地了解自然界中常见光源的色温变化，由此可见在拍摄商品时，需要选择适合于商品表现的光源，才能拍摄出更出色的画面效果。

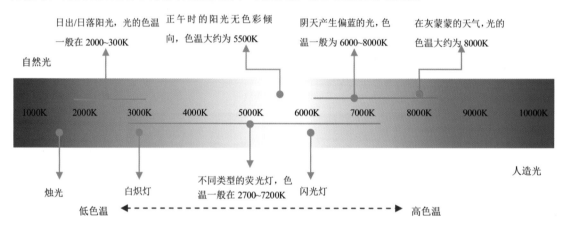

　　色温的高低决定着光线的冷暖，同时也会影响到画面的色调变化。当色温较高时，画面颜色偏蓝，图像呈现出冷色调效果；当色温低时，画面颜色偏红，图像呈现出暖色调效果。

　　左图中，虽然展示的是同一双鞋子，但是从画面中可看到不同的色温条件下，商品所呈现出的效果也会有明显的区别。

　　对画面色调的控制，除了在前期拍摄时借助不同的光源来改变色温，使商品呈现出不同色调效果外，也可以通过后期处理来实现。在具体的操作过程中，可以选择 Photoshop 中的调色命令，对照片中整体或部分颜色进行编辑，使其处理之后色彩与拍摄时的色彩形成鲜明的对比，从而展现商品的艺术与形式之美。

◆ 白平衡

白平衡是指相机在不同色彩的光线照射下拍摄白色对象时能准确还原物体白色的功能。通常情况下，肉眼所见到的白色物体在任何光线下表现出的色彩依然会为白色，那是因为人类的眼睛能自动适应不同的环境光线，并将最亮的地方感知为白色，但是在摄影中，数码相机的传感器却不具备这样的功能，因此需要利用白平衡这个概念来对其进行定义，使照片中的物体色彩与人眼观察到的色彩更为接近。

数码相机中通常都会有自动、白炽灯、荧光灯、晴天、闪光灯、阴天和背阴多个白平衡选项，用户可以在拍摄前在相机菜单中对白平衡进行设置，如右图所示。

当拍摄的照片与实际所看到的物体的颜色不同时，这种差别被称为偏色，导致这一情况的主要原因就是拍摄前选择了错误的白平衡。因此，拍摄商品之前，应该了解不同拍摄环境的光源属性，并选择正确的白平衡设置，从而减少最终照片的偏色现象，为后期调色减少不必要的操作。

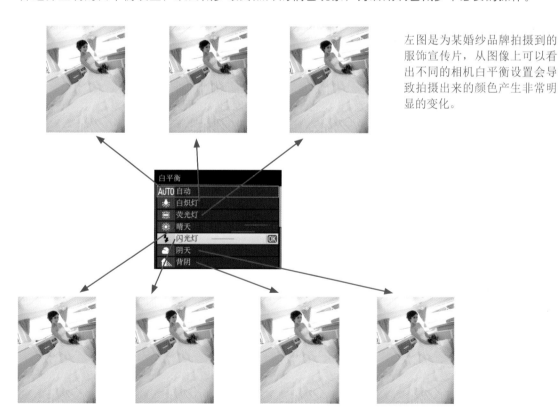

左图是为某婚纱品牌拍摄到的服饰宣传片，从图像上可以看出不同的相机白平衡设置会导致拍摄出来的颜色产生非常明显的变化。

如果拍摄时选择了错误的白平衡，拍摄出来的图像出现偏色现象时，则需要通过后期处理校正照片中设置错误的白平衡，从而还原物体本身的色彩。Photoshop 中提供了较为完整的白平衡校正功能，可以根据商品拍摄时的环境光源，选择与之对应的白平衡选项，然后还原出与实物最接近的颜色，从而避免观者对画面颜色产生错误的理解。

5.3
调整商品照片的整体色彩

　　由于受到环境光线影响和白平衡设置不当的影响，拍摄出来的照片色彩会与人眼所看到的效果不同，因此在后期处理时，需要对图像的颜色进行调整，让图像中的商品颜色与我们肉眼观察到的商品颜色更加一致。在 Photoshop 中，使用调整命令可以快速地对照片的颜色进行统一的调整，还原商品颜色的同时，赋予画面别样的色彩效果。

5.3.1 提高"饱和度"让商品色彩更鲜艳

　　决定商品颜色鲜艳程度的主要因素为饱和度，当拍摄的商品饱和度不够时，就需要通过后期处理，提高画面的色彩饱和度，让商品的颜色变得更鲜艳。Photoshop 中应用 Camera Raw 滤镜下的"饱和度"选项，可以增加或减少照片中颜色的饱和度，让商品更符合其特质。

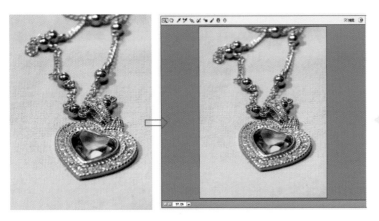

　　如左图所示，打开一张色彩暗淡的照片，执行"滤镜 > Camera Raw 滤镜"菜单命令，打开 Camera Raw 滤镜对话框，拖曳对话框右下方的"饱和度"滑块，调整照片颜色。

5.3.2 调整"色温"控制商品的冷暖感

　　色温是影响照片白平衡的因素，在 Camera Raw 中可以对照片的色温进行调整，使其更匹配照片中的光照情况。在 Camera Raw 对话框中的"基本"选项卡下，有一个独立的"色温"选项，用户可以拖曳该滑块来变换照片的色温。

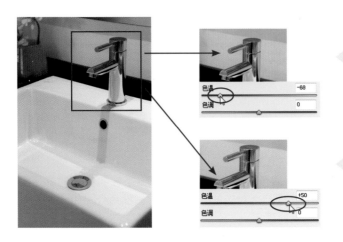

　　左图中向左拖曳"色温"滑块至 -68 位置，可以看到提高色温，画面表现为冷色调效果。

　　左图中向右拖曳"色温"滑块至 +50 位置，可以看到降低色温，画面表现为暖色调效果。

5.3.3 使用"变化"命令为拍摄的商品渲染氛围

应用"变化"命令可以对照片的色相、饱和度和亮度进行全面的调整，并且能够实时地预览到调整后的图像效果。"变化"命令的作用原理是通过添加互补色来对图像的颜色进行处理，它可以进行细致的颜色调整，并且可以开启"显示修剪"功能来提示不要生成超出色域的颜色，使照片的调色操作更为准确。

打开一张拍摄的杯子素材照片，执行"图像 > 调整 > 变化"菜单命令，打开"变化"对话框，在对话框中通过单击不同的颜色调整来更改颜色。

显示调整之前和调整之后的颜色。

在不同的颜色图像上单击，为原图像增加相应的颜色。

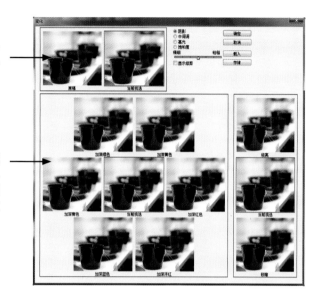

◆ 对不同区域应用调整

使用"变化"命令更改画面颜色时，可以根据商品最终的需求，设置需要应用调整的图像范围，使画面经过编辑后整体色调显得更加完美。在"变化"对话框右上角显示了"阴影""中间调""高光"3个针对不同的明暗区域的调整按钮，单击其中一个按钮后，将只会对该区域的颜色进行调整，而对其他部分的颜色仅仅产生较小的影响。

下面的3幅图像，分别选择了"阴影""中间调"和"高光"选项进行调整，在每次编辑时单击两次"加深蓝色"图像，为图像增加蓝色比例，在相同的编辑条件下对不同的图像范围应用了颜色的调整。

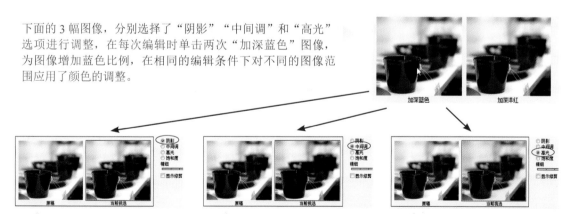

如果要对照片中的阴影部分的颜色进行编辑，则单击"阴影"按钮，再单击下方的"加深蓝色"选项，可以看到照片中杯子内部的液体部分的颜色发生了明显的变化，而对画面中的中间调和亮光部分区域的图像影响较小。

如果要对照片中的中间调部分的颜色进行编辑，则单击"中间调"按钮，单击后再选择"加深蓝色"选项，可以看到画面中大部分的图像都加深了蓝色，画面整体色调偏向于蓝色。

如果要对照片中的高光部分的颜色进行调整，则单击"高光"按钮，再单击"加深蓝色"选项，此时从图中可以看到，只对照片中的高光部分应用了调整，而对中间调和阴影部分的图像影响不大。

◆ 确认对商品应用颜色调整的强度

应用"变化"命令对商品进行调色时,如果对照片的色彩变化过度,则很有可能导致调整出来的商品颜色出现偏色的情况,因此在编辑时,可以对应用颜色调整的强度进行设定。在"变化"对话框右上角提供了一个"精细 / 粗糙"滑块,可以根据调整的节奏来安排每次单击后的调整程度,当滑块越靠近"精细"选项时,调整的效果就会越精细,显示的效果也就会越细微;当滑块越靠近"粗糙"选项时,调整的效果就会变得很明显,调整出来的画面效果就越粗糙。

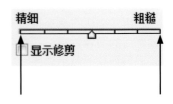

向左拖曳,调整效果越精细。   向右拖曳,调整效果越粗糙。

左图中,将"精细 / 粗糙"滑块靠近于"精细"选项时,单击两次"加深蓝色"选项,可以看到加深颜色后,削弱了黄色,画面中杯子的颜色也非常自然。

左图中,将"精细 / 粗糙"滑块靠近于"粗糙"选项时,单击两次"加深蓝色"选项,可以看到加深的色彩过强,画面色彩失真,无法展现出杯子质感。

5.3.4 设置"照片滤镜"变换商品色调

色调是颜色基调的重要特征,在很多商品摄影作品中,拍摄者都会借助不同的色调来表现商品的不同气质。在后期处理时,可以应用 Photoshop 中的"照片滤镜"对图像的色调进行控制和处理,使拍摄出来的商品更能够打动人心。"照片滤镜"命令可以模拟相机镜头上安装的彩色滤镜效果,消除照片中偏冷或偏暖的现象,使画面更接近于自然状态。

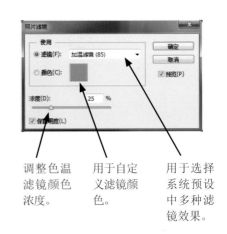

调整色温滤镜颜色浓度。   用于自定义滤镜颜色。   用于选择系统预设中多种滤镜效果。

打开一张茶具照片,从原图像中可以看到图像受到室内光线的影响,整个图像的颜色偏黄,不能反映出茶具的真实色彩,执行"图像 > 调整 > 照片滤镜"菜单命令,打开"照片滤镜"对话框,在对话框中选择"冷却滤镜(82)"选项,再将"浓度"滑块拖曳至 32 位置,设置后可看到偏色的图像得到了校正。

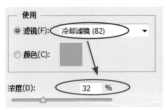

◆ 转换色温校正偏色

"照片滤镜"对话框中的"滤镜"功能相当于摄影中的滤光镜功能，这些滤镜总体被分为色温转换类滤镜和色温补偿类滤镜。色温转换类滤镜包括"加温滤镜（85）""加温滤镜（LBA）""加温滤镜（81）""冷却滤镜（80）""冷却滤镜（LBB）"和"冷却滤镜（82）"6个滤镜；色温转换类滤镜包括红、橙、黄、绿、青、蓝、紫光、洋红、深褐、深红、深蓝、深祖母绿、深黄和水下14个滤镜。

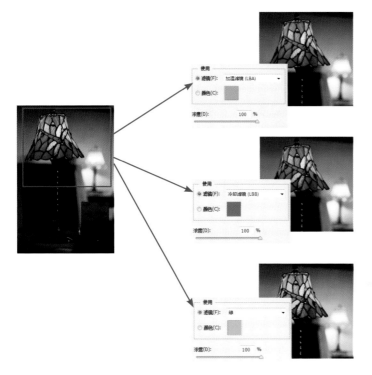

左图中在"滤镜"下拉列表中选择了"加温滤镜（LBA）"，下方的颜色框中的颜色也随之发生变化，图像中的黄色加强，让台灯更好地与环境相融合。

左图中选择了"滤镜"下拉列表中的"冷却滤镜（LBB）"，下方的颜色块变为蓝色，加深了照片中的蓝色。

左图中为了获得更富有艺术感的画面效果，在"滤镜"下拉列表中选择"绿"，可以看到下方颜色框的颜色变为绿色，同时台灯的颜色也随之发生了变化。

◆ 定义颜色更改商品主色调

使用"滤镜"下拉列表中的预设颜色可以满足大部分照片色彩的调整操作，但是在对商品进行创作性设计时，为了增加画面的表现效果，需要对照片的色彩进行艺术化的处理，此时就可以应用"照片滤镜"中的"颜色"选项，对照片的色彩进行编辑。

单击对话框中"颜色"前的单选按钮，选中"颜色"选项，再单击颜色右侧的色块，将打开"拾色器（照片滤镜颜色）"对话框，在对话框中单击或输入颜色值可以对滤镜颜色进行更改，如下图所示，在对话框中重新更改滤镜颜色。对颜色进行重新调整后，返回至"照片滤镜"对话框，在对话框中的"颜色"右侧会显示新设置的滤镜颜色。

5.3.5 使用"渐变映射"命令让商品色彩更出众

当某种产品出现在观者眼前时，观者会习惯它的外形及色彩特点。对产品进行创意性设计时，为了达到一些特殊的视觉效果，在后期处理时，可以对商品的色彩进行艺术化的调整，突显其鲜明的个性特征，起到更好的推广作用。Photoshop 中，应用"渐变映射"命令可以赋予照片新的渐变色彩，并且可以通过尝试多种创造性的颜色来调整效果。使用"渐变映射"调整图像颜色时，会保留图像的颜色深浅，并将亮度值与所选颜色渐变经过重新映射的方式对图像进行着色，达到变换照片色彩的目的。

打开一张眼镜照片，在"调整"面板中创建"渐变映射"调整图层，在打开的"属性"面板中选择渐变颜色，然后在"图层"面板中对调整图层的混合模式进行更改，此时可以看到画面的颜色变得更加唯美，也彰显出该眼镜的品牌风格。

◆ 用预设渐变更改画面颜色

"渐变映射"通过在图像上叠加渐变颜色来改变画面整体的颜色，在编辑的过程中为了使画面呈现出满意的效果，可以选用"渐变"选取器中的预设渐变来对照片的色彩进行编辑。单击渐变条右侧的下拉按钮，即可展开"渐变"选取器，在其中可以显示系统预先设置好的多种渐变颜色，单击选择要应用的渐变颜色即可。

使用"渐变映射"更改照片颜色时，除了在"灰度映射所用的渐变"列表中已经显示的预设渐变颜色，Photoshop 还将更多的预设渐变色存储于渐变预设扩展菜单中。可以通过单击"渐变"选取器右上角的扩展按钮，在弹出的菜单中选择要载入的渐变颜色组，将选定的渐变颜色载入并应用到图像上。通过在图像中选择更多的渐变颜色，能够让拍摄出来的商品呈现出丰富色彩的效果。

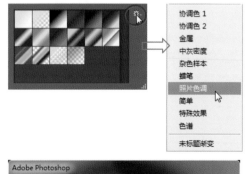

打开一张手表素材照片，将"照片色调"预设渐变组载入到"渐变"选取器中，然后拖曳"渐变选取器"右侧的滑块，在下方单击选择"褐硒色"，此时可看到手表的颜色转换为新的颜色效果。

◆ 自定义渐变色赋予商品美感

当预设的渐变颜色不能满足后期处理的需求时，就需要使用"渐变映射"中的自定义渐变颜色功能，设置更符合画面中商品色彩的渐变颜色。单击"灰度映射所用的渐变"下方的渐变条，即可打开"渐变编辑器"对话框，在对话框上方显示了所有载入的预设渐变颜色，要重新设置渐变颜色，主要运用"渐变编辑器"对话框下的渐变条和选项的设置，来实现渐变颜色的重新定义。

显示所有预设颜色渐变。

设置渐变颜色后单击"创建"按钮，将新建预备渐变。

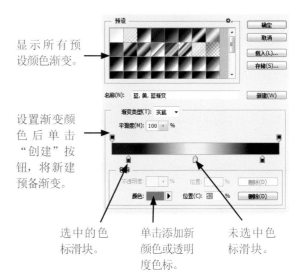

选中的色标滑块。

单击添加新颜色或透明度色标。

未选中色标滑块。

单击"渐变编辑器"对话框上方"预设"选项下方的渐变条，在下方的渐变条中就会显示该渐变色的色标分布情况，可以根据需要运用鼠标拖曳这些色标，更改其颜色和位置。拖曳色标时，在对话框下方的"位置"选项中设置色标的具体位置；如果需要更改色标，则需要双击色标或单击"颜色"右侧的色块，打开"拾色器（色标颜色）"对话框，在对话框中设置色标颜色值。若要在照片中叠加多种渐变颜色效果，可以在渐变条上单击，添加多个色标并为每个色标指定相应的颜色，设置后将这些颜色应用于图像中。

如右图所示，在"渐变编辑器"对话框中的渐变条上添加 3 个色标，依次将渐变色设置为 R0、G0、B3，R79、G159、B220，R215、G224、B227，设置后在"图层"面板中得到"渐变映射 1"图层，同时在图像窗口可查看到应用设置的渐变色编辑后的图像色彩。

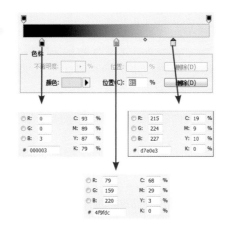

5.3.6 使用"匹配颜色"让商品颜色更统一

为了使观者更准确地查看到商品的特点，在拍摄时往往会对同一件商品从不同的角度进行拍摄。在同一地点、不同时间拍摄的同一商品，其颜色会因为相对光源的拍摄角度及相机的设置不同而存在色彩差异，此时就需要对商品的颜色进行调整，使同一组商品的颜色变得更统一。Photoshop 中使用"匹配颜色"命令可以对两张照片之间的颜色进行协调匹配，即通过更改整张图像的颜色来使之与另一张照片颜色相匹配。

打开两张化妆品照片，从图像上可以看到两张照片的色调有很大的区别，第一张粉底液的色彩基本正常，而第二张香水素材明显偏黄。因此，为了修复偏色的香水图像，将这张图像作为源图像，执行"图像 > 调整 > 匹配颜色"菜单命令。

打开"匹配颜色"对话框。在对话框中单击"源"下拉按钮，在展开的下拉列表中选择化妆器素材作为匹配源，设置后用选择源图像的颜色对香水素材图像的颜色进行处理，还原偏色的商品对象，然后在"图像选项"选项组中向左拖曳"明亮度"滑块，降低图像的亮度后，返回图像窗口中，可以看到校正后的香水图像的颜色与源图像的颜色完全一致。

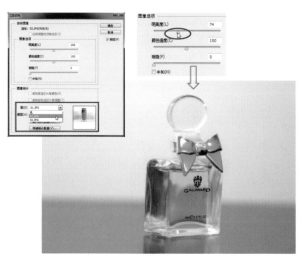

使用"匹配颜色"功能调整商品照片颜色时，如果只需要对画面中的主体商品应用颜色匹配操作，那么可以在执行匹配颜色操作前，运用选框工具选取画面中的商品，再执行"匹配颜色"命令，此时勾选"目标图像"选项组下的"使用源选区计算颜色"复选框，再设置各选项，实现对商品颜色的匹配调色。

右图中，运用"矩形选框工具"选取画面中间的香水瓶区域，执行"匹配颜色"操作，取消勾选的"应用调整时忽略选区"复选框，此时可以看到仅仅对选区内的图像进行了调整。

5.4
商品照片的局部润色

通过对照片整体颜色的调整，可以让整个画面的颜色更为美观，但是在商品照片后期处理中，不仅需要对画面整体进行颜色的调整，有些时候还需要对照片中的商品局部应用颜色调整。Photoshop 中提供了针对照片局部调整的命令和工具，如色彩平衡、可选颜色、颜色替换工具等，使用它们可以完成照片局部色彩的修饰，让商品的颜色更有感染力。

5.4.1 使用"色彩平衡"修复偏冷的商品照片

大多数小商品的拍摄都会选择在室内进行，此时会借用一些人造光源为产品进行补光，当选择较高的色温光源时，如钨丝灯，很容易因为较高的色温使拍摄出来的照片出现偏色的现象，呈现出冷色调效果，此时需要对照片的色调进行调整，修复偏冷的画面。

Photoshop 中，使用"色彩平衡"命令可以有效地校正照片中出现的各类偏色问题，它的工作原理是基于三原色原理而操作的，通过三基色和三补色之间的互补关系来实现照片色彩的校正。"色彩平衡"命令可以针对照片中的高光、中间调或阴影部分进行颜色更改，平衡画面的色彩。

打开一张偏冷的化妆品照片，执行"图像 > 调整 > 色彩平衡"菜单命令，打开"色彩平衡"对话框，在对话框中拖曳颜色滑块进行设置，向画面添加红色和黄色，设置后可看到减少了青色和蓝色，画面恢复到自然颜色状态效果。

◆ 用色彩平衡调整画面颜色

"色彩平衡"命令是在三原色基础之上进行的色彩修复工作，因此在"色彩范围"对话框中设置了"色彩平衡"选项组，在此选项组上方显示一个色阶数值框，分别表示 R、G、B 通道颜色的变化，用户可在其中输入数值或者拖曳下方的滑块进行设置。向需要添加的颜色方向拖曳，就可以在画面中提高该对应颜色的比例；若向反方向拖曳，则会降低画面中该颜色的比例。

将鼠标移至第一个颜色滑块上，向右拖曳青、红色滑块，增强图像中的红色，削弱青色，使商品颜色更接近于自然色彩。

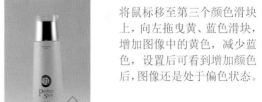

将鼠标移至第三个颜色滑块上，向左拖曳黄、蓝色滑块，增加图像中的黄色，减少蓝色，设置后可看到增加颜色后，图像还是处于偏色状态。

◆ 对不同区域应用色彩调整

为了让调整的效果更符合商品的气质，在后期处理时，还可以选择要调整的图像范围。使用"色彩范围"命令就可以分别对照片中的阴影、中间调和高光进行处理，打开"色彩范围"对话框后，会在对话框下方的"色调平衡"选项组中显示"阴影""中间调"和"高光"3个单选按钮，单击要调整范围所对应的按钮，再对上方的滑块进行设置，就会对该区域的图像应用调整，其他区域的图像则不会受影响。

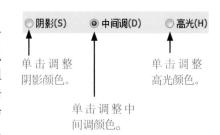

单击调整阴影颜色。

单击调整中间调颜色。

单击调整高光颜色。

单击"阴影"单选按钮，选择要调整区域为暗部区域，向右拖曳青、红色滑块，添加红色色调，向左拖曳黄、蓝色滑块，添加黄色色调，平衡"阴影"部分颜色，其他中间调和高光部分的图像没有较大变化。

单击"中间调"单选按钮，选择要调整区域为中间调区域，向右拖曳青、红色滑块，添加红色色调，向左拖曳黄、蓝色滑块，添加黄色色调，平衡"中间调"部分颜色，其他高光和阴影部分的图像变化不大。

单击"高光"单选按钮，选择要调整区域为亮部区域，向右拖曳青、红色滑块，添加红色色调，向左拖曳黄、蓝色滑块，添加黄色色调，平衡"高光"部分颜色，其他阴影和中间调部分颜色变化不大。

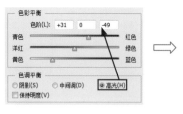

勾选"保持明度"复选框时校正颜色效果。

取消勾选"保持明度"复选框时校正颜色效果。

◆ "保留明度"让商品的颜色更出彩

在使用"色彩平衡"命令对商品照片颜色进行调整时，勾选"保持明度"复选框后可以防止调整画面颜色时商品的亮度随着颜色的变化而发生改变。如果在调色时取消"保持明度"复选框的勾选状态，则很容易导致调整后商品照片的颜色与预期效果出现差异。

5.4.2 使用"可选颜色"更改商品色彩

同一件商品照片往往包含多种不同的颜色，如果需要对其中一种颜色应用调整操作，可以使用 Photoshop 中的"可选颜色"命令实现。

"可选颜色"命令适用于调整基于 CMYK 颜色模式的照片，它通过控制原色中的各种印刷油墨的数量来实现照片色彩的调整，是针对 6 种不同的色系，即红色、黄色、绿色、青色、蓝色和洋红进行颜色的调整，利用增加或减少特定的青色、洋红、黄色和黑色油墨的百分比的方式实现照片颜色的转换。执行"图像 > 调整 > 可选颜色"命令，打开"可选颜色"对话框，在对话框中可选择颜色并对其所占的颜色比进行更改，从而变换出不同的色彩。

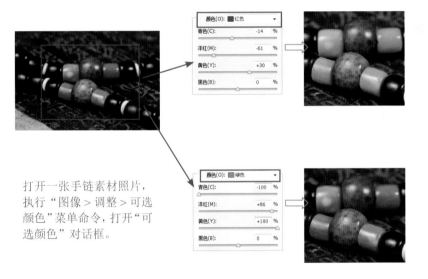

打开一张手链素材照片，执行"图像 > 调整 > 可选颜色"菜单命令，打开"可选颜色"对话框。

在"可选颜色"对话框中选择"红色"选项，调整下方的颜色比值，可以看到原图像中的红色发生了变化。

在"可选颜色"对话框中选择"绿色"选项，调整下方的颜色比值，可以看到原图像中的绿色发生了变化。

应用可选颜色调色时，可以对图像的调整方式进行设置。在"可选颜色"对话框下方显示了"绝对"和"相对"两个单选按钮，单击"相对"单选按钮，可按照总量的百分比修改现有的青色、洋红、黄色或黑色的含量。例如，如果从 50% 的洋红像素开始添加 10%，那么计算结果为 55% 的洋红；单击"绝对"单选按钮，则采用绝对值调整颜色。例如，如果从 50% 的洋红像素开始添加 10%，则结果为 60% 洋红。

下图中选择了"红色"选项，设置颜色比值为 -34、-43、0、0 后，分别选取"相对"和"绝对"两种不同的调整方式编辑图像，在右侧图像中可以看到，采用"相对"方式比"绝对"方式效果更弱。

5.4.3 使用"色相 / 饱和度"替换局部颜色

要对照片中的局部颜色进行调整,除了使用前面介绍的"可选颜色"命令外,还可以应用"色相 / 饱和度"命令进行编辑。在商品照片后期调色中,经常会用到"色相 / 饱和度"命令,它可以以色轮为轴调整六大色系中各颜色的色相和饱和度,实现照片局部颜色的调整工作。"色相 / 饱和度"命令在商品照片调色中非常实用,它可以在不更改主体颜色的情况下,对画面中其他部分的颜色进行处理,获得更有意境的画面效果。

  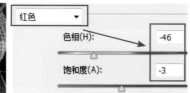

左图为一张室内拍摄的商品照片,执行"图像 > 调整 > 色相 / 饱和度"菜单命令,打开"色相 / 饱和度"对话框,在对话框的编辑列表中选择要调整的颜色,再拖曳下方的选项滑块进行设置,经过设置后可以看到照片中原本色的图像变为紫色,其他的颜色则未发生任何变化。

◆ 控制应用颜色调整的对象范围

使用"色相 / 饱和度"命令调整颜色时,不仅可以通过设置参数,设置并更改图像中的部分颜色,还可以利用"色相 / 饱和度"对话框中的色相条控制要调整的颜色范围。当在编辑列表中选择一种颜色并设置色相、饱和度后,再拖曳色相条上的滑块控制要改变颜色对周围邻近颜色所产生的影响范围。

从右图中可以看到,选择一种颜色后,色相条被分为了"中间色域"和"辐射色域范围"两部分,其中"中心色域"是指要改变的颜色范围,而"辐射色域范围"则是指"中心色域"的改变效果对邻近色域所造成的影响的对象范围。

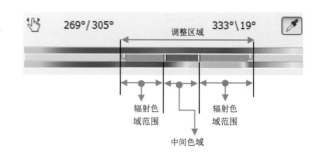

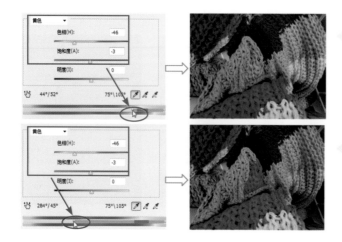

在"色相 / 饱和度"对话框中对黄色进行编辑时,将色谱中最左侧的一个滑块向左拖曳至44°的位置,可以看到辐射的色域较少,对画面中少部分的颜色产生影响。

在"色相 / 饱和度"对话框中设置相同的参数值,并将色谱中最左侧的一个滑块向左拖曳至284°的位置,可以看到辐射的色域较广,对画面中更多的颜色产生影响。

◆ 应用色谱观察颜色变化

　　"色相／饱和度"对话框中显示了两条色谱，在对话框中的参数未进行设置前，两条色谱的颜色是相同的。位于上方的第一条色谱显示的是原始图像中的颜色，它是固定不变的，当在对话框中对"色相"进行更改后，下方一条色谱上的颜色会随着参数值的变化而发生改变。因此，在运用"色相／饱和度"命令调整某一种颜色时，可以借助色谱了解对照片中的哪个颜色进行了更改。

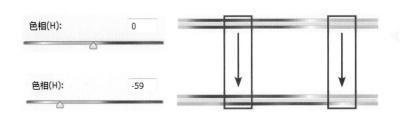

左图中从色谱上可以看出，调整色相后，画面中粉红色变为了蓝色，而绿色变为了黄色。

◆ 控制应用颜色调整的对象范围

　　"色相／饱和度"命令与其他调整命令不同的是，它不仅可以对全图的颜色进行调整，也可以自由地更改某一色域内的颜色。单击"色相／饱和度"对话框中的"编辑"按钮，在展开的下拉列表中将看到可以调整的颜色选项，除了默认"全图"选项外，还有"红色""黄色""绿色""青色""蓝色"和"洋红"6个选项。单击选择要调整的颜色后，还可以使用"目标调整工具"在色相条上直接对指定的颜色进行更改。

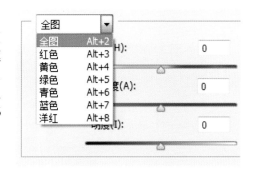

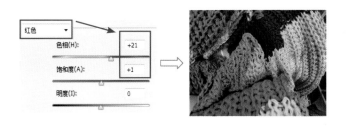

在编辑下拉列表中选择"红色"选项，在下方将"色相"设置为+21，"饱和度"设置为+1，设置后可看到画面中的红色部分的图像颜色发生了变化。

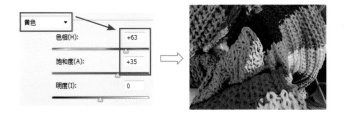

在编辑下拉列表中选择"黄色"选项，在下方将"色相"设置为+63，"饱和度"设置为+35，设置后可看到画面中的黄色部分的图像颜色发生了变化。

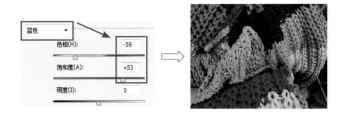

在编辑下拉列表中选择"蓝色"选项，在下方将"色相"设置为-59，"饱和度"设置为+53，设置后可看到画面中的蓝色部分的图像颜色发生了变化。

5.4.4 使用"替换颜色"设置更多彩的商品

商家在生产某种商品时，为了迎合不同的消费者，往往对同一种商品设计出多种不同的颜色。当同一种商品以不同的颜色呈现于观者眼前时，会带给观者不同的感受。在商品照片后期处理时，为了满足创作需要，可以对照片中特定的颜色进行更改。Photoshop 中，可以应用"替换颜色"命令对指定颜色的色相、饱和度和明度进行调整，更改画面中主体商品的颜色，使其以不同的颜色形态呈现于人们眼前。

如右图所示，选择一张鞋子照片，如果需要更改鞋子的颜色，执行"图像 > 调整 > 替换颜色"菜单命令，打开"替换颜色"对话框，在对话框中用吸管工具在鞋子图像上单击，将其取样为需要调整的颜色，再设置需要被替换的颜色选项。设置后从图像上可以看到，原来粉色的鞋子被替换为蓝色。

◆ 指定替换颜色的范围大小

使用"替换颜色"命令替换颜色时，可以通过预览窗口中的蒙版直观地查看到要替换的颜色选区的大小，其中白色区域为需要改变颜色的区域，黑色区域为不需要改变的区域，灰色区域为半透明度区域。运用该命令替换颜色时，还可以结合"从取样中减去"按钮和"添加到选区"按钮对取样的范围进行控制，实现更准确的色彩替换。

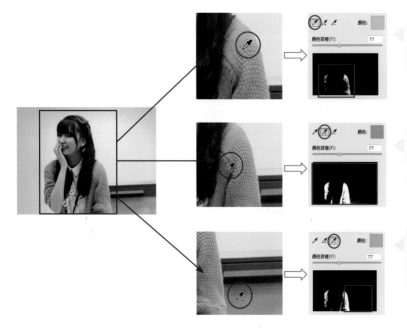

左图中运用"吸管工具"在衣服中的红色位置单击，设置要替换的颜色范围。

单击"添加到选区"按钮，在衣服位置继续单击，经过多次单击后，可以看到要替换的颜色范围被扩大。

单击"从取样中减去"按钮，在衣服边缘不需要替换的位置单击，可以看到缩小了选择范围，设置了更精确的调整范围。

◆ 指定替换颜色变换商品色彩

"替换颜色"命令是对取样颜色的色相、饱和度和明度分别进行调整而获得新的色彩效果。因此，当在对话框中设置了要被替换的颜色范围后，接下来就是为该选区内的图像指定新的颜色。在"替换颜色"对话框底部的"替换"选项组中设置了"色相""饱和度"和"明度"3 个选项，通过拖曳下方的颜色滑块或输入数值均可以对颜色替换区域内的图像颜色进行更改。需要注意的是，在设置颜色时，要将颜色的饱和度和明度设置适中。否则，不合理的颜色设置会让画面的颜色显得不协调。

如右图所示，设置了要替换的颜色范围后，把"色相"滑块拖曳至 +107 位置，将"饱和度"滑块拖曳至 -34 位置，编辑后可以看到原照片中的蓝色毛衣被更改为粉红色。

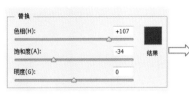

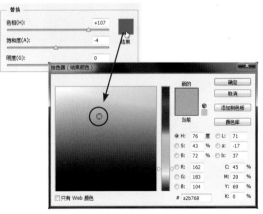

在替换颜色时，如果不清楚要设置的颜色效果，可以选用不同的颜色进行尝试。在"替换"选项组右侧设置了一个颜色块，单击该色块，将打开"拾色器（结果颜色）"对话框，在对话框中单击设置颜色，设置后单击"确定"按钮，此时在"替换"选项组中的颜色块会显示为新设置的颜色。

上图中单击颜色块，在打开的"拾色器（结果颜色）"对话框中将结果色设置为粉绿色，返回"替换颜色"对话框，在对话框中显示新设置的颜色，如左图所示，此时可以看到毛衣颜色变为清新的绿色效果。

提 示

对单个颜色进行更改

若要对照片中的单个颜色进行更改，除了可以使用"替换颜色"命令来实现外，也可以使用 Camera Raw 滤镜中"HSL/灰度"选项卡中的"色相""饱和度"和"明亮度"标签下的选项进行设置。单击"HSL/灰度"按钮，即可展开"HSL/灰度"选项卡，在该选项卡的下方对要更改颜色所对应的颜色滑块的位置进行编辑，同时在图像中与之对应的颜色也会发生相应的变化。

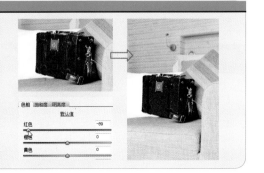

5.4.5 使用 "颜色替换工具" 更改商品环境色

要更改画面中的部分颜色，除了可以应用 "替换颜色" 工具来实现外，也可以应用 "颜色替换工具" 来操作。"颜色替换工具" 在更改照片色彩时会显得更为方便，只需要在替换颜色前，在工具箱中设置好用于替换的颜色，然后选用 "颜色替换工具" 在画面中需要替换的颜色区域单击或涂抹操作，就可以完成照片中局部颜色的更改。在后期处理的过程中，如果需要对一些小的商品进行色彩调整，使用 "颜色替换工具" 可以轻松达到比较满意的效果。

打开一张糖果素材照片，在 "图层" 面板中将 "背景" 图层复制，然后在工具箱中将前景色设置为R231、G30、B23，选择 "颜色替换工具"，在其中一个彩带位置涂抹，经过涂抹反复涂抹操作后，可看到原来紫色的彩带被替换成了红色效果。

5.4.6 使用 "海绵工具" 增加或减弱商品色彩

"海绵工具" 可以对画面中局部图像颜色的鲜艳度进行调整，即降低或提高照片中指定图像的饱和度。"海绵工具" 以画笔形式出现，选择该工具后，可以通过调整画笔笔触的大小来控制要调整的颜色。

选取一张要更改颜色的商品照片，单击工具箱中的 "海绵工具" 按钮 █，会展开 "海绵工具" 工具选项栏，在选择栏中的 "模式" 下拉列表中即显示了 "去色" 和 "加色" 两种工具模式，选择 "加色" 模式，在图像上涂抹，会提高涂抹区域的颜色鲜艳度；选择 "去色" 模式，在图像上涂抹，会降低涂抹区域的颜色鲜艳度。

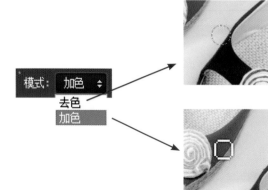

在 "海绵工具" 选项栏中选择 "去色" 模式，运用鼠标在红色的鞋子上涂抹，经过多次涂抹，去除蓝色鞋子外的其他图像的颜色。

在 "海绵工具" 选项栏中选择 "加色" 模式，运用鼠标在蓝色的鞋子上涂抹，增强照片中的蓝色鞋子的色彩鲜艳度。

第 6 章
用细节表现精致
的商品

    细节决定成功，对于商品照片来讲，细节也是获得优秀商品照片的关键。一张优秀的商品照片，在细节的处理上必定有过人之处。在 Photoshop 中，提供了较多的用于调整照片局部的图像编辑工具或菜单命令，使用这些菜单命令，能够去除照片中的各类瑕疵；同时还能对模糊的照片进行锐化，或对商品陪体进行模糊处理，使商品更引人注目。

    本章讲解了商品照片的细节调整，主要包括照片瑕疵的修复、噪点和杂色的去除以及商品对象的锐化与景深设置，通过本章的学习，读者可学到更多实用的细节调整技法。

知识点提要

1. 商品照片瑕疵修复

2. 去除照片中的噪点及杂色

3. 突显商品细节的锐化处理

4. 商品照片的虚实结合

6.1
商品照片瑕疵修复

在拍摄商品照片时，经常会因为一些干扰元素的影响，使拍摄出来的画面中出现不必要的污点、瑕疵等。这些多余元素的出现会影响到商品照片整体的效果，因此在后期处理时，需要将这些瑕疵去除，使画面变得整洁。在 Photoshop 中，提供了多种修复照片瑕疵修复工具，如污点修复画笔工具、修补工具、仿制图章工具等，使用这些工具可以轻松地完成照片中的瑕疵修复，制作出更干净的商品照片效果。

6.1.1 使用"污点修复画笔工具"快速去除镜头污点

污点是指在大片相似或者相同颜色区域中的其他颜色，无论是影像的扫描还是拍摄，污点都会因为各种原因出现于画面中。这些污点不仅会影响到商品信息的传达，还会降低照片的品质，因此在后期处理时，为了让照片更加干净，就需要将图像中的污点去除。

使用"污点修复画笔工具"可以快速地移去照片中的污点或其他不理想的部分，其工作原理是使用图像或图案中的校本像素进行仿制操作，并且将样本像素的纹理、光照、透明度和阴影与所修复的像素相匹配。选择工具箱中的"污点修复画笔工具"按钮，可以利用选项栏中的选项，指定修复的类型，得到更精细的修复效果。

使用选区边缘周围的像素来查找到要用作修补的区域。　　　使用选区中的像素创建一个用于修复该区域的纹理。　　　比较附近图像内容并不留痕迹地填充选区。

"污点修复画笔工具"主要通过在污点上单击或涂抹的方式来去除照片中的污点。它不需要对图像进行取样，就能轻松完成商品照片中的污点修复工作。当照片中的污点间距较远时，只需要在污点位置单击，就会运用鼠标单击位置相邻区域的像素来替换鼠标单击位置的污点，当画面中污点较多且密集时，也可以直接用鼠标单击并拖曳的方式修复照片中的瑕疵。

打开一张眼镜素材照片，按下快捷键 Ctrl+1，将图像放大并以 100% 显示，此时可以看到在眼镜上方有明显的灰尘及污点。

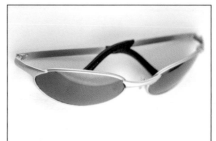

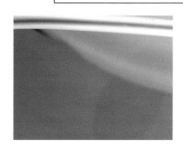

单击工具箱中的"污点修复画笔工具"按钮，将鼠标移至眼镜旁边的污点位置，单击后可以看到原位置的污点被去除。经过多次单击操作，去除画面中其他位置的污点，获得干净的画面效果。

6.1.2 使用"修补工具"去除商品上的镜头反光

在拍摄表面较光滑的商品时，很容易因为光照照射的影响，在画面中出现或多或少的镜头反光。这些反光区域的出现，影响了画面美感，在后期处理时需要将其去除。

使用 Photoshop 中的"修补工具"可以修复画面中出现的多余影像，"修补工具"的工作原理与"污点修复画笔工具"的工作原理相似。不同的是，使用"修补工具"修复图像时，需要先在图像中选择要修补的区域并创建为选区，然后通过拖曳的方式对该区域中的图像进行修复。单击工具箱中的"修补工具"按钮，显示"修补工具"选项栏，结合选项栏的参数设置，可以完成更准确的图像修复工作。

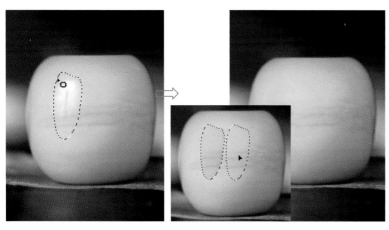

打开一幅饰品图像，在图像左侧可以看到画面珠子上面出现了白色的反光，如左图所示，选择工具箱中的"修补工具"，将鼠标移至白色的反光位置，然后运用鼠标在该区域单击并进行拖曳，将其创建为修补选区，将选区拖曳至右侧的黄色串珠位置，释放鼠标后用取样的像素对修补区域中的图像进行修复。

◆ 指定多个图像修补区域

使用"修补工具"在修补图像时，先需要在图像中创建一个用于修补的图像选区。在"修补工具"选项栏中设置了 4 个选取方式按钮，从左至右分别为"新选区" ▣、"添中到选区" ▣、"从选区中减去" ▣、"与选区交叉"按钮 ▣，单击不同的按钮后，在图像中进行绘制，可以创建出不同的选区效果。

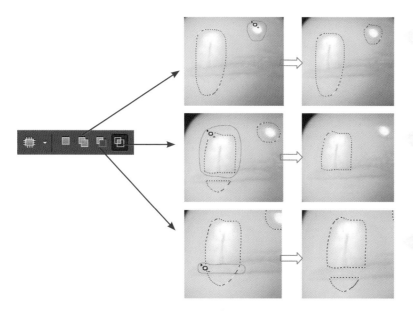

单击"添加到选区"单选按钮 ▣，在图像中单击并拖曳鼠标，在创建的选区中添加新选区。

单击"与选区交叉"单选按钮 ▣，在图像中单击并拖曳鼠标，保留新选区与原选区的重叠部分。

单击"从选区中减去"单选按钮 ▣，在图像中单击并拖曳鼠标，在创建的选区中减去新选区。

◆ 用 "目标" 替换画面中的多余图像

选择 "修补工具" 按钮，默认情况下会选中 "源" 单选按钮，此时可以在图像中单击并拖曳选择想要修复的区域并修复图像，如果单击 "目标" 单选按钮，则可以在图像中拖动，选择要从中取样的区域，并用取样区域的图像替换污点图像。

如右图所示，选择 "修补工具"，单击选项栏中的 "目标" 单选按钮，将鼠标移至画面中的干净图像位置，单击并拖曳鼠标，创建选区，再将选区拖曳至画面的投影位置，释放鼠标后，可以看到投影位置的图像被替换为选区内的图像。

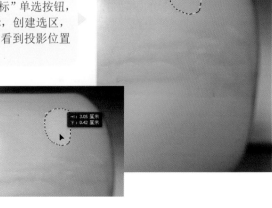

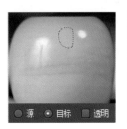

◆ "内容识别" 获取更干净的画面

在 "修补工具" 选项栏中的 "修补" 下拉列表中除了默认的 "正常" 工作模式外，还可以选择 "内容识别" 模式修复照片中的瑕疵。如果选择 "内容识别" 修补模式，则 "修补工具" 选项栏中的 "目标" 和 "源" 等选项会更改为 "适应" 选项。在修复图像时，利用 "适应" 选项可以快速地适应并修复照片中的瑕疵。

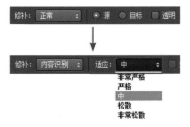

单击 "模式" 下拉按钮，在打开的列表中选择 "内容识别" 修补模式，使用 "修补工具" 在画面中的珠子上面的反光图像上单击并拖曳鼠标，绘制出要修复的图像范围。

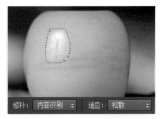

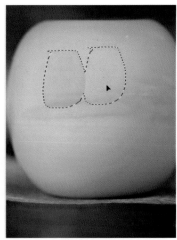

将选区内的图像向右拖曳，当拖曳至右侧干净的位置后，可看到原选区中的图像被右侧的图像所替换。

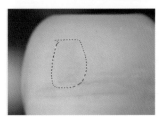

提 示

指定用于图像修复的源图层

在 "污点修复画笔工具" 选项栏中，提供了一个 "样本" 选项，使用此选项可以设置从指定的图层中进行数据取样。如果要从当前图层及其下方的可见图层中取样，需要选择 "当前和下方图层" 选项；如果仅从当前图层中取样，则需要选择 "当前图层" 选项；如果要从所有图层中取样，则需要选择 "所有图层" 选项。

6.1.3 使用"仿制图章工具"修复污渍让画面更干净

前面介绍了"污点修复画笔工具"和"修补工具"在商品照片后期处理中的具体应用，接下来将介绍运用"仿制图章工具"去除照片中的各类瑕疵。"仿制图章工具"将照片中图像的一部分绘制到同一张照片的另外一部分，或者在具有相同颜色模式的照片之间进行仿制操作，可以移去照片中带有缺陷的部分，让画面效果更具美感。

单击工具箱中的"仿制图章工具"按钮，会显示"仿制图章工具"选项栏，在选项栏中可以设置图像绘制的"不透明度"和"流量"等，通过设置这些选项，能够完成商品照片中的零瑕疵修复。

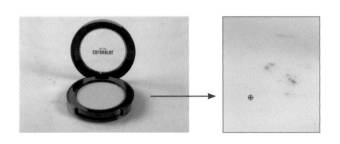

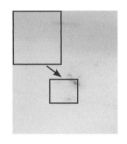

打开一张画面背景干扰较多的化妆品照片，可以从图像中看到画面中的化妆盒上有较多的粉尘，使画面显得不干净，因此需要将其清除。选择"仿制图章工具"，在选项栏中设置各项参数后，按下 Alt 键不放，在需要仿制的图像周围单击取样图像。

取样后在画面中的粉尘等瑕疵位置单击，单击后可看到在原位置的瑕疵被取样的图像代替。经过反复单击操作，去除照片中的所有瑕疵，画面中的商品显得更加清爽。

"仿制图章工具"是将照片中的部分像素复制到另外的图像上，所以在操作前需要对图像进行取样，可以控制取样的位置和取样方式。在具体的操作时，为了节省更多的编辑时间，可以勾选"对齐"复选框，以便连续对像素进行取样，即使用户在仿制图像时释放鼠标，也不会丢失当前取样点。若取消此复选框的勾选状态，则在仿制图像时中途停下来，再次开始仿制时，图像就会以停止的位置为中心，从最初取样点进行仿制操作。

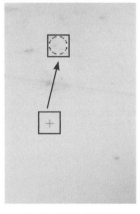
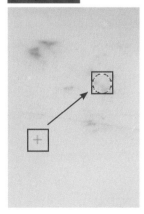

勾选"对齐"复选框，自动调整仿制源并仿制修复图像。

取消"对齐"复选框勾选状态，每次启动仿制操作时会重新从初始点进行仿制。

6.2
去除照片中的噪点及杂色

在商品照片拍摄过程中，如果选择较高的 ISO 设置或者使用较慢的快门速度在较暗的环境下进行拍摄，都有可能导致拍摄出来的画面中出现明显的噪点。噪点是影像传感器在将光线作为信号接收并输出的过程中所产生的图像粗糙部分，它是图像中不该出现的外来像素，所以在后期处理时，需要将这些噪点去除，还原照片干净而整洁的画面。

6.2.1 使用"减少杂色"滤镜修复暗光环境下的商品杂色

目前市面中的大部分相机都具备自动降噪功能，虽然可以减少照片中出现的噪点数量，但是也有一些噪点无法用数码相机解决。对于数码照片中无法避免的噪点问题，可以运用 Photoshop 中的"减少杂色"滤镜加以去除。"减少杂色"滤镜可以在较快速地去除照片杂色或噪点的同时，保留较清晰的对象边缘。在 Photoshop 中，执行"滤镜 > 杂色 > 减少杂色"菜单命令，即可打开"减少杂色"对话框，在对话框中设置选项，调整去除杂色的画面的清晰度、细节等。

打开一张在暗光环境下拍摄到的化妆品照片，按下快捷键 Ctrl++，将图像放大显示，在图像窗口中可看到画面中有很多细节的杂色点，执行"滤镜 > 杂色 > 减少杂色"菜单命令，打开"减少杂色"对话框，在对话框中设置"强度"为 7，"保留细节"为 10，"减少杂色"为 14，"锐化细节"为 15，设置后从滤镜左侧的预览窗口可看到照片中的杂色点消失，图像显得更为干净。

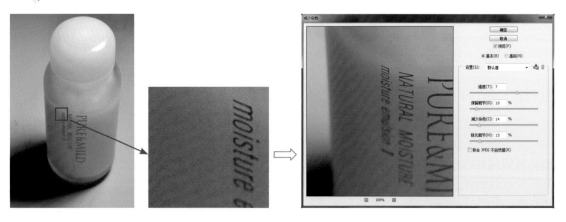

◆ "高级"选项下的杂色去除

数码照片中出现的杂色，一般都会集中在其中某个单一的颜色通道中，尤其以明亮度杂色较为明显。使用"减少杂色"滤镜中的"高级"选项功能，不但可用于全图杂色的去除，而且可以对单个通道中的杂色进行去除。

右图中单击"减少杂色"对话框中的"高级"单选按钮，展开"高级"选项卡，在该选项卡包括了"整体"和"每通道"两个标签，在"整体"标签中的参数设置与"基本"选项卡中的参数设置相同，而在"每通道"标签下，则需要选择通道，设置"强度"和"保留细节"选项。

　　使用"高级"选项去除照片杂色时，虽然可以对每个颜色通道都进行编辑并得到不同的画面效果，但是在具体的应用中，还是需要观察照片中每个通道的图像效果，以确定具体要在哪个通道中应用杂色去除。对于很多照片来讲，并不需要对每个通道都进行调整，否则会使图像丢失过多的细节。

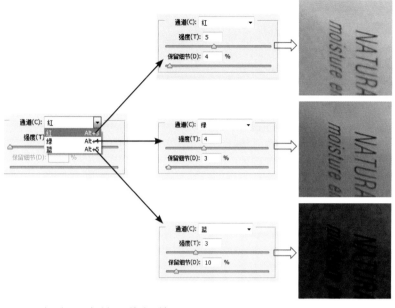

选择"红"通道，设置"强度"为5，"保留细节"为4，去除"红"通道内的杂色。

选择"绿"通道，设置"强度"为4，"保留细节"为3，去除"绿"通道内的杂色。

选择"蓝"通道，设置"强度"为3，"保留细节"为10，去除"蓝"通道内的杂色。

◆ 保留更多的图像细节

　　在"减少杂色"的过程中，Photoshop 会将图像中相似的像素进行同化，以此来达到清除杂色的目的。因此，在处理的过程中可能会导致图像边缘的像素被一并同化，使画面的清晰度降低。在对商品照片进行处理时，为了保留商品清晰的轮廓，可以对"减少杂色"滤镜对话框中的"锐化细节"选项进行调整，在减少照片中的杂色的同时并对画面进行锐化，得到更清晰的画面效果。

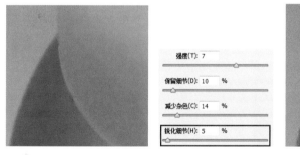

如上图所示，可以看到当"锐化细节"为5时，对画面进行降噪处理后商品的细节显得有些模糊。

如上图所示，可以看到当"锐化细节"为95时，对画面进行降噪处理后商品的细节显得非常清晰。

提　示

存储预设调整

在"减少杂色"对话框中设置好各项参数后，可以将设置的参数值存储为一个预设，以后需要使用该参数调整图像时，可在"设置"下拉列表中选择它进行调整。要存储新的预设操作时，单击"减少杂色"对话框右上角的"存储当前设置的拷贝"按钮 ，打开"新建滤镜设置"对话框，在对话框中输入名称，单击"确定"按钮即可完成预设的存储。

6.2.2 设置 Camera Raw 滤镜去除照片中的彩色噪点

数码照片中的杂色一般分为明亮度杂色和彩色的杂色。明亮度杂色会使照片出现颗粒感。运用 Photoshop 中的"减少杂色"滤镜能够去除照片中明显的亮度噪点；而对于照片中的彩色噪点，则需要使用 Camera Raw 滤镜中的"细节"选项来实现。

与"减少杂色"滤镜不同的是，Camera Raw 滤镜中的杂色去除功能，不能利用通道消除杂色，而只能对全图的明亮度噪点和彩色噪点进行消除。执行"滤镜 > Camera Raw 滤镜"菜单命令，打开 Camera Raw 对话框，在对话框中的"细节"选项卡中会显示"减少杂色"选项组。其中"明亮度"选项用于控制减少明亮度杂色的数量；"明亮度细节"选项用于控制明亮度杂色的阈值，设置的参数值越低，产生的结果越平滑；"明亮度对比"选项用于控制明亮度对比，参数越低，产生的结果越平滑；"颜色"选项用于控制减少彩色杂色的数量；"颜色细节"选项用于控制彩色杂色阈值，设置的数值越高，边缘就能保持得越细，获得的细节也就越多。

选择一张有杂色的 RAW 格式食品照片，在 Camera Raw 中将该照片打开，单击"细节"按钮，切换至"细节"选项卡，在选项卡中对选项进行设置，输入"明亮度"为 55，"明亮度细节"为 50，"颜色"为 58，"颜色细节"为 18，设置后去除了照片中的噪点，画面变得更干净。

> **提 示**
>
> **图像的缩放显示**
>
> 在 Camera Raw 中打开照片后，如果需要放大显示图像，可以单击"选择缩放级别"下拉按钮，在打开的列表中选择要缩放级别进行图像的放大与缩小，也可以按下快捷键 Ctrl++，快速放大显示图像。

照片中的噪点一般情况下不容易被发现，因此在处理照片中的噪点之前，需要先将照片放大至 100% 的显示比例进行查看。在使用 Camera Raw 中的"减少杂色"选项组对照片进行消除杂色操作时，"明亮度""明亮度细节"和"明亮度对比"3 个选项用于消除照片中的明亮度杂色或是灰度杂色，而"颜色"和"颜色细节"两个选项则用于消除照片中的彩色噪点。在调整的过程中，如果设置的"颜色细节"值过高，则有可能导致不但没有去除照片中的噪点，反而会使照片产生彩色的颗粒；如果设置参数较低，则有可能导致照片中出现颜色溢出现象。因此，在处理时，要根据画面中的噪点分布情况，进行合理的参数设置。

6.3
突显商品细节的锐化处理

图像的清晰度是评价画面品质的重要指标之一。在对商品进行拍摄时,通过对焦和快门速度可以控制作品的清晰程度。当拍摄的画面清晰度不够时,会使照片中的商品看起来缺乏层次感。此时,就需要通过后期处理,对照片进行锐化设置,在还原清晰图像的同时,弥补因拍摄和操作不当等因素造成的画质下降的问题,打造高品质的商品照片。

6.3.1 使用"锐化工具"锐化商品细节

在对商品照片进行锐化处理时,往往只需要对画面中的主体对象进行锐化即可。Photoshop中要对照片局部进行锐化编辑,可以应用"锐化工具"实现。"锐化工具"以画笔的形式出现,它可以自由地定义要锐化的区域,并通过"强度"来控制照片的锐化程度。

打开一张细节不够清晰的鞋子的照片,选择工具箱中的"锐化工具",在工具选项栏中设置"强度"为30%,勾选"保护细节"复选框,使用光标在画面中的鞋子上进行涂抹,可以看到被涂抹后的图像显得更清晰,如果对锐化效果不够满意,还可以反复涂抹,直到图像达到较清晰的效果为止。

使用"锐化工具"锐化图像时,可以利用"锐化工具"选项栏中的"模式"选项来控制涂抹的模式,当设置较高的"强度"参数锐化时,其锐化强度就越强。因此在具体的操作过程中,可以通过调整选项栏中的参数来控制画面的锐化程度。

如左图所示,设置"模式"为"正常","强度"为30%,在图像上涂抹,锐化图像。

如左图所示,设置"模式"为"变亮","强度"为30%,在图像上涂抹,锐化图像的同时并提亮了涂抹区域的图像亮度。

提 示

使用锐化工具技巧

在锐化图像的过程中,如果设置较高的"强度",容易导致锐化后的图像失真。为了避免这一问题,可以在涂抹后将锐化的图像混合模式更改为"高光"或"柔光",借此保留照片中高光和阴影区域的细节。

6.3.2 使用"USM 锐化"还原清晰商品

为了让照片中的商品变得更清晰，在后期处理时需要对其进行锐化处理。Photoshop 中可以运用"USM 锐化"滤镜对照片进行细节锐化。"USM 锐化"滤镜主要通过增加图像边缘的对比度来达到锐化图像的目的，它不会检测图像中的边缘，只会按指定的阈值找到与周围像素不同的像素，根据指定的量增加邻近像素的对比度，使画面中较亮的像素变得更亮，而较暗的像素变得更暗。选择要锐化的图像后，执行"滤镜 > 锐化 >USM 锐化"菜单命令，即可打开"USM 锐化"对话框。

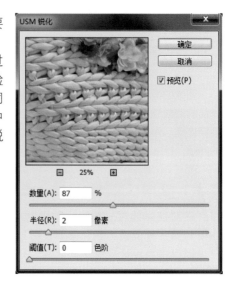

◆ 指定选项控制锐化程度

商品照片的锐化处理，其锐化强度是非常重要的，当设置了不恰当的参数时，有可能会导致图像锐化度不够或者出现噪点等。在"USM 锐化"对话框中，主要结合"数量"和"半径"选项控制照片的锐化强度，其中"数量"选项用于控制增加像素对比度的数量，数值越大，锐化效果越均匀；"半径"选项用于确定边缘像素周围影响锐化的像素数量，数值越大，边缘效果的范围越广，锐化效果也就越明显。

打开一幅提包图像，为了让提包上的材质纹理更加的清晰，执行"滤镜 > 锐化 >USM 锐化"菜单命令，打开"USM 锐化"对话框，在对话框中对参数进行设置，设置后从图像上可以看到提包变得更加清晰。

◆ 控制商品锐化的范围

使用"USM 滤镜"锐化图像时，运用"USM 锐化"对话框中的"阈值"选项可以调整图像的锐化范围。默认"阈值"为 0，此时会对照片中的所有像素进行锐化，当设置"阈值"为 255 时，无论"半径""数量"值为多少，都不会对画面产生任何影响，因此可以得知，"阈值"越大，锐化的范围越小。

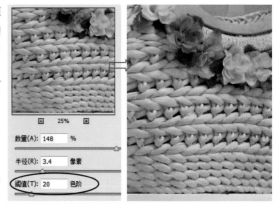

在"USM 锐化"对话框中将"阈值"从 0 更改为 20，可以看到图像锐化后的效果变弱了。

6.3.3 使用"防抖"滤镜修复镜头模糊

当使用长焦镜头或在不开闪光灯的情况下用较慢的快门速度拍摄静态的商品时，有可能因为相机的移动导致拍摄出来的画面变得模糊，在 Photoshop 中，使用"防抖"滤镜可以快速修复因镜头移动而造成的照片模糊问题。"防抖"滤镜比较适合于曝光适度且杂色较低的照片的锐化处理，它能最大限度地锐化图像，获得清晰的影像。

如右图所示，打开一张由于相机抖动而拍摄出来的照片，放大图像后可以看到画面商品的边缘位置产生了较明显的重影，执行"滤镜 > 锐化 > 防抖"菜单命令，打开"防抖"对话框，在对话框中通过"模糊评估工具"和"模糊方向工具"以及各参数的设置，对照片进行锐化处理。

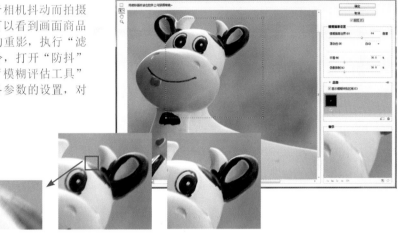

◆ 设置模糊评估区域

使用"防抖"滤镜进行编辑前，应先观察照片中抖动模糊最为明显的区域，并将其定义为模糊的评估区域，以便于 Photoshop 更容易对其进行计算和处理，还原出清晰的图像。

如左图所示，单击"防抖"对话框左上角的"模糊评估工具"按钮，使用"模糊评估工具"在预览窗口中模糊最明显的区域单击并拖曳，将其框选至虚线框中，可在左侧的"细节"预览框中查看到图像细节效果。

模糊描摹表示影响图像中选定区域的模糊形状，因此照片不同区域可能有不同形状的模糊。在对照片进行锐化时，为了获取更清晰的画面效果，可以在照片中创建多个模糊描摹区并应用不同的参数设置，使照片重现清晰状态。当在图像中创建多个模糊描摹评估区以后，这些创建的模糊评估区会被罗列在"高级"选项下方，单击某个模糊描摹，就可以在"细节"预览框中将其放大显示。

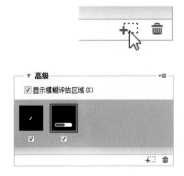

"高级"选项中的每个模糊描摹区域在预览窗口中都存在一个对应的模糊点显示，左图中单击"高级"选项卡中的"添加建议的模糊描摹"按钮，可以在"高级"选项下方查看到新创建的一个带有模糊评估区域的模糊描摹。

◆ 创建并设置模糊描摹选项

在"防抖"滤镜对话框中设定好模糊评估范围后,接下来就需要对照片的模糊角度和模糊造成的重影长短进行设置。只有通过对模糊方向进行设定,才能让 Photoshop 根据设置的模糊轨迹对照片的模糊进行锐化处理。单击"防抖"对话框左上角的"模糊方向工具"按钮,然后使用该工具在设定的模糊评估范围内单击并拖曳,绘制出模糊的路径,并结合"模糊描摹长度"和"模糊描摹方向"选项实时查看绘制所产生的数据。"模糊描摹长度"对应图像中绘制的直线长度,而"模糊描摹方向"选项对应直线的角度。

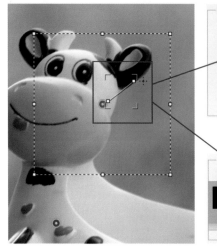
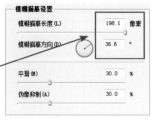

左图中,选用"模糊方向工具",在图像上单击并拖曳出一条模糊方向线,绘制后在"模糊描摹设置"选项组下方显示实时绘制所产生的"模糊描摹长度"和"模糊描摹方向"。

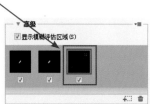

运用"模糊方向工具"在图像上绘制描摹方向后,在"高级"选项组下显示模糊评估区域。

根据图像的模糊程度,对"模糊描摹设置"选项组中的选项进行设置,输入"模糊描摹长度"为8.0,"模糊描摹方向"为50.0,输入后,在图像预览窗口中可看到经过锐化后,图像变得清晰,如右图所示。

提 示

删除模糊描摹区

在图像中创建模糊描摹区以后,如果对设置的效果不满意,则可以单击"高级"选项下方的"删除模糊描摹"按钮,即可将选中的模糊描摹删除。

6.3.4 使用"智能锐化"修复模糊画面

对商品照片进行锐化处理时,为了得到更精确的锐化效果,仅使用前面介绍的"USM 滤镜"和"防抖"滤镜往往是不够的,此时如果需要对锐化效果做进一步的准确控制,那么最好使用"智能锐化"滤镜。

"智能锐化"滤镜不仅可以对图像进行统一的锐化设置,还可以根据商品照片的模糊程度,对照片中的阴影和高光区域进行锐化调整,使用"智能锐化"滤镜可以在锐化图像的同时清除由于锐化而产生的杂色,得到更加精确的锐化效果。

打开一张细节不够清晰的商品照片,执行"滤镜 > 锐化 > 智能锐化"菜单命令,打开"智能锐化"对话框,在对话框中对参数进行设置,将"数量"滑块拖曳至209,"半径"滑块拖曳至5,设置后从图像左侧的预览窗口可以看到瓶子上面的花纹变得更加清晰了。

◆ 消除照片中的不同模糊

运用"智能锐化"滤镜锐化图像时，可以选择不同的锐化算法来去除因各种原因导致的照片模糊问题。在"智能锐化"滤镜对话框中提供了"移去"选项，在该选项下拉列表中默认选择"高斯模糊"选项，在此方法下对图像的模糊设置与"USM 锐化"滤镜效果相同，如果选择"镜头模糊"选项，则会检测图像中的边缘和细节，对照片的细节进行精细的锐化，并减少锐化光晕，其作用效果比"高斯模糊"更为强烈；如果需要修复主体或相机沿直线移动而出现的模糊的图像，则可以选择"动感模糊"选项，并激活右侧的角度选项，根据模糊的方向对图像进行锐化处理。

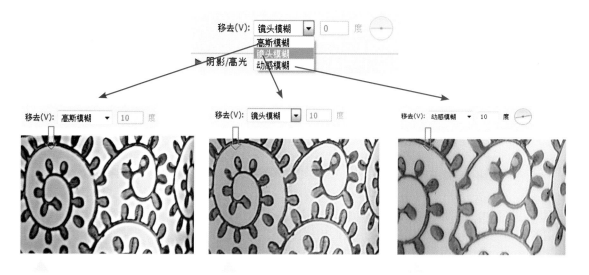

单击"移去"下拉按钮，在展开的下拉列表中选择"高斯模糊"选项，锐化图像，提高边缘对比度。

单击"移去"下拉按钮，在展开的下拉列表中选择"镜头模糊"选项，锐化图像，得到更强烈的锐化效果。

单击"移去"下拉按钮，在展开的下拉列表中选择"动感模糊"选项，设置模糊角度为10，锐化图像。

提　示

对选区应用锐化

使用"智能锐化"滤镜修复因主体或相机移动而出现的模糊图像时，它对整幅图像的影响一般不太明显，因此在锐化前，需要选取要锐化的主体对象，然后再执行锐化操作。

◆ 自定义渐变色赋予商品美感

利用"智能锐化"滤镜不仅可以对整幅图像应用锐化效果，而且可以通过"阴影 / 高光"选项组中的设置调整较暗和较亮区域的锐化。单击"阴影 / 高光"选项前的三角形按钮，即可展开"阴影 / 高光"选项组，如果照片中的商品对象的暗部或亮部区域出现了明显的光晕时，就可以通过此选项组中的设置，减少光晕，使锐化的效果更为自然。

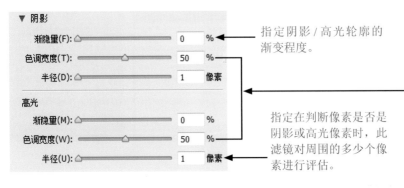

指定阴影 / 高光轮廓的渐变程度。

设置对其应用渐变的色调范围，对于阴影，色调范围为纯黑色，即色阶值为0；对于高光，色调范围起点为纯白色，即色阶值为255。

指定在判断像素是否是阴影或高光像素时，此滤镜对周围的多少个像素进行评估。

如右图所示，在"阴影"选项组下进行设置，输入"渐隐量"为15，"色调宽度"为50，"半径"为28，设置后降低阴影部分锐化强度。

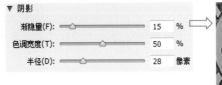

如右图所示，在"高光"选项组下进行设置，输入"渐隐量"为15，"色调宽度"为50，"半径"为28，设置后降低高光部分锐化强度。

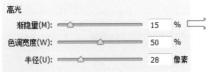

◆ 锐化商品照片并去除照片中的杂色

在对照片进行锐化时，容易在照片中产生一些影响画面品质的杂色。Photoshop CC 为了解决这一问题，改进了"智能锐化"滤镜，增加了"减少杂色"选项，使用它可以在锐化图像的同时直接对照片中出现的杂色进行去除，让锐化的结果更加完美。

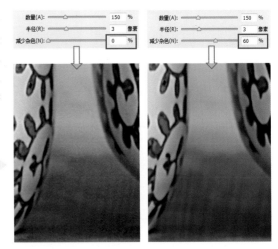

右侧的两幅图像中展示了不同的"减少杂色"值时锐化得到的图像效果，从图像上可以看出，当"减少杂色"选项为0时，对图像进行锐化后画面中产生了很多的杂色点；当"减少杂色"选项为60时，"智能锐化"滤镜对照片中因锐化出现的噪点进行了清除，因此得到的画面也相对更为干净。

提 示

存储锐化预设，快速锐化商品

在对同一批商品照片进行锐化时，可以使用相同的锐化参数进行锐化处理，在这种情况下，就可以将"智能锐化"滤镜对话框中的参数设置定义为预设。在"智能锐化"滤镜对话框中，单击"存储当前设置的预设"按钮，打开"新建滤镜预设"对话框，在对话框中输入预设名称，再单击"确定"按钮，即可将当前对话框中的参数设置存储为预设。在下次启动时，即可在新的图像中调用该预设完成照片的锐化处理。

6.3.5 设置"高反差保留"滤镜获得更多细节

在商品照片的后期处理过程中，为了让商品的细节显示得更加清晰，经常会结合 Photoshop 中的滤镜和锐化工具对照片进行锐化。但是在很多时候，虽然图像变得清晰了，但也会导致画面中出现不必要的噪点。为了避免这一问题，可以使用"高反差保留"滤镜来锐化图像。

"高反差保留"滤镜可以让照片在不增加杂色的基础上清晰地展现图像的边缘。"高反差保留"滤镜的操作原理为删除图像中颜色变化不大的像素，保留颜色变化较大的像素，使图像中的阴影消除的同时，保留画面中的亮调部分，使图像中颜色相邻处理的对比度增强。

打开一张数码产品照片，在"图层"面板中将"背景"图层复制，得到"背景拷贝"图层，执行"滤镜 > 其他 > 高反差保留"菜单命令，打开"高反差保留"对话框，在对话框中输入"半径"为4.3，确认设置后将"背景拷贝"图层的混合模式设置为"强光"，在图像窗口中显示了应用滤镜锐化后的图像，商品的边缘位置变得更加清晰。

◆ 控制照片的锐化范围

在"高反差保留"滤镜中，主要运用"半径"选项控制图像边缘的宽度，即控制与下方图层中的图像进行叠加的图像效果，当设置的"半径"值越大，边缘就越宽，锐化后的图像效果就越明显。在具体的操作过程中，如果设置的"半径"值过大，则会使叠加的像素增大，使照片产生不平整感，让画面中不需要突出的细节显示出来，产生不理想的锐化效果。因此，在使用"高反差保留"滤镜锐化图像时，应经过反复调整，选择适合于当前商品锐化效果的半径值。

执行"滤镜>其他>高反差保留"菜单命令，在"高反差保留"对话框中设置"半径"为2，设置后看到只对边缘明显的区域进行了锐化叠加。

执行"滤镜>其他>高反差保留"菜单命令，在"高反差保留"对话框中设置"半径"为20，设置后看到相机上的一些灰尘等杂质也被锐化了，画面出现局部锐化过度的情况。

◆ 控制照片的锐化强度

　　"高反差保留"滤镜的原理是高频轮廓，低频色块，再利用混合选择，达到锐化图像的目的。因此，图层混合模式是影响照片中商品锐化效果的重要因素之一。通常情况下，在使用"高反差保留"滤镜编辑图像时，会选择对比型混合模式控制图像的锐化效果。通过选择不同的对比型混合模式，调整锐化的程度，使锐化后的图像更符合后期处理需求。

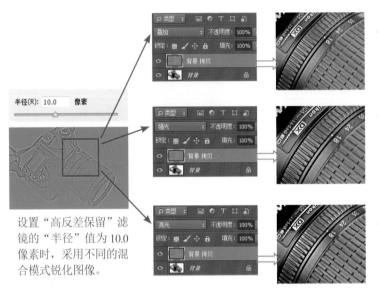

在混合模式下拉列表中选择"叠加"模式，此模式对照片中的颜色进行过滤，应用此模式后图像会变得清晰。

在混合模式下拉列表中选择"强光"混合模式，此模式会增加或减少对比度达到加深或减淡颜色的目的，因此可看到锐化效果较强。

设置"高反差保留"滤镜的"半径"值为 10.0 像素时，采用不同的混合模式锐化图像。

在混合模式下拉列表中选择"亮光"混合模式，此模式通过增加对比的方式使图像亮度暗，锐化效果最强。

6.3.6 精细的"细节"锐化法

　　Photoshop 中的锐化滤镜在对照片进行锐化的同时，会对照片中的物体颜色产生或轻或重的影响。为了解决这一问题，我们可以尝试应用 Camera Raw 中的"细节"选项卡中"锐化"选项对照片进行锐化。使用"细节"选项卡对照片进行锐化时，它只会应用于图像的亮度，而不会影响色彩。因此，可以保证画面中的商品颜色不被更改。执行"滤镜 >Camera Raw 滤镜"菜单命令，将会打开 Camera Raw 对话框，在该对话框中单击"细节"按钮，会显示"细节"选项卡，在此选项卡中有一个"锐化"选项组，其中有"数量""半径""细节"和"蒙版"4 个锐化选项，调整这 4 个选项，可控制照片的锐化强度和应用锐化的范围。

打开一张儿童玩具照片，放大显示，可以看到盒子上的花纹不够清晰，单击 Camera Raw 中的"细节"按钮，在展开的"细节"选项卡中设置锐化"数量"为 119，"半径"为 1.7，"细节"即可为 71，"蒙版"为 7，设置后即可看到变得清晰的图像效果。

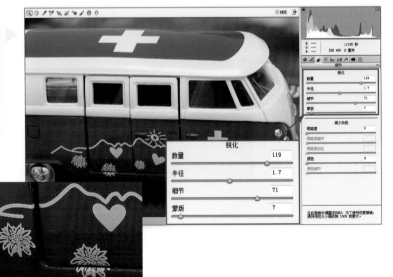

6.4
商品照片的虚实结合

　　摄影师在拍摄商品照片的过程中，经常会通过调整焦距来为照片创建出景深效果，从而表现主体与背景之间的层次关系，突出要表现的主体商品。在 Photoshop 中也可以使用滤镜来对图像进行模糊处理，制作出类似相机拍摄的模糊效果，让画面产生自然景深感。商品照片后期处理中常用模糊工具、光圈模糊及镜头模糊等工具或命令为照片添加虚化的景深效果。

6.4.1 使用"模糊工具"对背景进行虚化

　　对画面不需要突出表现的图像，可以对其进行模糊设置，从而让图像中需要着重表现的主要商品变得更加醒目、突出。商品照片后期处理时，如果想到快速对照片中的部分图像进行模糊处理，可以应用"模糊工具"来实现。"模糊工具"以画笔的形式进行操作，可以降低图像中相邻像素之间的对比度，对图像中较为坚硬的像素边缘进行柔化，使画面变得柔和。"模糊工具"的可操作性较强，因此使用它在已有景深的照片中进行涂抹，可以增强图像的模糊程度，但是对于一些清晰照片中的景深效果设置，则需要反复地涂抹，才能得到较理想的模糊效果。

打开一张景深效果不是很明显的鞋子照片，选择"模糊工具"后，在工具选项栏中调整画笔大小，并设置"强度"为 40%，在图像上方的两只鞋子上进行涂抹，经过涂抹后，可以看到模糊的图像突出了前方的第一只鞋子。

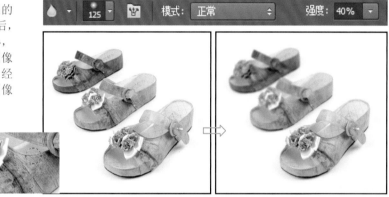

　　使用"模糊工具"对图像进行模糊时，在画面中涂抹的次数越多，其应用的效果也就越明显。除此之外，也可以使用"模糊工具"选项栏中的"模式"选项对模糊后图像的影调和色调进行调节。"模式"选项栏包含了 7 种不同的模糊模式，单击"模式"右侧的下拉按钮，在展开的下拉列表中会显示这 7 种模糊模式，选择不同的模式后会让图像产生不同的变化。

下面的 4 幅图像中，分别选择了"正常""变亮""变暗"和"色相"4 种模式，运用"模糊工具"在鞋子上涂抹，得到不同的模糊图像效果。

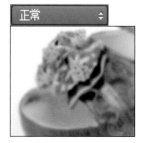

6.4.2 使用"光圈模糊"模拟大光圈商品拍摄效果

"光圈模糊"顾名思义就是类似于相机的镜头对画面进行对焦，焦点周围的图像根据设置相应地进行模糊处理，从而呈现出大光圈拍摄的虚化效果。无论使用什么样的镜头对商品进行拍摄，都可以在后期处理时，应用"光圈模糊"滤镜在照片中模拟出真实的浅景深效果，并且用户还可以自定义多个焦点，来实现传统相机所不可能实现的艺术化效果。

在 Photoshop 中将拍摄的商品照片打开后，执行"滤镜 > 模糊 > 光圈模糊"菜单命令，就可以进入"模糊画廊"编辑状态。在模糊画廊中，结合左侧的预览区域和右侧的"属性"设置，即可为照片设置出真实的模糊效果。

打开一张儿童玩偶照片，执行"滤镜 > 模糊 >
光圈模糊"菜单命令，进入"模糊画廊"编辑状态，
并在画面中间位置呈现出图钉形状，调整光圈
的大小和位置，并在右侧对各参数进行设置，
设置后可看到位于光圈外的图像已变得模糊。

◆ 控制要模糊的商品对象

在使用"光圈模糊"滤镜的过程中，通过调整像预览区中圆形的形状或大小，控制模糊作用的范围。在模糊范围和模糊控制点之间有 4 个白色圆形控制点，这些点即位于模糊的起始点上，通过调整它们的位置，控制模糊的范围。

在模糊画廊下，将光标放置在光圈边框上，呈现为双向倾斜箭头时，单击并拖曳即可对光圈边框的大小进行调整；当光标放置在模糊任意一个起始点上呈现出白色箭头时，单击并拖曳光标可改变模糊起始位置；当光标放置在模糊控制点上呈现黑色箭头加图钉状态时，单击并拖曳光标可改变光圈模糊的位置。

模糊范围边框，用于控制
模糊的范围，即焦点的范
围，位于模糊范围框外侧
的图像将全部处理为模糊
的状态。

模糊控制点，用于控制模
糊效果中心位置及模糊强
度，顺时针拖曳增强模糊
程度，逆时针拖曳削弱模
糊程度。

模糊起始点，模糊框内包
含了 4 个不同的起始点，
向内或向外拖曳，可以精
确地调整其位置。

模糊形状控制点，用于调
整模糊框的形状，向外拖
曳可以将圆形或椭圆形变
为圆角矩形，向内拖曳可
以把圆角矩形收缩为圆形
或椭圆形。

◆ 在商品照片中的不同区域应用模糊效果

为了更好地向观者展示商品照片中各区域的特点，在后期处理时，可以根据画面效果，在图像中添加多个模糊焦点，让景深效果更加真实。使用"光圈模糊"可以为照片添加多个模糊图钉，完成多个不同区域的景深设置。当为照片添加多个模糊图钉后，每一个模糊图钉都会显示出其模糊控制点，选择某个模糊图钉后，只需要对模糊的控制点和模糊的范围进行编辑，就可以完成不同区域图像的模糊编辑，使图像中的产品营造出更自然的景深效果。

打开一张玩具狗狗的照片，在"模糊画廊"中单击，添加一个模糊图钉，设置模糊焦点，对第二排中第二只小狗旁边的图像进行模糊处理。

运用鼠标在第二排第四只小狗的鼻子位置单击，添加第二个模糊图钉，对模糊的范围和强度进行设置，经过设置后发现除添加图钉外的小狗，其他区域图像均变得模糊。

◆ 控制要模糊的对象范围

在对一些小商品照片进行处理时，适当地在画面上添加一些小光斑，不但可以为画面营造出浪漫的意境效果，也会使画面显得更加动人。应用 Photoshop 中的"光圈模糊"滤镜，可以为画面添加非常自然、漂亮的光斑效果。

运用"模糊效果"面板中的选项设置就可以在照片中添加光斑效果。"模糊效果"面板包括"光源散景""散景颜色"和"光照范围"3 个选项，其中"光源散景"用于控制散景（光斑）的亮度，即高光部分的亮度，数值越大，图像越亮；"散景颜色"用于设置高光的颜色，数值越大，颜色越丰富；"光照范围"用于控制高光范围，范围越大，高光范围就越广。

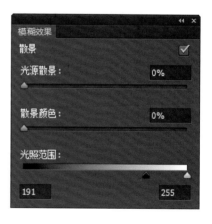

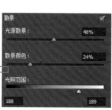

打开一张商品照片，执行"滤镜 > 模糊 > 光圈模糊"菜单命令，打开"光圈模糊"对话框，在对话框中设置"模糊"值为 46，在"模糊效果"面板中对各选项进行设置，设置后可以看到模糊区域的图像上显示的光斑效果。

6.4.3 使用"镜头模糊"为商品照片模拟逼真的镜头模糊效果

在拍摄时，为了突出画面的商品对象，瞬间抓住观者的视线，往往会设置画面的视觉焦点，将背景或是与商品无关的部分图像进行虚化设置。摄影师可以利用相机镜头为画面营造虚化的景深效果，也可以利用后期处理技术对照片进行模糊，添加逼真的镜头模糊效果，设置出最逼真的景深效果。

Photoshop 中应用"镜头模糊"滤镜可以非常逼真地模糊出相机拍摄的浅景深效果。使用"镜头模糊"滤镜编辑的过程中，需要考虑多个方面的问题，如画面中哪些区域需要保持清晰状态，哪些区域需要设置为模糊状态，然后再根据具体的照片，对参数进行适当的调整，进而获得逼真的镜头模糊效果。执行"滤镜 > 模糊 > 镜头模糊"菜单命令，即可打开"镜头模糊"对话框，在对话框中即可对模糊的参数进行设置，控制画面的模糊效果。

打开一张室内拍摄的包包素材照片，复制"背景"图层，添加图层蒙版，用"渐变工具"在复制的图层上设置渐变效果，再执行"滤镜 > 模糊 > 镜头模糊"菜单命令，打开"镜头模糊"对话框，在对话框中选择应用图层蒙版，再对各选项的参数进行适当的设置，设置后画面产生自然的浅景深效果。

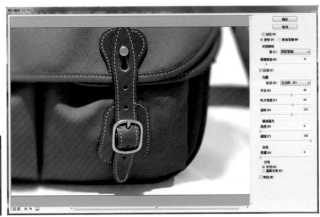

◆ 控制用于模糊的图像范围

在"镜头模糊"滤镜向图像中添加模糊效果时，可使位于焦点内的图像保持清晰状态，而位于焦点外的图像则会自然地过渡至模糊状态。因此，在对图像设置"镜头模糊"滤镜前，需要确定要模糊的图像区域，或者利用 Alpha 通道或图层蒙版设置深度映射的范围。否则，系统会对当前图像整体都应用模糊。当时应用图层蒙版控制模糊的对象范围时，蒙版中黑色的区域为焦点区域，该区域的图像保持完整的清晰，灰色区域为过渡区域，该区域的图像会出现轻微的模糊效果，白色区域则为焦点外的区域，该区域的图像显示为完全的模糊效果。

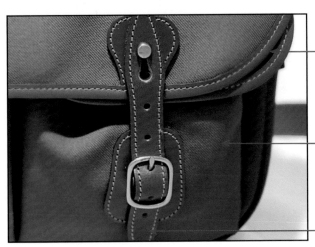

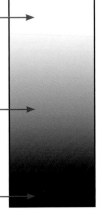

白色的区域为完全处于焦点外的区域，这部分图像完全模糊。

灰色区域为过渡区域，这部分图像变得略微模糊。

黑色区域为焦点区域，这部分图像未受到模糊处理，保持清晰的影像。

要在图像中创建渐变的模糊效果，除了可以应用图层蒙版来控制模糊的范围外，也可以使用 Alpha 通道来完成操作。在 Alpha 通道中，黑色区域被视为图像位于照片的前面，即距离拍摄者较近的地方，显示为清晰的画面，白色区域则被视为图像位于远处的位置，即距离拍摄者较远的位置，显示为模糊的画面。

完全清晰的区域

轻微模糊的区域

完全模糊的区域

◆ 调整对象的模糊程度

光圈的大小是影响景深效果的重要因素之一，光圈越大，景深越小，得到的图像越模糊。使用"镜头模糊"滤镜为商品照片设置模糊效果时，可以在"镜头模糊"对话框指定光圈的形状、模糊的程度、光圈的圆度等。

选择用于模糊的光圈的形状

设置模糊的程度

设置光圈的圆度，由此模拟出真实摄影中光圈变形的效果。

设置光圈的旋转量

控制镜面的亮度及提高模糊后的高光部分的明亮程度。

决定"亮度"选项影响的色调范围，参数较低时，大部分的模糊区域被提亮。

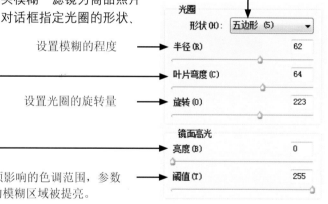

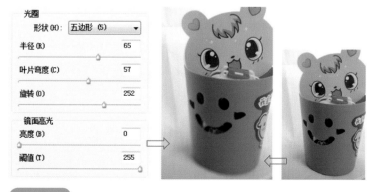

如左图所示，为了突出图像中的主体对象，执行"滤镜 > 模糊 > 镜头模糊"菜单命令，在打开的对话框中对"光圈"选项组中的参数进行设置，设置完成以后单击"确定"按钮，返回图像窗口，可以看到对背景进行了模糊处理，画面中的主体对象显得更为清晰。

提 示

转换为智能锐化滤镜

使用滤镜编辑图层时，一旦确认设置后，将不能再对参数进行更改。为了解决这一问题，可以在执行滤镜操作前，将要应用滤镜的图层转换为智能图层。选中图层，执行"图层 > 智能对象 > 转换为智能对象"菜单命令，将图层转换为智能图层。在智能图层中执行滤镜操作后，会创建智能滤镜，双击智能滤镜下的滤镜名，将重新打开滤镜对话框，在对话框中可任意更改参数。

6.4.4 使用"高斯模糊"设置更自由的景深效果

除了使用"光圈模糊"滤镜和"镜头模糊"滤镜为商品照片添加虚化的景深效果以外，还可以使用"高斯模糊"滤镜来完成景深效果的编辑。"高斯模糊"滤镜是商品照片后期处理中经常会用到一个模糊滤镜，它与"光圈模糊"滤镜、"镜头模糊"滤镜相比，操作更为简单，用户只需要调整"半径"选项，就可以实现照片的快速模糊。

使用"高斯模糊"滤镜时，需要设置一个要模糊的区域。否则，在执行该滤镜时，会对图像整体进行模糊，导致画面中的商品也会变模糊。在设置好模糊区域后，再执行"滤镜 > 模糊 > 高斯模糊"菜单命令，在打开的"高斯模糊"对话框中调节选项，控制指定区域的对象模糊效果。

选择一张香水照片，选择"椭圆选框工具"，在画面中的香水瓶上方单击并拖曳鼠标，创建椭圆选区，反选选区后，执行"滤镜 > 模糊 > 高斯模糊"菜单命令，打开"高斯模糊"对话框，在对话框中设置"半径"为6，单击"确定"按钮，在图像窗口中查看到对图像进行了模糊，突出了画面中间的精致的香水瓶。

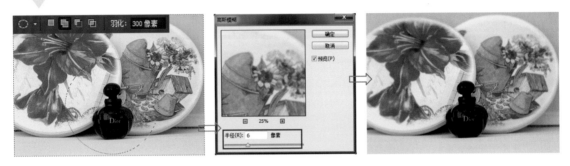

在使用"高斯模糊"滤镜为照片制作景深效果时，需要使用"半径"参数来对模糊的程度进行控制。根据照片中要表现的内容，设置合适的半径值，如果"半径"值较小，则会使模糊的区域效果不明显，不能更好地突显主体物品，如果设置的"半径"值过大，则也有可能导致商品也变得模糊或使画面显示出明显造假的痕迹。

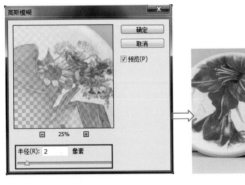

执行"滤镜 > 模糊 > 高斯模糊"菜单命令，在"高斯模糊"对话框中输入"半径"为2，将看到对香水瓶旁边的背景进行了轻微的模糊处理。

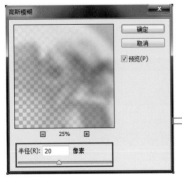
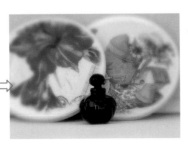

执行"滤镜 > 模糊 > 高斯模糊"菜单命令，在"高斯模糊"对话框中输入"半径"为20，将看到对香水瓶旁边的背景增强了模糊效果，画面所产生的效果较明显。

第 7 章
批处理提高效率

　　当我们在网上购买商品时，都是从图像上获得商品的第一印象，从这些图像中，可以看到同一版面不同品牌的商品照片，都会有统一的色调或影像大小，这样会使整个版面更加美观。在商品照片的后期处理过程中，经常会对同一组照片进行批量的设置，使其能够得到统一的照片风格。针对不同照片的批量处理，可以选择更适合的命令进行批量调整。

　　本章会对商品照片中常用的批量调整命令，如动作、快捷批处理、图像处理器、同步功能等进行一一的讲解，让读者通过学习，提高处理商品照片的效率，获得更多高品质的影像效果。

知识点提要

1. 用动作完成商品照片的批量处理

2. 商品照片的自动批处理应用

3. 运用 Camera Raw 批处理照片

4. 用 Lightroom 快速完成商品照片的批量调整

7.1
用动作完成商品照片的批量处理

在商品照片的后期处理中，经常会对同一场景中拍摄的一组商品照片进行相同的处理，这时就可以用 Photoshop 中的"动作"面板来完成。通过对一批照片进行相同的设置，简化重复的操作，实现高效的图像编辑，为后期处理节省了大量的时间。

7.1.1 使用预设动作批量添加边框

为拍摄的商品照片添加合适的边框，不仅可以达到美化作品的效果，而且能使画面看起来更完整。当需要为多张商品照片添加边框时，最方便的操作就是应用"动作"面板中的"画框"动作组进行编辑。

在使用动作编辑为照片添加边框前，需要了解什么是动作。动作是用来记录、播放、编辑和删除单个文件或一批文件的一系列命令，包括了菜单命令、面板选项及工具动作等。Photoshop 中的大部分动作都被记录在"动作"面板中，在具体的操作过程中，可以通过单击动作完成照片的批量设置。动作以组的形式被安排在"动作"面板中，使用动作组可以对一个或多个动作进行分类管理，使照片的后期处理更加有序地进行。

动作的名称用于区分不同的动作，双击动作名可以对动作的名称进行重新命名。

切换项目开关：设置控制动作或制作中命令是否被跳过，如果某一个命令左侧显示 ✔ 图标，则表示此命令允许正常执行，若显示 ■ 图标，则表示该动作被跳过。

切换对话开关：设置动作在执行的过程中是否显示有参数对话框的命令，如果动作左侧显示 ■ 图标，则在播放动作时，播放至带有该图标的动作时将会弹出设置参数的对话框。

单击面板菜单按钮，会显示隐藏的面板菜单，在该隐藏菜单中可以对面板模式进行选择，也可以对动作进行载入、复位、替换或存储等操作。

在一个动作组下包含了多个动作的文件夹，单击左侧的三角形按钮，可展开一个组中的所有动作，如果需要折叠动作组，则单击左侧的按钮即可。

单击按钮可查看动作中所记录的操作。

单击"删除动作"按钮，可以将选中的动作删除。

在记录动作时，单击"停止播放 / 记录"按钮，可开始动作的记录，在播放动作时，单击"停止播放 / 记录"按钮可停止动作的播放。

对文件进行操作前，单击"开始记录"按钮，此后对文件进行的所有操作都会被存储在动作中。

选择要播放的动作后，单击"播放选定的动作"按钮，可以对打开的文件运行该动作。

单击"创建新组"按钮，可在"动作"面板中创建一个新的动作组。

单击"创建新动作"按钮，可在"动作"组中创建一个新的动作。

◆ 认识"动作"面板中的预设动作

了解"动作"面板中各按钮及图标的作用后,接下来就要学习"动作"面板中的预设动作。在 Photoshop 中提供了多种类型的预设动作可供用户使用,单击"动作"面板右上角的菜单按钮,会打开"运用"面板菜单,在该菜单中会显示并系统分类的预设动作,其中包含了"命令""画框""图像效果""LAB - 黑白技术""制作""流星""文字效果""纹理"和"视频动作" 9 个预设动作组。单击其中任意一个动作组命令,就可将该预设动作组中的动作载入至"动作"面板。

"视频动作"动作组

"动作"面板菜单

"命令"动作组

"画框"动作组

"图像效果"动作组

"LAB - 黑白技术"动作组

"制作"动作组

"流星"动作组

"文字效果"动作组

"纹理"动作组

◆ 用预设动作完成照片边框的添加

如果需要为照片批量添加边框效果,进行编辑之前,先要将 Photoshop 预设的"画框"动作组载入"动作"面板中。载入动作后,将需要处理的照片打开,然后展开"画框"动作组,在动作组下方选定要应用的动作,单击"播放选定的动作"按钮,就可以开始运用动作处理照片。如果要为多张照片应用同样的操作,只需要打开照片后,连续选择并应用动作即可。

如左图所示,打开 4 张鞋子照片其中的一张,单击"画框"动作组下方的"照片卡角"动作,再单击"播放选定的动作"按钮,播放动作,添加画框效果。

继续使用同样的方法,选中另外的 3 张照片后,应用"照片卡角"动作,为其添加相同的画框效果。

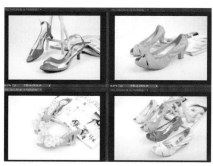

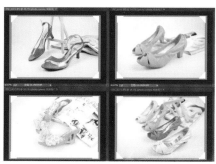

7.1.2 创建新动作批处理照片

除了可以使用"动作"面板预设的动作编辑商品图像外，也可以由用户自定义新的动作，并将其应用到多张照片中。

在 Photoshop 中，使用"动作"面板中的按钮，可以完成动作的大部分操作，其中最为简单的就是创建新动作。创建新动作后，Photoshop 会自动将对图像中所做的编辑与设置记录在新建的动作之中，直到单击"停止播放 / 记录"按钮为止。使用"动作"面板中的"创建新动作"按钮或执行"动作"面板中的"新建动作"命令，都可以创建新的动作。

如下图所示，单击"动作"面板底部的"创建新动作"按钮，打开"新建动作"对话框，在对话框中输入要新建的动作名称，并指定该动作的颜色，设置后单击右上角的"记录"按钮，创建新动作并开始记录动作，此时可以看到"动作"面板底部的"停止播放 / 记录"按钮 ■ 显示为红色，表示正在开始记录动作。

打开一张需要处理的小饰品照片，使用调整命令对照片的亮度和颜色进行处理，经过处理后在"图层"面板中显示创建的调整图层，同时会在"动作"面板中显示所有的操作步骤，如右图所示，编辑完成后单击"停止播放 / 记录"按钮 ■，完成动作的记录。

在"动作"面板中创建好新的动作后，就可以应用该动作开始照片的批处理操作了。使用新建动作批处理照片的方式与应用预设动作处理照片的方法相同。只需要在"动作"面板中选中新创建的动作后，单击"播放选定的动作"按钮，就可以在打开的多张照片中分别应用该动作，对照片进行批量调整。

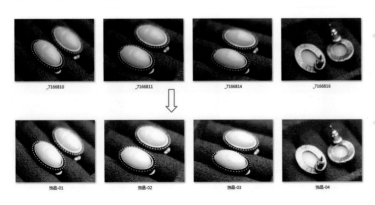

左图为应用批处理调整之前的画面效果，可看到原图像中的饰品亮度不够，而且色彩也略显暗淡。

左图为批处理后的照片，通过将照片依次打开，选择新建的"商品调色"，播放动作后，可以看到照片的色彩变得明亮，饰品也显得更加精致。

7.2
商品照片的自动批处理应用

如果要对一大批拍摄的商品照片进行相同的处理，如调整图像大小、更改照片的格式等，使用前面介绍的应用动作就会显得有些麻烦，在这个时候最好的选择就是应用 Photoshop 中的图像自动化编辑命令进行调整。在 Photoshop 中，提供了快捷批处理、批处理、图像处理器等多个批处理命令。应用自动批处理命令，可以帮助我们完成大量的、重复性的操作。

7.2.1 快捷批处理完成照片批量更改

快捷批处理是一个能够快速完成批处理的应用程序，它可以简化批处理操作的过程，完成大量照片的快速调整。快捷批处理可以应用于一幅或多幅图像，用户可以将快捷批处理图标拖曳至指定的文件夹或磁盘中的任何便于应用的位置。使用快捷批处理前，需要先在"动作"面板中创建所需的动作，然后再对其执行快捷批处理。

在创建快捷批处理时，执行"文件 > 自动 > 创建快捷批处理"菜单命令，如下图所示，打开"创建快捷批处理"对话框，如右图所示，在"创建快捷批处理"对话框中选择要处理的文件以及应用批处理的动作，创建出一个批处理文件的快捷方式图标。

◆ 设置快捷批处理选项

在创建快捷批处理的过程中需要先设置好批处理快捷方式存储的位置，然后运用"播放"选项组选择快捷批处理中要应用的动作组，并在该动作组中选择要使用的动作，最后对应用动作素材文件进行选择，完成后单击"确定"按钮，就可以完成快捷批处理的创建。

如右图所示，单击"选择"按钮，打开"另存为"对话框，在对话框中将快捷批处理命名为"饰品调色"，再为创建的快捷方式指定存储位置及名称。

设置好存储位置后，在"播放"动作中选择动作，单击"目标"选项组中的"选择"按钮，设置应用快捷批处理的图像存储位置，再对批处理后文件存储名称进行设置，如右图所示，此时单击"确定"按钮，就可创建一个快捷批处理图标。

◆ 应用快捷批处理完成图像编辑

创建好快捷批处理后，接下来就可以应用创建的快捷批处理图标来批量处理照片了。要对照片进用应用快捷批处理，只需要选择要批处理的一张或多张照片，再将其拖曳至创建的快捷批处理图标上，此时 Photoshop 会自动打开并对选择的照片进行调整，调整后将图像存储于指定的文件夹中。

如下图所示，选中 3 张饰品照片，将选中的这 3 张照片拖曳至创建的"饰品调色"快捷批处理图标上。

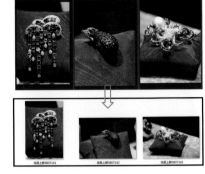

Photoshop 自动将 3 张照片打开，并根据选择的动作对照片进行批量调整，调整后将图像存储至已设置的文件夹中。

7.2.2 应用"批处理"命令调整照片

要对照片应用批处理操作，除了使用"快捷批处理"命令实现外，也可以使用"批处理"命令完成。"批处理"命令可以对一个文件夹中的多个文件运行动作，并将应用运行动作效果的图像重新命名且存储于指定的文件夹中。如果有带文档输入器的数码相机或扫描仪，也可以用单幅动作导入或处理多幅图像。在 Photoshop 中执行"文件 > 自动 > 批处理"菜单命令，即可打开如右图所示的"批处理"对话框，对话框中的选项设置与"创建快捷批处理"对话框中的选项设置相似。

选择用于批处理的动作组和动作。

设置要应用批处理的源文件夹。

设置应用批处理后的目标文件夹。

指定批处理文件的存储名称及扩展名。

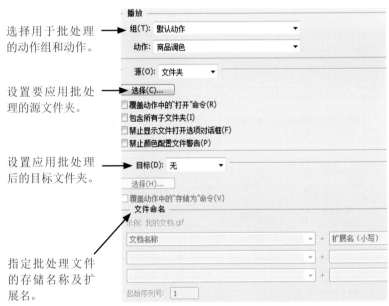

◆ 选择批处理动作

在"批处理"对话框中的"播放"选项组下，可以选择预设的动作组和动作来对照片进行批处理。单击"组"选项右侧的下拉按钮，在展开的下拉列表中选择预设或新建的动作组；单击"动作"选项右侧的下拉按钮，则选择指定动作组中的动作。

左图中单击"组"下拉按钮，选择"LAB - 黑白技术"动作组，然后在"动作"下拉列表中选择"照片调色技术"动作。

◆ 选择批处理的源文件夹和目标文件夹

"批处理"与"快捷批处理"不同,它需要对用于批处理的源文件夹和目标文件夹进行设置。在对照片进行批处理时,首先要单击"源"选项下方的"选择"按钮,打开"浏览文件夹"对话框,选择要处理的照片文件夹,再单击"目标"选项组中"选择"按钮,打开"浏览文件夹"对话框,选择批处理后的照片存储位置。

批处理之前,数码相机所在文件夹中的照片效果。

批处理时对数码相机的颜色进行了调整,变为黑白效果。

7.2.3 通过"图像处理器"批量更改照片格式

在照片的后期处理时,针对商品照片不同的商业用途,需要在完成照片的调整后,将图像存储为特定的格式和存储大小。如果只需要对一张或两张照片的存储格式进行更改,可以直接应用"存储"或"另存为"菜单命令来完成,如果需要对大量照片的格式进行更改,那么最好的方式就是应用"图像处理器"命令来转换。

"图像处理器"命令可以快速地转换或处理多个文件,它可以将文件夹中的多个文件转换为 JPEG、PSD 和 TIFF 格式中的一种,也可以将文件同时转换为这三种格式,并且可以对转换后的图像宽度和高度进行限制,使处理后的商品照片更加符合不同的要求。

在 Photoshop 中执行"文件 > 脚本 > 图像处理器"菜单命令,或者在 Bridge 中执行"工具 >Photoshop> 图像处理器"菜单命令,打开"图像处理器"对话框,打开后的对话框如右图所示。

左图中同时勾选"存储为 JPEG(J)""存储为 PSD(P)""存储为 TIFF(T)"3 个复选框,单击"运行"按钮后,可以在指定的文件夹中创建 3 个不同的文件夹,分别存储不同格式的图像,如下图所示。

7.3
运用 Camera Raw 批处理照片

前面介绍了运用动作和批处理功能完成商品照片的快速处理方法，接下来将继续学习 RAW 格式商品图像的批处理。在 Camera Raw 中，提供了更为方便的批处理方法，用户可以通过将要处理的 RAW 格式照片同时打开，再利用"同步"功能，一次性完成多张 RAW 格式照片的批量调整，提高 RAW 格式照片处理效率。

7.3.1 批量打开 RAW 格式照片

为了便于商品后期处理，摄影师会选择将拍摄的照片以 RAW 格式存储。对于 RAW 格式照片的批量处理，可以应用 Camera Raw 中的"同步"功能来处理。在运用 Camera Raw 处理照片之前，需要在 Camera Raw 中打开多张照片。RAW 格式照片的打开方式有很多，最易于操作的方法就是在存储照片的文件中选中要处理的多张照片，将其拖曳至 Photoshop 工作界面中，释放鼠标，打开选中的多张照片。

如右图所示，在"RAW 格式商品照片"文件夹中将该文件夹中的 4 张照片同时选中，再将其拖曳至 Photoshop CC 的工作界面中，当在界面出现一个复制图标时，释放鼠标，便打开了选中的 4 张照片。

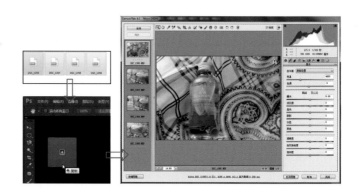

要打开 RAW 格式照片，除了可以通过拖曳的方式进行打开外，也可以执行"编辑"命令，在 Photoshop 中打开 RAW 格式照片。通过菜单命令的方法打开照片，需要先将 Photoshop 程序打开，否则将不能实现打开操作。

如左图所示，在"RAW 格式商品照片"文件夹中将该文件夹中的 4 张照片同时选中，右击已选中的商品照片，在弹出的快捷菜单中执行"编辑"命令，打开商品照片。

7.3.2 应用"同步"功能实现多张照片的同步编辑

打开多张 RAW 格式照片后，就可以开始照片的批量调整。在 Camera Raw 中的批量调整，只需要对其中一张照片进行设置，然后利用"同步"功能，在"同步"对话框中选择要同步处理的选项，就可以对该组照片中的所有照片应用相同的设置。使用"同步"功能处理照片时，一般不对照片污点处理实现同步处理，因为每张照片可能会因为角度和其他因素的影响，使污点处理在不同的位置，如果对污点处理进行同步调整，很有可能导致图像中部分图像的丢失。

在打开的文件列表中单击第一张照片,如右图所示,选中此照片,并进行图像的精细调整。

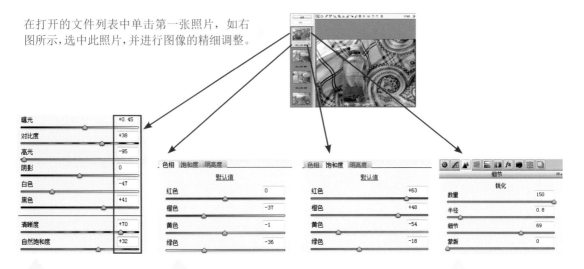

在"基本"选项卡下对曝光、对比度、高光、白色等选项进行设置,调整照片的明暗。

在"HSL/灰度"选项卡下,分别单击"色相"和"饱和度"标签,然后在展开的选项卡中对照片中的单个颜色的色相和饱和度进行调整。

在"细节"选项卡中的"锐化"选项组中对各选项进行设置,让模糊的图像变得清晰。

完成其中一张照片的设置后,接下来选择要应用批处理的照片,如果只需要选择其中几张照片进行操作,可按下 Ctrl 键依次单击要应用批处理调整的照片,如果需要对所有打开照片应用批处理操作,可单击文件列表上方的"全选"按钮,选择全部照片。

如右图所示,要对所有照片应用批处理调整,单击"全选"按钮,单击按钮后,文件列表中的所有照片显示为已选中状态。

确认要批量调整的照片,单击 Camera Raw 窗口左上角的"同步"按钮,会打开"同步"对话框,在对话框中可设置用于同步编辑的内容。在具体的操作中,可以单击"同步"右侧的下拉按钮,选择要同步的内容,也可以勾选下方的复选框,选择要同步处理的操作内容。设置好同步选项后,单击"确定"按钮,就可应用"同步"功能对照片进行批量调整。

如左图所示,单击"同步"按钮,打开"同步"对话框,在对话框中勾选要同步处理的选项,单击"确定"按钮,经过设置后可以看到调整后的图像右下角显示已经编辑图标,且香水瓶子色彩也变得更加柔和,如下图所示。

7.3.3 **存储图像完成 RAW 格式照片的批量调整**

　　完成照片的批量处理后，需要将编辑后的 RAW 格式图像进行存储操作。如果需要保留 Camera Raw 中的所有选项设置，可以选择将图像存储为 DNG 或 dng 格式。将照片存储为 DNG 或 dng 格式后，可以通过 Camera Raw 打开该照片，更改选项设置，获得不同的画面效果。

　　要在 Adobe Camera Raw 7.0 中存储照片，需要单击窗口左下角的"存储"按钮，打开"存储选项"对话框，如下图所示。在对话框中"目标"选项用于选择要存储的文件位置，"文件命名"选项用于设置新的文件名，"格式"选项用于指定输入文件的格式。

目标：指定修改后照片的存储位置，
有"相同位置存储"或"在新位置存
储"两种选项，选择"相同位置存储"
选项会将修改图像存储于原文件中，
选择"在新位置存储"会将图像存储
于新位置。

在"选择目标文件夹"对话框中设置
目标文件夹存储位置后，此选项会显
示文件夹新的存储路径。

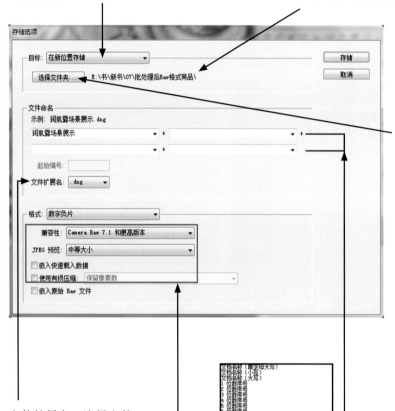

文件扩展名：选择文件
的存储扩展名，即指定
文件的存储格式，在"文
件扩展名"中有 JPEG、
PNG、TIFF 和 PSD 4 种
文件格式，用户可根据
需要指定文件扩展名。

格式：针对不同格式的文
件做更深入设置，选择不
同的文件扩展名后，此选
项组下的参数设置也会不
一样。

用于为修改后图像设置新的文
件名，单击右侧的下拉按钮，
可指定新文件的命名方式，包
括文件名称、序列号、日期等。

选择文件夹：单击"选择
文件夹"按钮，将打开"选
择目标文件夹"对话框，
在对话框中单击文件夹前
方的 + 号图标，将展开文
件夹下的子文件夹，确定
选择为图像指定的新的文
件存储位置。

7.4
用 Lightroom 快速完成商品照片的批量调整

在对商品照片进行后期调整时，如果单独一张一张的照片进行处理，必定会浪费较多的时间。此时，可以根据需要，选用批处理的方式来完成照片的批量调整。在 Lightroom 中，设置了更为方便、快捷的批处理功能。在处理多张照片时，只需要对其中的一张照片进行设置，再利用"同步"功能，就能快速完成照片的批量更改，让更多的商品照片获得更好的效果。

7.4.1 应用"同步"命令同时调整多张照片

数码照片的处理往往不会只对一张照片进行调整，在日常的处理工作中，经常需要对一组照片进行批量的调整。照片的批量调整除了前面介绍 Photoshop 中的批处理和 Camera Raw 中的"同步"功能应用外，还可以使用 Lightroom 中的"同步"功能实现。与 Photoshop 中的"批处理"相比，Lightroom 中的批处理更为方便、快捷。

应用 Lightroom 处理照片前，先将要调整的素材照片导入 Lightroom 内的"图库"中，然后在胶片显示窗口中按住 Ctrl 键不放，依次单击选择要应用批处理的照片，执行"设置 > 同步设置"菜单命令，或单击界面右下角的"同步"按钮，打开"同步设置"对话框，在对话框中选择要同步设置的选项，单击"同步"按钮，就可以实现照片的批量调整。

切换至"修改照片"模块，单击右下角的"同步"按钮，打开"同步设置"对话框。

与 Camera Raw 一样，运用于 Lightroom 同步处理前，需要先对一组照片中的其中一张照片进行设置，再将该照片中的设置应用于其他的照片中。

导入多张家居类产品照片，选择其中一张照片，单击"修改照片"模块，在"基本"面板中对各参数选项进行设置，调整图像颜色。

完成单张照片的处理后，接下来就可以选择要设置相同参数的数码照片。按住 Ctrl 键不放，依次单击胶片窗口中的多张照片，再单击"同步"按钮，对选中照片应用同步编辑处理，经过处理后会在原照片右下角显示"照片已进行修改调整"标志。

按下 Ctrl 键，依次单击胶片窗口中的另外 3 张家居素材，将其同时选中，单击"同步"按钮，打开"同步设置"对话框，在对话框中单击"全选"按钮，勾选"同步设置"对话框中的所有复选框，单击"同步"按钮后，就会对选中的图像应用同步调整，更改所有家居照片图像颜色。

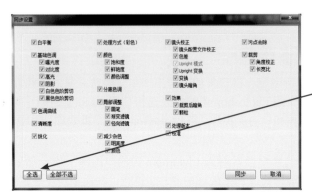

7.4.2 应用"上一张"选定照片的设置

Lightroom 具有自动记忆功能，可以将照片中的所有调整都完整地保留下来，利用此特性，可以在单张照片中进行照片的同步设置，省去了重复调整的麻烦。在商品照片的后期处理中，如果想要对其中两张照片进行相同的设置，就可以应用 Lightroom 中的"上一张"按钮，快速更改两张照片的影调。要对照片应用上一张照片的设置，首先在胶片窗口中单击其中一张已经编辑过的照片，单击后 Lightroom 会自动记录下该照片中的修改信息，然后再选择另外一张照片，单击"上一步"按钮，系统就会自动修改该照片，设置与前一张照片相同的调整效果。

导入 4 张小挂饰照片，在胶片窗口中单击第一张照片，切换至"修改照片"模块中，在此模块中对照片进行明亮度和颜色的设置，经过设置后挂饰的色彩变得更加鲜艳。

完成第一张照片的编辑后，在胶片窗口中单击第二张照片，再单击左窗口下方的"上一张"按钮，复制调整选项并应用于第二张照片上，对照片的颜色进行了快速的调整。

第 3 部分
技能提升篇

第 8 章
针对商品对象的
专业抠图

    选择是 Photoshop 最为重要技法之一，而抠图则是选择的一种具体应用形式，它是将所选择对象从背景中抠取出来，一般分为选择和抠取两个步骤，即先在图像中选择所需的对象，创建选区，再通过选区将对象从背景中分离出来，放在单独的图层上。在商品照片的后期处理中，经常会遇到抠图，通常将要表现的商品从原背景中抠取出来，可以去除零乱的背景图像，让画面更简洁。应用 Photoshop 中强大的图像选取工具，可以快速从画面中选择需要的对象。

    本章会根据不同的商品特点，选用合适的工具快速地抠取满意图像，得到更多有趣且具有艺术性的画面效果。

知识点提要

1. 规则形状的商品抠取

2. 根据色彩选取商品对象

3. 精细的图像抠取

8.1

规则形状的商品抠取

选择是图像处理的首要工作，在商品照片的后期处理过程中，无论是调色还是图像的合成，都会涉及对象的选择。通常将画面中需要的对象创建为选区，再将其抠出，可以去除原画面中多余的图像，使得画面变得更为整洁。如果需要抠出几何形状的商品，在 Photoshop 中可以选用最基本的规则图像选择工具进行抠取。

8.1.1 使用"矩形选框工具"快速抠取方形图像

为了保护商品，很多商品都设计了非常精美的包装，这样不仅使商品更有卖点，也能发挥其更超值的产品优势。在后期处理时，对于像包装盒等较规则的矩形或正方形的对象的抠取，一般选用"矩形选框工具"就可以将其从背景中抠取出来。"矩形选框工具"是 Photoshop 中最为基础的抠图工具，它通过创建矩形选区的方式选取画面中要抠出的主体商品。

选择工具箱中的"矩形选框工具"后，可以在显示的选项栏中调整选择的绘制方式、羽化值，并在画面中单击需要选择的区域并拖曳鼠标，可以快速地在图像中创建出矩形或正方形选区。

打开一张素材照片，单击工具箱中的"矩形选框工具"按钮 ，将鼠标放置在画面上，当鼠标指针显示为 + 时，单击并沿对象线方向拖曳鼠标，释放鼠标后完成选区的绘制。

绘制选区后，若要将选区内的图像抠出，只需要在"图层"面板中选中商品所在图层，按下快捷键 Ctrl+J，就可以抠出图像，此时隐藏原图层，就可以查看到抠出的图像效果。

♦ 计算选区抠出更精细的商品

当在一个画面中需要同时选择多个规则对象时，就需要利用工具选项栏中提供的选取方式按钮进行选区的添加与删除。工具选项栏包括 4 个选取方式按钮，从左至右分别为"新选区""添加到选区""从选区减去""与选区交叉"按钮，单击不同的按钮后，在图像中进行绘制，可以创建出不同的选区效果。

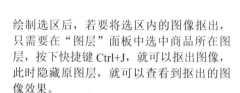

如果图像中没有选区，单击"新选区"按钮，在图像中可创建一个新选区。

单击"与选区交叉"按钮，画面中只保留原有选区与新创建选区相交的部分。

单击"添加到选区"按钮，可在原有选区的基础上添加新的选区。

单击"从选区减去"按钮，可在原有选区中减去新创建的选区。

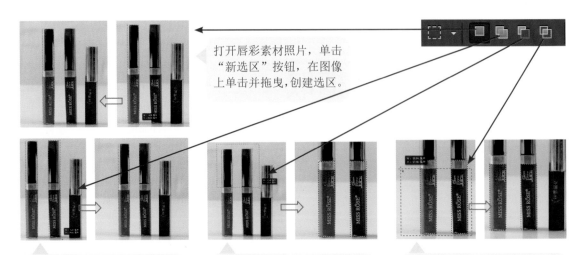

打开唇彩素材照片，单击
"新选区"按钮，在图像
上单击并拖曳，创建选区。

单击"添加到选区"按钮，在
中间一支唇彩的位置上单击并
拖曳鼠标，将中间那支唇彩添
加至选区。

单击"从选区减去"按钮，在
两支唇彩的上半部分单击并拖
曳鼠标，将上半分图像从选区
中减去。

单击"与选区交叉"按钮，在
两支唇彩的中间部分单击并拖
曳鼠标，将中间部分图像从选
区中减去，保留两个选区相交
的部分。

◆ 抠出柔和的对象边缘

使用"矩形选框工具"抠取图像时，可以利用"矩
形选框工具"选项栏中"羽化"选项，对选区中的图
像进行羽化处理，让选取出来的对象边缘更加柔和，
这样即使选择新的背景来替换原背景时，抠出的图
像也能与新背景自然地融合到一起。在工具选项栏
中用户设置的"羽化"值越大，得到的选区就越柔和。

在选项栏中设置"羽化"值为0，在图像中绘制选区，
并抠出选区中的图像，显示较整齐的图像效果。设置"羽
化"值为15，在图像中绘制选区，抠出选区图像，得
到边缘柔和的图像。

◆ 变换选区抠出更准确的对象

当选择的对象并非标准的方形对象时，在创建选区后，就需要对选区进行调整。在
Photoshop 中设置了一个"变换选区"命令，用于对创建的选区进行旋转、缩放及变形等操作。
同时，在调整选区时，选区内的图像也不会受到影响，这样可以更加方便地让用户从原图像中将
商品更准确地抠取出来。

如上图所示，选用"矩形选框工具"沿中间
一支唇彩图像绘制矩形选区，从图像左下角
可以看到选择了多余的背景图像。

执行"选择>变换选区"菜单命令，显示定界框，
右击定界框在弹出菜单中执行"变形"命令，再
对选区进行调整，经过调整后可以看到绘制的选
区与唇彩边缘重合在一起。

8.1.2 使用"椭圆选框工具"快速抠取圆形商品

"椭圆选框工具"可以在图像中创建椭圆形或正圆形的选区，因此它适合于篮球、乒乓球、盘子等圆形商品的抠取。"椭圆选框工具"的使用方法与"矩形选框工具"的使用方法相同，只需要按住工具箱中的"椭圆选框工具"按钮不放，在弹出的隐藏工具中选择"椭圆工具"，然后在图像中单击并拖曳，就可以创建选区效果。

如右图所示，打开一张商品照片，选择"椭圆选框工具"，沿画面中的盘子单击并拖曳鼠标，当出现的虚线框框选住整个盘子对象时，释放鼠标，创建选区。

选取需要的盘子及食物对象后，按下快捷键 Ctrl+J，复制选区内的图像，此时在图像窗口中会显示抠出的画面效果。

使用"椭圆选框工具"不但可以抠出椭圆形的图像，也可以抠取出正圆形图像。在"椭圆选框工具"选项栏中单击"样式"下拉按钮，在展开的下拉列表中显示了"正常""固定比例"和"固定大小"3 种样式。如果需要抠取正圆形的图像，可以选择"固定比例"或"固定大小"选项，然后在右侧的"宽度"和"高度"数值框中输入相同的参数，就可以在画面中绘制出正圆形的选区，从而抠出正圆形的商品对象。

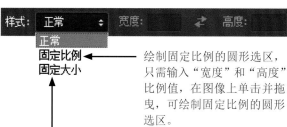

绘制固定比例的圆形选区，只需输入"宽度"和"高度"比例值，在图像上单击并拖曳，可绘制固定比例的圆形选区。

绘制固定大小的圆形选区，设置"宽度"和"高度"值后，在图像中单击并拖曳鼠标，就可绘制与设置大小相同的圆形选区。

右图中打开了一张篮球照片，在"椭圆选框工具"选项栏中选择"固定比例"样式，设置"宽度"和"高度"比为 1：1，沿篮球拖曳鼠标，绘制出正圆形选区，抠出图像。

提 示

对单个颜色进行更改

在创建椭圆形选区时，按下 Alt 键，单击并拖曳鼠标，会以单击点为中心向外创建椭圆形选区；按下 Shift 键拖曳鼠标，可创建正圆形选区；按下 Shift+Alt 键拖曳鼠标，会以单击点为中心向外创建椭圆形选区。

8.1.3 使用"多边形套索工具"快速抠取多边形图像

当需要抠取的图像并不是标准的椭圆形和正圆形时，应用"矩形选框工具"和"椭圆选框工具"选取图像就会非常麻烦，需要先创建出选区，再对选区进行调整，这些就增加后期处理的工作量。Photoshop 中提供了一个专门用于多边形对象选取的工具——"多边形套索工具"。

"多边形套索工具"适用于在图像或某个图层中创建由直线构成的多边形选区，适合商品边缘为直线的对象。选择"多边形套索工具"后，只需要在对象边缘的各个拐角处单击即可创建选区。由于"多边形套索工具"是通过不同区域单击来定位直线的。因此，即使是放开鼠标，也不会自动封闭选区，而是需要在光标的起点与终点相接处单击，或者在任意位置双击结束编辑，创建封闭选区。

打开素材图像，在工具箱中单击"多边形套索工具"按钮，使用鼠标在图像中需要选取的图像上连续单击，以绘制出一个多边形，双击鼠标，即可自动闭合多边形路径并获得选区，如下图所示。

将要选择的图像添加到选区以后，如果需要将选区内的图像抠取出来，就需要将选区内的图像复制到一个单独的图层中。

如右图所示，复制选区内的图像，按下快捷键 Ctrl+Enter，将选区内图像抠取出来，选择另一幅适合的背景替换原来的背景图像，使画面显得更加丰富、有层次感。

使用"多边形套索工具"绘制直线时，如果绘制直线不够准确，可以按下键盘中的 Delete 键进行删除；若连续按下 Delete 键，可依次向前删除；若按住 Delete 键不放，则可以删除所有直线段。

左图中黑色的点是选中的路径点，按下 Delete 键，可将该路径点删除。

提示

对单个颜色进行更改

使用"多边形套索工具"选取图像时，如果按下 Shift 键的同时，在图像中进行单击，可按绘制角度为 45 度的倍数创建直线。

8.2
根据色彩选取商品对象

在对照片进行明暗和色彩调整的过程中，经常会需要选择一些颜色相近的像素，此时就需要应用到魔棒工具和快速选择工具。Photoshop 中应用"快速选择工具""魔棒工具"和"色彩范围"命令可以基于色调之间的差异建立选区，当原商品照片中主体商品与背景之间的色调差异较大时，可以使用这些工具来选取。

8.2.1 使用"快速选择工具"快速抠取图像

"快速选择工具"主要通过鼠标单击在需要的区域迅速创建出选区，它以画笔的形式出现，在选择图像时，通过调整画笔的笔触大小来控制选择范围大小，画笔直径越大，所选择的图像范围就越大。在商品照片的抠图应用中，经常会使用到"快速选择工具"，应用此工具可以在抠图的过程中，根据要抠取对象范围，实时地调整画笔笔触的大小，实现更快、更准确的照片抠图。

如下图所示，打开一幅女鞋素材图像，单击工具箱中的"快速选择工具"，在"画笔预设"选取器中选择画笔并设置画笔直径大小，单击工具选项栏中的"添加到选区"按钮，使用"快速选择工具"在右侧的鞋子上单击创建选区，调整画笔大小，反复在两只鞋子上单击，即可将鞋子完整地添加到选区，按下快捷键 Ctrl+J，复制选区内的图像，可以看到被抠出的鞋子效果。

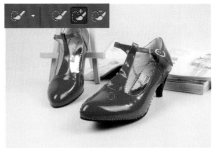

◆ 选区的添加与删除

选择"快速选择工具"，在选项栏中显示"新选区""添加到选区"和"从选区中减去"3 个按钮，用于选区的添加与减去操作。在具体的抠图过程中，使用这 3 个工具可以抠出更精细的对象，下面的 3 幅图像分别展示 3 种不同运算方式下选取的对象范围。

单击"新选区"按钮，在图像上单击，可以取消已有选区，并创建新的选区。

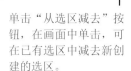

单击"添加到选区"按钮，在画面中单击，可将新创建选区添加至已有选区中。

单击"从选区减去"按钮，在画面中单击，可在已有选区中减去新创建的选区。

◆ 设置画笔调整选择的范围大小

由于"快速选择工具"是根据画笔的笔触大小来选择图像的，因此在编辑图像的过程中，可以对画笔的笔触大小进行自由的调整。单击"快速选择工具"选项栏中画笔右侧的下拉按钮，可以展开"画笔"选取器，在该选取器中可以对画笔笔触的"大小""硬度"和"间距"选项进行设置，也可以按下键盘中的 / 键，调整画笔大小。通过对画笔选项的设置，可以帮助我们获得更加理想的抠取效果。

◆ 调整边缘抠出更合适的对象

在 Photoshop 中，选区可以以多种不同的面貌呈现，在画面中会显示为闪烁的虚线，在通道中会显示为一张黑白图像。当选区以不同的面貌呈现时，可以让我们更好地观察选择的对象范围及抠出的对象效果。当运用选区工具创建选区以后，可以通过"调整边缘"功能，选择以不同的视图模式查看选取的对象，同时还能对选区的边缘做更加智能化的调整。单击工具选项栏中的"调整边缘"按钮，即会打开"调整边缘"对话框。在该对话框中不但可选择以不同的视图方式查看选取的图像，还可以对选取对象的边缘的平滑度、羽化程度以及对比度进行设置，使抠取出来的图像边缘更加细致，去除不需要保留的对象。

选择选区的显示模式，单击右侧的倒三角形按钮进行选择，也可以按 F 键在各种视图之间进行循环显示。

调整选区的边缘，可对选区进行平滑、羽化、扩展等处理。

设置选区的输出方式，可以分别以图层、蒙版等不同方式输出调整后的选区。

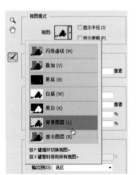

如左图所示，打开一张数码相机素材照片，选用"快速选择工具"选取画面中的相机对象，单击"调整边缘"按钮，在打开的对话框中选择"背景图层"视图模式，查看选区内的图像。

为了让抠出的图像边缘更精确，在"调整边缘"对话框中设置"半径"为 4.4，"对比度"为 11，"移动边缘"为 -40，再将输出方式设置为"新建图层"，确认后可以看到抠出的图像，并存储于新的图层中，如右图所示。

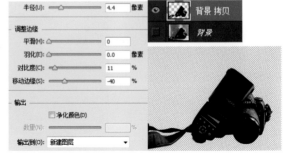

8.2.2 使用"魔棒工具"选择连续多个区域的商品对象

"魔棒工具"用于选择图像中像素颜色相似的不规则区域,它主要通过图像的色调、饱和度和亮度信息来决定选取的图像范围。选择"魔棒工具"后,可通过选项栏中的设置来调整对象的选取方式和选择范围等。由于"魔棒工具"在选择图像时,主要由容差值的大小来确定选择的范围宽度,设置的容差值越大,所选择的图像就越多;反之,容差值越小,所选择的图像范围就越少。

打开一幅素材图像,单击工具箱中的"魔棒工具"按钮,在选项栏中设置"容差"为 20,将鼠标移至需要抠取商品后方的背景位置,单击鼠标后,就会在图像中创建出选区效果。

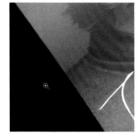

容差: 20 ☑ 消除锯齿

使用"魔棒工具"选取图像时,需要结合"魔棒工具"选项栏中的"添加到选区"按钮 和"从选区减去"按钮 对创建的选区进行调整,这样才能将需要保留或删除的图像完整地选取出来。

如左图所示,单击"添加到选区"按钮 ,在黑色的背景部分连续单击,创建选区,并将选区内的图像删除,可以看到抠出的唱片效果。

8.2.3 使用"磁性套索工具"抠取轮廓清晰的图像

为了让拍摄出来的商品更为醒目,摄影师在拍摄的过程中,往往会选择在与商品色彩反差较大的环境下进行拍摄,从而更好地突显画面中的商品对象。"磁性套索工具"适用于快速选择边缘与背景反差较大且边缘复杂的对象,图像反差越大,所选择的对象就越精准。选择"磁性套索工具"后,在选项栏中可以对各参数选项进行设置,以便于快速地抠出需要的图像。

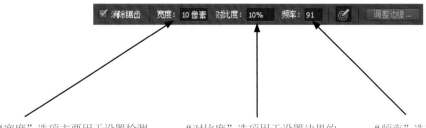

"宽度"选项主要用于设置检测的范围,系统会以当前光标所在的点为标准,在设置的范围内查找反差最大的边缘,设置的值越小,创建的选择就越精确。

"对比度"选项用于设置边界的灵敏度,设置的值越高,则要求边缘与周围环境的反差越大。

"频率"选项用于设置生成锚点的密度,设置的值越大,在图像中生成的锚点就越多,选取的图像就越精确。

打开一幅包包素材图像，在工具箱中单击"磁性套索工具"按钮，然后在选项栏设置"宽度"为20像素，"对比度"为40%，"频率"为70，设置后沿画面中的包包边缘拖曳鼠标，自动创建带锚点的路径，当光标的终点与起点重合时单击，就会自动创建出闭合的选区。再单击"从选区减去"按钮，在包包内部的背景位置单击并拖曳，减去新的选区，选择整个包包图像，再将包包下方的背景删除，可以看到运用"磁性套索工具"抠出的包包图像，如下图所示。

◆ 调整锚点宽度

影响"磁性套索工具"性能的选项主要有"宽度""对比度"和"频率"。其中"宽度"选项是指磁性套索工具的检测宽度，它以px（像素）为单位，范围为1~256px。"宽度"选项决定了以光标中心为基准，其周围有多少个像素能够被工具检测到。如果要抠取的对象边界清晰，则可以设定较大一些的参数值，以加快检测速度；反之，如果要抠取的对象边界不清晰，则需要设置一个较小的参数值，以便Photoshop能够准确地识别边界。

"宽度"为20像素时绘制的轮廓。　　"宽度"为80像素时绘制的轮廓。

◆ 调整锚点的对比度

在"磁性套索工具"选项栏中，"对比度"选项决定了对象与背景之间的对比度有多大时才能被工具检测到，其取值范围为1%~100%，较高的数值只能检测到与背景对比鲜明的边缘，较低的参数值则可以检测对比不是特别明显的边缘。当要抠取的对象边缘比较清晰时，可以使用更大的"宽度"和更高的"对比度"，大致地跟踪快速选取图像，而当对象边缘较柔和时，则可以尝试较小的"宽度"和较低的"对比度"，便于更加精确地跟踪对象边缘。

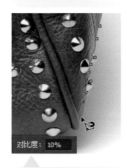 

"对比度"为10%时绘制的轮廓。　　"对比度"为80%时绘制的轮廓。

◆ 控制锚点密度实现精细抠取

在"磁性套索工具"工具选项栏中，"频率"选项决定了以什么样的频率设置锚点，其取值范围为0~100,设置的数值越高,锚点的设置速度就越快,画面中的锚点数量也就越多,所选择的图像就会越精确。

右侧的两幅图像分别展示了"频率"为90和20时，沿包边缘拖曳，绘制出的轮廓效果。

8.2.4 使用"色彩范围"选取指定颜色的图像

　　使用"色彩范围"命令可根据图像中的某一颜色区域选择创建选区，并且根据该颜色的深浅，抠取出半透明效果的图像。打开色彩不是很理想的图像后，执行"选择 > 色彩范围"菜单命令，打开"色彩范围"对话框，如下图所示，在对话框中可使用"吸管工具"来选择颜色，并通过"选择范围"预览框中的黑、白、灰 3 种颜色来显示选择范围，其中白色为选中区域；灰色为半透明区域；黑色为未选中区域。

黑色代表
选区外部

灰色代表
羽化区域

白色代表
选区内部

打开一张手链素材照片，执行"选择 > 色彩范围"菜单命令，打开"色彩范围"对话框，在对话框中设置"颜色容差"为134，运用"吸管工具"在下方的预览框中单击珠子区域，调整选择范围，确认后返回图像窗口中，根据选择范围创建选区，按下快捷键 Ctrl+J，抠出了选区中的图像。

从当前选择中抠出的图像。

◆ 取样颜色调整商品选取范围

　　使用"色彩范围"命令选择图像时，初始的选区是以前景色为依据创建的，如果需要更改颜色，则可以使用"吸管工具"重新取样颜色。打开"色彩范围"对话框后，将光标放在图像上，会发现光标变为一个吸管，此时单击即可拾取颜色，并将所有与之相似的色彩都选中；如果要将其他颜色添加到选区中，可以单击"添加到取样"按钮，然后在需要添加的颜色上单击；如果要在选区中减去某些颜色，可以单击"从取样中减去"按钮，然后在颜色上单击。

用"吸管工具"
单击珠子，设
置选择范围。

单击"添加到
取样"按钮，
继续单击，添
加颜色至选区。

单击"从取样中减
去"按钮，再单击
背景部分，从选区
中减去背景颜色。

◆ 使用预设颜色取样并选择图像

"色彩范围"命令主要根据颜色来选取对象，因此，在"色彩范围"对话框中除了可以用"吸管工具"进行颜色取样，设置并选择图像外，Photoshop 还为用户提供了几个预设的颜色和色调选项，它们均位于"选择"下拉列表中。单击"选择"右侧的下拉按钮，就会显示红色、黄色、绿色、蓝色、黑色、白色和取样颜色等颜色选项和高光、中间调、阴影等色调选项。选择其中一种颜色后，在下方的预览框中就会以缩览图的方式显示选中的图像。

打开一张素材照片，打开"色彩范围"对话框，单击"选择"下拉按钮，在展开的下拉列表中选择"黄色"选项，在右侧的图像预览窗口中可以看到设置将黄色的珠子图像显示为白色，即选中区域。

指定要选择的颜色范围后，单击"色彩范围"对话框中的"确定"按钮，就会将画面中的红色区域添加至选区，按下快捷键 Ctrl+J，抠出半透明的图像。

在"选择"下拉列表中，除了前面介绍的多种颜色外，还包括了一个"溢色"选项。所谓"溢色"是指超出了印刷色色域范围、不能被准确打印输出的颜色。"溢色"通常会出现在 RGB 或 Lab 模式的图像中，而此选项也只适合于这两种颜色模式的图像。在处理商品照片时，可以通过"溢色"选项，将照片中出现的过饱和的颜色抠取出来，再进行适合的处理，修复照片中的色彩问题。

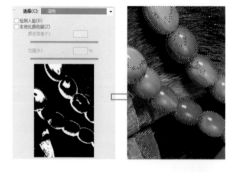

◆ 调整容差值控制选择的图像范围

"颜色容差"是"色彩范围"命令最重要的选项，它的大小决定了可以选择的颜色范围的大小，同时还能控制相关颜色的选择程度。当相关颜色的选择程度为 100%，即完全选择时，在预览图上会显示为白色；当相关的选择程度为 0%，即没有被选择到时，在预览图上会显示为黑色；当选择程度为 0% ～ 100% 时，则能够部分地选择颜色，其在预览图上会显示为灰色。在预览图上浅灰色区域的像素被选择的程度较高，选取后，像素的透明度较低；而在预览图上深灰色区域的像素被选择的程度较低，选取后，像素的透明度相对较高。

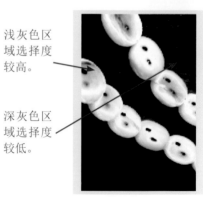

浅灰色区域选择度较高。

深灰色区域选择度较低。

◆ 反相选择快速抠图

对于图像选区颜色复杂的对象，可以通过"反相"设置操作选取图像。在选取图像前先选取颜色简单的背景颜色区域，然后勾选"反相"复选框，将选区与蒙版区域互换，选中背景区域外的对象。

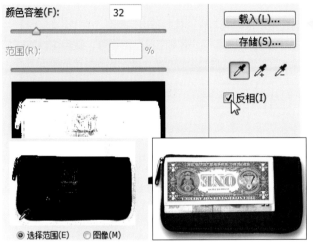

如左图所示，打开一张钱包照片，执行"色彩范围"命令，在打开的对话框中运用"吸管工具"在白色的背景中单击，设置选择范围，再勾选"反相"复选框，可以看到在预览框中选中了钱包图像，单击"确定"按钮后，会将钱包部分添加到了选区，按下快捷键 Ctrl+J，就可将选区内的商品抠出，如下图所示。

◆ 不同的显示方式查看抠出商品

在"色彩范围"对话框中，选择"选择范围"选项时，可以在预览图中看到黑白的选区图像，而选择"图像"后，则预览图中会显示原始的素材，此时就需要在"选区预览"下拉列表中选择一个查看方式，单击"选区预览"下拉按钮，在弹出的下拉列表中显示了"灰度""黑色杂边""白色杂边""快速蒙版"4 种不同的选区预览方式。选择"灰度"选项，使用选区在通道中的外观来显示图像中的选区；选择"黑色杂边"选项，则完全显示实际图像的区域代表选中的区域，黑色代表未被选择的区域，而覆盖了一定的黑色，且不能完全显示实际图像的区域则代表了被部分选择的区域；选择"白色杂边"选项，其效果与"黑色杂边"的效果相反，白色代表未被选择的区域；选择"快速蒙版"选项，则显示选区在快速蒙版状态下的效果，此时选区外的图像被红色遮盖起来。

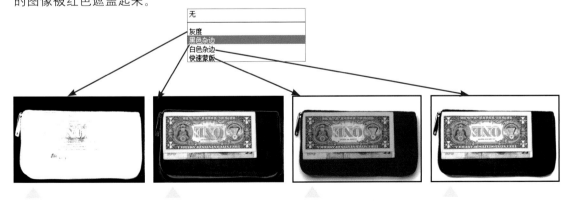

| 选择"灰度"方式查看选取的对象。 | 选择"黑色杂边"方式查看选取的对象。 | 选择"快速蒙版"方式查看选取的对象。 | 选择"白色杂边"方式查看选取的对象。 |

8.3
精细的图像抠取

抠图是商品照片后期处理的必经过程，除了前面可以根据颜色来选择并抠取图像外，在 Photoshop 中还提供了许多更加精细的照片抠图技法，其中包括了"套索工具""钢笔工具"通道等，使用这些方式可以更加快速地抠出精细的商品轮廓，而且还能抠出一些具有半透明效果的对象，得到更高品质的画面效果。

8.3.1 使用"套索工具"自由地抠出画面主体

"套索工具"可自由地创建选区，它适合于边缘较柔和的对象的抠取。选择"套索工具"后，可以利用该工具选项栏中的选项，调整抠取图像的范围、羽化程度等。"套索工具"的使用方法非常简单，只需要在工具箱中选中该工具，然后在画面中需要选择的商品位置单击鼠标并拖曳，根据手动拖曳的位置就会自动创建选取路径，释放鼠标后，鼠标指针终点位置会与起始位置相连接，创建一个闭合的选区。

如右图所示,打开一张女鞋照片,单击"套索工具"按钮,在选项栏中设置"羽化"为 2 像素,沿其中一只鞋子的边缘位置单击并拖曳鼠标,当起点与终点重合后,单击鼠标,创建选区,选取图像。

使用"套索工具"抠取图像时,也可以对选区进行添加与减选,如右图所示,单击"套索工具"选项栏中"添加到选区"按钮,继续沿另一只鞋子单击并拖曳,创建选区,选取图像,按下快捷键Ctrl+J,抠出选区中的图像。

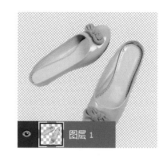

8.3.2 使用"钢笔工具"创建精细的图像轮廓

"钢笔工具"是矢量绘图工具，它可以绘制出流畅的直线或曲线路径，还可以随时对这些路径进行修改。使用"钢笔工具"抠图大致包含两个阶段，即首先在对象边界布置锚点，把这些锚点连接为路径，将要抠出的对象轮廓划定，然后沿描绘的对象轮廓，将路径转换为选区，选择对象，将选区中的对象抠取出来。

"钢笔工具"适合于边缘光滑对象、边界清晰沿对象的抠取，如汽车、电器、家具等，当需要抠取的对象与背景间没有足够的颜色差异时，采用其他工具和方法不能将对象准确抠出时，用"钢笔工具"往往能得到令人满意的效果。

打开一张商品照片，选择工具箱中的"钢笔工具"，然后将鼠标移至要选择的商品对象上，单击鼠标添加路径起始锚点，在商品的另一边缘位置单击添加第二个路径锚点，并单击进行拖曳，创建曲线路径。如右图所示。

继续沿画面中的剃须刀单击并拖曳操作，绘制完整的工作路径，打开"路径"面板，在面板中会看到绘制的路径缩览图，单击面板中的"将路径作为选区载入"按钮，就可会将绘制路径转换为选区，此时可以看到原画面中的商品对象被添加到选区中。

◆ 设定工具的绘制模式

选择"钢笔工具"后，在工具选项栏中出现一个"绘制模式"选项，用于选取钢笔的绘制模式。单击"绘制模式"旁边的倒三角形按钮，在展开的列表中会显示"形状""路径"和"像素"3 个选项。选择"形状"选项，用钢笔工具绘制路径会出现在单独的形状图层中，它包含定义形状颜色的填充图层以及定义形状轮廓的矢量蒙版；选择"路径"选项时，绘制的路径会出现在"路径"面板中，可以用来转换选区、创建矢量蒙版，也可对其进行描边和填充颜色，使用"钢笔工具"抠图时，通常会选择"路径"选项；"像素"选项只有使用形状工具时，如矩形工具、椭圆工具等，此选项才为可用，选择此选项时，会直接在图层中绘制栅格化的图像，不会创建矢量图形。

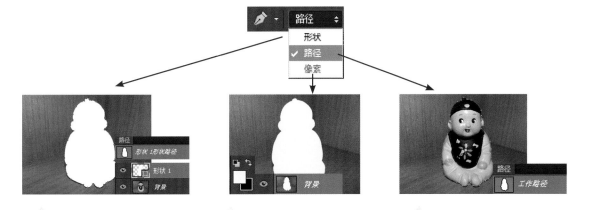

打开图像，在"钢笔工具"选项栏中选择"形状"选项，沿玩偶绘制图形，绘制显示形状图层和"路径"面板中的路径缩览图效果。

在"钢笔工具"选项栏中选择"像素"选项，沿玩偶绘制图形，绘制后在"图层"面板中显示绘制栅格化的像素图层。

在"钢笔工具"选项栏中选择"路径"选项，沿玩偶绘制路径，绘制后在"路径"面板中显示创建的工作路径。

◆ 转换路径与选区抠出商品

运用"钢笔工具"绘制工作路径后，如果需要将路径中的对象抠取出来，还必须将路径转换为选区。在 Photoshop 中，路径与选区是可以相互转换的，既可以将绘制的路径转换为选区，也可以将选区转换为路径。当将路径转换选区后，可以用其他选择工具、蒙版等来编辑选区。要将路径转换为选区，可以通过多种方法实现，可以单击"路径"面板中的"将路径作为选区载入"按钮或按下 Ctrl 键单击"路径"面板中的路径缩览图，转换选区，也可以右击绘制的路径，在弹出的快捷菜单中执行"创立选区"命令，创建选区；还可以按下快捷键 Ctrl+Enter，快速将路径转换为选区。

如下图所示，选用"钢笔工具"沿玩具对象绘制路径，绘制完成后右击路径，在弹出的快捷菜单中执行"建立选区"命令，打开"建立选区"对话框，在对话框中对选区进行设置，输入"羽化半径"为 2，单击"确定"按钮，将绘制的路径转换为选区，并对该选区进行羽化设置。

 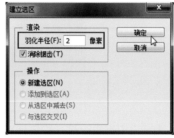 

◆ 多个区域的连续抠取

当应用魔棒工具、快速选择工具抠取图像时，通常会对选区进行相加、相减等运算，以使其更符合要求。而应用钢笔工具抠图时，同样也要对路径进行相应的运算，才能得到想要的轮廓。在"钢笔工具"选项栏中单击"路径操作"按钮，在打开的下拉列表中就会显示路径操作选项，选择"合并形状"选项，绘制的新路径会添加到现有路径区域中；选择"减去顶层形状"选项，绘制的新路径会从重叠路径区域中减去；选择"与形状区域相交"选项，得到的路径为新路径与现有路径相交的区域；选择"排除重叠形状"选项，可以在合并路径中排列重叠的区域。

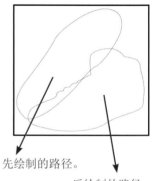

先绘制的路径。

后绘制的路径。

单击"合并形状"选项，绘制图形效果。

单击"减去顶层形状"选项，绘制图形效果。

单击"与形状区域相交"选项，绘制图形效果。

单击"排除重叠形状"选项，绘制图形效果。

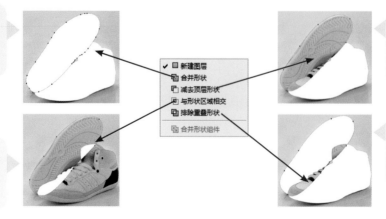

8.3.3 使用通道抠出半透明商品

通道是最强大的抠图工具之一,也是 Photoshop 的三大核心功能之一。通道的主要用途有两种,其一是它可以将我们创建的选择保存起来;其二是在保存选区时,将选区转换为灰度图像,存储于通道中。因此,利用通道的这种转变功能,可以使用更多的功能对通道、选区进行编辑,完成更多特定材质。例如边界模糊的图像、透明的水晶、玻璃、复杂的毛发等。

通道分为 Alpha 通道、颜色通道和专色通道,以 Alpha 通道为例,通道中白色代表了可以被完全选中的区域,即完全显示的区域;灰色代表了可以被部分选中的区域,即半透明的区域;黑色代表了位于选区之外的区域,即完全隐藏的区域。如果要扩展选区范围,可以应用画笔等工具在通道中涂抹白色,如果要增加羽化范围,则可以涂抹灰色;如果要收缩选区范围,则涂抹黑色。

半透明的区域

完全显示的区域

完全隐藏的区域

◆ 复制更适合于抠图的颜色通道

使用通道抠图时,需要将要抠取的图像打开,然后在"通道"面板中观察各颜色通道中的影像效果,选择一个明暗对比反差较大的颜色通道,再将该通道复制,然后在复制的通道中应用工具或调整命令对该通道中的图像进行编辑,把需要保留的图像涂抹为白色,不需要保留的区域涂抹为黑色。

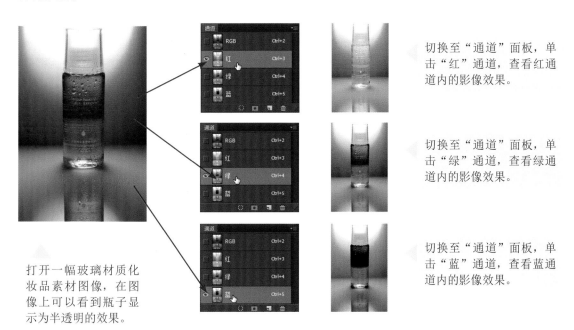

切换至"通道"面板,单击"红"通道,查看红通道内的影像效果。

切换至"通道"面板,单击"绿"通道,查看绿通道内的影像效果。

切换至"通道"面板,单击"蓝"通道,查看蓝通道内的影像效果。

打开一幅玻璃材质化妆品素材图像,在图像上可以看到瓶子显示为半透明的效果。

观察上面的图像，发现"蓝"通道明暗对比反差较大，所以选择"蓝"通道并复制，得到"蓝拷贝"通道，执行"图像 > 调整 > 亮度 / 对比度"菜单调整亮度，增强对比效果，如右图所示，调整后还可以运用工具对通道中的图像进行编辑，将不需要保留的图像涂抹为黑色。

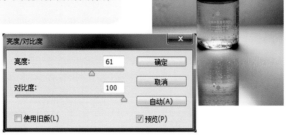

◆ 将通道载入为选区抠取图像

在"通道"面板中完成通道的编辑后，接下来就可以将通道中的图像作为选区方式载入，做进一步的图像抠取操作。Photoshop 中载入通道图像的方法与图层载入方法相近，选择要载入的通道图像，按住 Ctrl 键不放，单击通道缩览图或单击"通道"面板底部的"将通道作为选区载入"按钮，就会将该通道中的图像载入选区，也可以执行"选择 > 载入选区"菜单命令，将选定的通道作为选区载入。

如右图所示，在"通道"面板中选择编辑后的"蓝拷贝"通道，单击通道面板底部的"将通道作为选区载入"按钮，将该通道中的图像载入选区，可看到原通道中白色和灰度区域的图像被添加至选区中。

载入通道选区后，单击 RGB 通道，就可以查看到载入的选区效果，此处需要抠出瓶子对象，按下快捷键 Ctrl+Shift+I，反选选区，再按下快捷键 Ctrl+J，就可以将选区中半透明的玻璃瓶子抠取出来，如左图所示。

提 示

删除"通道"面板中的多余通道

在使用通道抠取图像时，经常会遇到通道的复制操作，当对通道中的图像进行了错误的设置时，可以将该通道删除。Photoshop 中要删除通道，只需要在"通道"面板中选中要删除的通道再单击面板底部的"删除通道"按钮，或者将选择的通道拖曳到"删除通道"按钮上，即可删除选定的通道。

第 9 章
商品照片的合成与特效应用

为了增强商品的诱惑力，除了需要对图像的明暗、色彩以及细节等进行调整外，在某些特定的环境下，还需要对多张照片进行合成，并为其添加特效，使画面带给观者耳目一新的感觉。商品照片后期处理过程中，应用蒙版功能可以完成多张照片的合成，得到别具新意的画面效果。除此之外，还能使用 Photoshop 中的滤镜功能，在照片中添加一种或多种滤镜，制作出更加具有视觉冲击力的画面，引起观者的情感共鸣。

在本章节中会对商品照片后期处理中的合成与特效运用进行详细的讲解，通过学习，读者可以利用所学知识完成各类商品照片合成与特效处理，使用产品的内涵信息得到更成功的传达。

知识点提要

1. 商品照片的合成

2. 商品照片的特效应用

9.1
商品照片的合成

在各类商品宣传广告、海报中，都可以看到合成的照片，可以说商品照片的合成无所不在。随着人们对商品要求的不断提高，在数码照片后期处理过程中，对商品照片的合成应用也变得越来越多。Photoshop 提供了多种不同的蒙版，包括图层蒙版、矢量蒙版、快速蒙版和剪贴蒙版等，使用这些蒙版功能，可以完成不同商品照片的合成需求，从而得到更有创意性的画面效果。

9.1.1 运用图层蒙版为商品替换背景

图层蒙版是一个 256 级色阶的灰度图像，它蒙在图层上面，起到遮盖图层的作用，其本身并不可见。图层蒙版的工作原理是将不同的灰度值转化为不同的透明度，并作用到它所在的图层中，使图层不同部位的透明度产生相应的变化。在图层蒙版中，纯白色对应的图像是可见的，纯黑色对应的图像是不可见的，而灰色区域的图像则呈现出一定程度的透明效果。

半透明的区域
完全显示的区域
完全隐藏的区域

在 Photoshop 中，需要将一张包包素材照片和一幅全新的背景图像合成，把包包图层复制到背景图层上方，得到"图层 1"图层，为"图层 1"图层添加图层蒙版，设置前景色为黑色，运用"画笔工具"在原包包旁边的背景上进行涂抹，经过反复的涂抹操作，被涂抹区域的图像将会隐藏起来，显示出下方的花纹背景，合成了全新画面效果，让画面中的包包更加完美，如下图所示。

> **提 示**
>
> **停用与启用矢量蒙版**
>
> 添加矢量蒙版后，要对原图像进行查看就需要停用矢量蒙版。按住 Shift 键并单击图层蒙版缩览图，当图层蒙版缩览图中出现 × 符号，图像会恢复到应用蒙版前的状态。如果需要恢复矢量蒙版的作用，选中停用的矢量蒙版缩览图，再单击鼠标右键，在打开的快捷菜单中选择"启用矢量蒙版"选项即可恢复。

◆ 创建图层蒙版

在学习使用图层蒙版合成图像之前，首先需要掌握图层蒙版的创建方法，Photoshop 中要在图层中创建图层蒙版，其操作非常简单，只需要在"图层"面板中选中要添加图层蒙版的图层，再单击"图层"面板底部的"添加图层蒙版"按钮，即可快速为选定图层添加图层蒙版。

单击"添加图层蒙版"按钮　　　添加图层蒙版

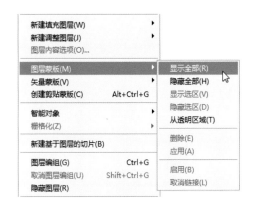

除了可以应用"图层"面板中"添加图层蒙版"按钮为指定图层添加图层蒙版外，也可以在选中图层后，执行"图层 > 图层蒙版 > 显示全部"菜单命令，为选定图层添加蒙版，此方法相对于前一种方法来说，更为复杂一些。因此，在大多数情况下，用户可单击"添加图层蒙版"按钮，为图层添加图层蒙版。

◆ 编辑图层蒙版为商品合成新背景

要想让商品与新的背景更加自然地组合在一起，就需要对创建的图层蒙版进行编辑。在 Photoshop 中，为指定图层添加图层蒙版以后，就可以使用工具箱中的工具编辑图层蒙版。一般情况下，多选用"画笔工具"和"渐变工具"来编辑图层蒙版。运用"画笔工具"或"渐变工具"编辑图层蒙版时，都需要在工具箱对画笔颜色进行设置，如果需要将图层隐藏，则将前景色设置为黑色，在图像上单击或拖曳；如果需要显示隐藏的图像，则将前景色设置为白色，在图像上单击或拖曳。

选择"画笔工具"，设置前景色为黑色，在鞋子图像边缘的背景上涂抹，将除鞋子外的其他背景图像隐藏，合成全新的画面效果。

选择一张鞋子照片，将打开的图像拖曳至一张新的画面中，添加图层蒙版。

选择"渐变工具"，设置前景色为黑色，单击图层蒙版，并单击"渐变工具"选项栏中的"径向渐变"按钮，从图像左侧向右拖曳，得到渐变效果。

◆ 使用"蒙版"面板编辑图层蒙版

图层蒙版是比较常用的蒙版之一，通过利用蒙版可以隐藏部分图像达到合成的效果。利用图层蒙版可以将两个以上的图像进行合成处理，得到特殊的画面效果。通过"蒙版"面板可以快速地创建图层蒙版和矢量蒙版，并对蒙版的浓度、羽化和调整等进行调整编辑，让蒙版的管理更加集中。在图像上添加图层蒙版后，单击图层前方的蒙版缩览图，打开"属性"面板，此时在面板中就会显示对应的蒙版选项。

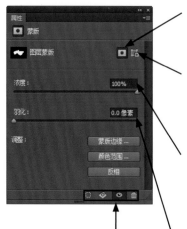

单击此按钮为当前选择的图层创建图层蒙版。

单击此按钮为选中的图层中创建矢量蒙版。

该选项可以设置蒙版的应用深度，参数越小，蒙版的效果就越淡。

调整蒙版边缘的羽化效果，设置的参数越大，蒙版边缘的模糊区域就越大，羽化区域就越大。

单击"从蒙版中载入选区"按钮 ，可以将蒙版区域作为选区载入；单击"应用蒙版"按钮 ，可以将蒙版效果应用到当前图层中；单击"停用 / 启用蒙版"按钮 ，可以暂时隐藏蒙版效果，再次单击即可显示蒙版效果；单击"删除蒙版"按钮 ，即可将该图层中的蒙版删除。

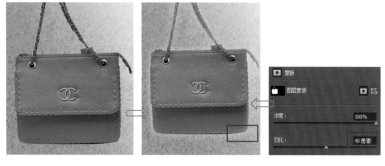

如左图所示，创建图层蒙版后，在"蒙版"面板中对羽化度进行调整，将"羽化"由默认的 0 像素更改为 40 像素，设置后可以看到羽化后的蒙版边缘变得更加柔和。

在运用图层蒙版中经常会对蒙版的应用范围进行调整，此时可以借用"蒙版"面板中的调整选项，对蒙版的边缘、颜色范围进行调整。在"蒙版"面板中单击"蒙版边缘"按钮，将打开"调整蒙版"对话框，"调整蒙版"对话框的参数设置与前面介绍过的"调整边缘"对话框中的参数设置相同，同样可以选用不同的显示模式，对蒙版的边缘进行羽化、对比度的调整，使获得的图层蒙版边缘部分更加符合对象合成的需求。除此之外，在"属性"面板中的调整选项下还提供了一个"颜色范围"按钮，单击该按钮，则会打开"色彩范围"对话框，在对话框中可以根据商品的颜色进行蒙版区域的调整，此对话框中的设置与"选择"菜单命令下的"色彩范围"调整一致，不同的是，此处理的色彩范围是针对蒙版进行调整，而在"选择"菜单下的"色彩范围"调整则是针对选区进行调整。

9.1.2 创建矢量蒙版实现画面的自由切换

矢量蒙版是从钢笔工具绘制的路径或形状工具绘制矢量图形中生成的蒙版，它与图像的分辨率无关，可以对其进行任意的缩放、旋转和扭曲而不会产生锯齿。

矢量蒙版将矢量图形引入蒙版中，丰富了蒙版的多样性，为我们提供了一种可以在矢量状态下编辑蒙版的特殊方式。创建矢量蒙版后，可以对路径进行编辑和修改。因此，使用矢量蒙版进行图像之间的合成操作，可以得到更加精细的合成效果。

选取两张需要拼合的图像并将其复制到同一个文档中，在"图层"面板中选中要添加矢量蒙版的"图层 1"图层，按住 Ctrl 键并单击"添加图层蒙版"按钮，添加矢量蒙版，单击蒙版缩览图后，运用图形绘制工具在画面中进行绘制，完成矢量蒙版的编辑，此时可以看到位于矢量图形外的图像被隐藏。

◆ 多种方式创建矢量蒙版

矢量蒙版的创建可以利用菜单或单击按钮来完成。在图像中选中需要添加矢量蒙版的图层，执行"图层 > 矢量蒙版 > 显示全部 / 隐藏全部"菜单命令可以完成矢量蒙版的创建，也可能按住 Ctrl 键的同时单击"图层"面板中的"创建矢量蒙版"按钮 创建矢量蒙版。

◆ 调整矢量蒙版查看商品显示范围

创建矢量蒙版后，在矢量蒙版缩览图与图像缩览图之间会有一个链接图标，即表示蒙版与图像处于已链接状态，此时进行任意操作，蒙版都会与图像一同进行变化。如果只需要对矢量蒙版或图层中的一项进行编辑，则应取消矢量蒙版与图层之间的链接。当取消了两者之间的链接后，用户就可以单独对图像或是蒙版进行变换。单击矢量蒙版上的"指示矢量蒙版链接到图层"按钮 ，即可以取消链接，对于取消链接后的蒙版和图层，也可以单击该按钮进行对象的重新链接。

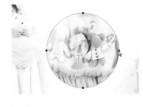

如左图所示，单击矢量蒙版与图层之间的链接按钮，取消矢量蒙版与图层间的链接，再单击右侧的矢量蒙版，选用"直接选择工具"在路径上单击，只选择工作路径。

如左图所示，单击"图层"面板中单击"图层 1"图层缩览图，只选择图层，而不选取工作路径，此时运用"移动工具"进行拖曳，可以看到调整了路径内部所显示的图像。

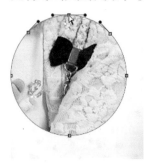

由于矢量蒙版具有更强的操作性，因此除了可以对蒙版或图层中对象的大小和位置进行调整外，也可以运用路径编辑工具对路径形状进行处理，当变换路径形状后，位于矢量图形中的图像显示区域也会随之发生改变。通过调整矢量图形的外形轮廓，能够轻松变换图像的显示范围。

> 左图所示为选择蒙版缩览图，用工具箱中的路径编辑工具，对圆形路径进行调整，将其更改为心形路径，此时可看到重新显示的服饰效果。

9.1.3 使用快速蒙版在照片中添加丰富图案

"快速蒙版"可以在图像中快速地创建选区，并且可以将任何选区作为蒙版进行编辑。在对图像进行合成处理时，为了快速合成需要的画面效果，可以通过创建快速蒙版的方式，并结合画笔工具对蒙版进行编辑，从而准确地选取图像，完成照片的合成操作。

在画面中绘制一个选区后进入快速蒙版编辑模式，可看见蒙版内当前选区变成了一个空旷的区域，而周围是一个透明的红色区域将图像遮盖，用户可以选用工具箱中的工具对蒙版进行编辑，从而获得更精确的选区，从而实现各类图像之间的融合。

> 右侧的 4 幅图像分别展示了从选区到快速蒙版之间的效果，当创建选区，进行快速蒙版编辑状态后，选区外的图像显示为蒙版效果，此时用工具可以对蒙版显示范围进行调整，经过调整后退出蒙版，则会得到新的选区效果。

打开两幅用于拼合的素材图像，将打开的首饰盒复制到饰品图像上，单击工具箱中的"以快速蒙版模式编辑"按钮 ◙，进入快速编辑模式并使用"画笔工具"对首饰盒旁边的背景进行涂抹，经过反复涂抹，使背景显示为半透明的红色后，按下键盘中的 Q 键，退出快速蒙版编辑状态，单击"添加图层蒙版"按钮 ◙，合成图像。

◆ 多种方式创建快速蒙版

在编辑快速蒙版前，可以使用"快速蒙版选项"对话框调整蒙版的色彩指示范围，即标示当前编辑的蒙版范围。双击"以快速蒙版模式编辑"按钮，打开"快速蒙版选项"对话框，如右图所示，在对话框中上方的"色彩指示"选项组中包括了"被蒙版区域"和"所选区域"两个单选按钮。其中"被蒙版区域"是指选区之外的图像区域，而"所选区域"是指被选中的图像区域。

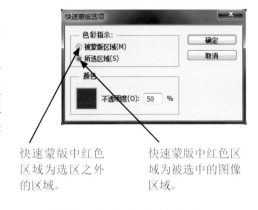

快速蒙版中红色区域为选区之外的区域。

快速蒙版中红色区域为被选中的图像区域。

进入快速蒙版编辑状态，选用"画笔工具"在首饰盒子旁边的背景上涂抹，将其涂抹至半透明的蒙版效果，如右图所示。

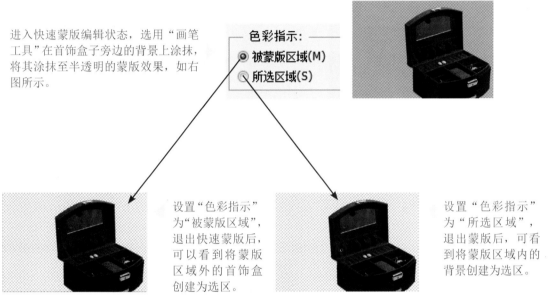

设置"色彩指示"为"被蒙版区域"，退出快速蒙版后，可以看到将蒙版区域外的首饰盒创建为选区。

设置"色彩指示"为"所选区域"，退出蒙版后，可看到将蒙版区域内的背景创建为选区。

◆ 指定快速蒙版颜色及不透明度

运用"快速蒙版选项"对话框，不仅可以调整快速蒙版的色彩指示区域，还可以对覆盖图像的蒙版颜色和不透明度进行调整。在"快速蒙版选项"对话框中，默认蒙版颜色为红色，如果蒙版颜色与图像颜色较接近，则不太容易区分选择范围。此时，可以单击"颜色"色块，在打开的"拾色器"对话框中修改蒙版颜色。对颜色进行修改后，还可以调整蒙版颜色的不透明度，使蒙版颜色更加明显，当蒙版"不透明度"为100%时，可以完全遮盖被蒙版的区域，查看到蒙版的完整的轮廓效果。

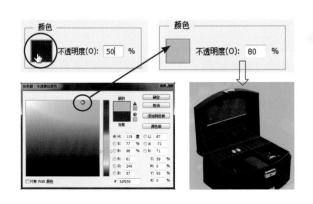

单击"颜色"选项下方的红色色块，打开"拾色器（快速蒙版颜色）"对话框，在对话框中单击右上角的绿色，单击"确定"按钮，返回"快速蒙版选项"对话框，在对话框中显示蒙版颜色为绿色，将"不透明度"设置为80%，运用画笔在快速蒙版状态下涂抹，可以看到被蒙版遮盖的区域显示为绿色。

9.1.4 创建 "剪贴蒙版" 合成商品广告效果

　　剪贴蒙版是一种可以快速隐藏图像内容的蒙版。剪贴蒙版也称剪贴组，通过使用处于下方图层的形状来限制上方图层的显示状态，实现图像之间的快速合成。

　　剪贴蒙版组由内容层和基层组合而成，在最下面的图层被称为"基底图层"，它的名称下带有下画线；位于它上面的图层则被称为"内容图层"，它们以缩览图的方式缩进显示，并带有形状图标。在一个剪贴蒙版组中，基层只能有一个而内容层可以有若干个。基层可以影响任何属性的所有内容层，而每个内容图层只受基层影响，不具有影响其他图层的能力。所以，基层图层中的透明区域充当了整个剪贴蒙版组的蒙版。

剪贴蒙版组　　　　　内容图层

　　　　　　　　　　基底图层

打开一张人像照片，添加文字，选用"多边形工具"在图像上绘制一个正六边形，作为创建剪贴图层的基层，再将一张广告商品打开，并复制到人物图像上，得到"图层1"图层，如右图所示。

将鼠标移至两个图层之间，当光标变成一个方形和折线箭头时，单击鼠标，在两个图层中间创建剪贴蒙版效果，利用剪贴蒙版，将添加商品图像放置于多边形内部，超出多边形边缘的图像则被隐藏起来，效果如右图所示。

◆ 调整剪贴蒙版合成商品展示效果

　　剪贴蒙版组使用基底图层的混合模式和不透明度控制整个剪贴蒙版组中的所有图层的属性。因此，当我们调整基底图层的混合模式和不透明度值时，可以实现整个剪贴图层中的所有图层的更改，并且相应的设置只会对剪贴图层组中的图层有影响，而对其他图层没有任何影响。

　　左图中将"多边形1"图层的混合模式更改为"明度"，"不透明度"为80%，设置后"图层1"图层的属性也随之发生改变。

◆ 向剪贴蒙版组中加入新的图层替换商品

一个剪贴蒙版组中往往包括了多个内容图层。当在两个图层之间创建剪贴蒙版后，如果需要将其他图层也添加至该剪贴蒙版组中，只需在"图层"面板中选中图层后，按住鼠标左键不放，将选中的图层拖曳至剪贴蒙版组内，释放鼠标后，就可以把选中的多个图层同时添加进指定的剪贴蒙版组中。

右图中选择另一张粉饼素材所在的"图层 2"图层，将该图层向下拖曳至剪贴蒙版组中，释放鼠标后，即可看到将该图层添加至剪贴蒙版组中。

◆ 释放剪贴蒙版查看商品效果

如果剪贴蒙版由多个图层组成，想要释放其中一个图层内容而不影响其他图层，可以将该图层拖曳到剪贴蒙版以外的图层上，或者选中该图层，执行"图层 > 释放剪贴蒙版"菜单命令，即可释放剪贴蒙版。如果要释放整个剪贴蒙版组，则可以选中基底图层，执行"图层 > 释放剪贴蒙版"菜单命令，或者按下快捷键 Ctrl+Alt+G，释放剪贴蒙版。

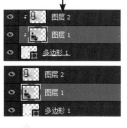

在"图层"面板中单击选中"图层 1"图层，执行"图层 > 释放剪贴蒙版"菜单命令，释放整个剪贴蒙版组，两个内容图层中的图像被完整地显示出来。

在"图层"面板中单击选中"图层 2"图层，执行"图层 > 释放剪贴蒙版"菜单命令，释放剪贴蒙版组中的"图层 2"内容图层，此图层中的图像被重新显示出来。

提 示

更多方法释放剪贴蒙版

在 Photoshop 中，如果需要释放剪贴蒙版，除了执行"图层 > 释放剪贴蒙版"菜单命令来实现以外，也可以选中内容图层后，单击"图层"面板右上角的扩展按钮，在弹出的面板菜单中选择"释放剪贴蒙版"命令进行剪贴蒙版的释放操作，还可以按住 Alt 键不放，在两个图层中间出现释放剪贴蒙版图标后单击，释放剪贴蒙版。

9.2
商品照片的特效应用

　　为了让照片中的商品特质得到完美的展现，激发消费者的购买欲望，在商品照片后期处理过程中，会根据需要在照片中添加一些特殊的效果，从而增加画面的吸引力，获得更引人注目的效果。Photoshop 中，可以应用"滤镜"菜单中的一些滤镜菜单命令，如"消失点""扭曲"滤镜等，在商品照片中添加特殊效果，增加照片的视觉冲击力。

9.2.1 运用"消失点"滤镜制作精美户外广告

　　户外广告是最为常见的广告类型之一，也是商品照片最为具体的表现，很多商家为了更好地向消费者宣传产品，多会制作各类户外广告牌。在 Photoshop 中，应用"消失点"滤镜可以轻松制作出精美的户外广告效果。"消失点"滤镜可以在创建的图像选区中进行克隆、喷绘、粘贴图像等操作，并且所做的操作将会自动应用透视原理，按照透视的集合角度自动计算，自动适应对图像的修改。

单击该按钮，将会展开"消失点"菜单，在菜单中对消失点进行导出及渲染设置。

单击对话框左侧的工具按钮，选择工具后就会在工具选项栏内显示对应的工具选项参数，根据图像的变化对各工具进行参数优化，获取最佳画面效果。

工具箱中列出了所有的消失点工具。

用于对图像进行快速的缩放操作。

在图像中进行的所有操作，都可以在预览窗口中直接显示出来，便于即时查看编辑效果。

在"消失点"滤镜下的图像仿制

在"消失点"中，提供了一个"图章工具"，此工具与工具箱中的"仿制图章工具"的使用方法相同，它同样可以使用图像中的一个样本像素进行绘画，不同的是图章工具不能仿制其他图像中的像素，它只能对当前图像中的像素进行仿制操作。应用"图章工具"仿制图像时，会将仿制的图像定向到平面的透视中，使仿制出的图像自动适应透视平面的透视角度。

打开一张拍摄的服饰产品照片，按下快捷键 Ctrl+C 复制图像，再选择一张户外广告图像，执行"滤镜 > 消失点"菜单命令，打开"消失点"对话框，在对话框中用"编辑平面工具"绘制透视平面，再双击该平面，将其转换为选区后，按下快捷键 Ctrl+V，把复制的服饰照片粘贴至选区中，调整图像大小，使图像完整地显示于画面，得到精美的户外广告效果。

◆ 透视平面的创建与编辑

使用"消失点"滤镜拼合图像前，需要先在"消失点"滤镜对话框中创建用于放置图像的透视平衡。在"消失点"对话框左上角的工具栏中，第二个工具即为"创建平面工具"，应用此工具可以定义透视网格，同时调整透视网格的大小和形状。创建透视平面后，还可以应用工具栏中"编辑平面工具"来选择、编辑、移动透视网格并调整透视网格的大小。

运用"创建平面工具"创建不同倾斜度下的透视网格效果。

选择"编辑平面工具"将光标移动到右上角的点并进行拖曳。

◆ 从平面转换至选区

完成透视平面的创建与调整后，接下来就是要将处理好的广告商品添加至透视平面中。在向透视平面中粘贴图像时，如果需要防止颜色溢出绘制的透视平面，则需要先将绘制的透视平面转换为选区。在"消失点"滤镜下应用"选框工具"可快速创建正方形或矩形选区，同时也能对选区进行移动或仿制操作。在工具栏中选中"选框工具"，在透视平面双击即可创建选区，创建选区以后，通过设置工具选项并对其进行拖曳操作，能够使粘贴的图像以更自然的透视角度显示于选区内。

左图中单击"选框工具"按钮，将鼠标移至创建的透视平面中，双击后会看到将绘制的透视平面被转换为选区。

◆ 粘贴商品宣传海报至透视平面

在"消失点"对话框中创建选区后，就可以将商品或广告图像粘贴至选区，即按下快捷键 Ctrl+V 进行粘贴。对于粘贴至选区中的图像，需要根据广告牌的大小，对选区中图像的大小进行调整。在"消失点"滤镜中，应用"变换工具"能够对选区中的图像进行自由的变换调整，若要移动选区，则在选区中单击并拖动；若要旋转某个浮动选区，则选择"变换工具"并将鼠标指针移近一个节点，当指针变为折线箭头时，拖曳以旋转选区，或者是执行"水平翻转""垂直翻转"选项，沿平面水平或垂直翻转选区；若要缩放一个浮动选择，则将指针移至一个节点的顶部，当指针变为双向箭头时，拖曳鼠标以缩放选区。

如左图所示，按下快捷键 Ctrl+V，将拷贝的服饰广告照片粘贴于创建的选区中，单击"变换工具"按钮，将鼠标移至图像右下角的位置，按下 Shift 键单击并拖曳，对人物进行等比例缩放，再将缩放后的图像拖曳至广告牌中间位置，此时可以看到合成后的广告效果。

9.2.2 运用"风格化"滤镜为照片添加水印

我们在网络浏览照片时，常常可以发现在大部分的商品照片中，商家都为其添加了个性化的水印文字或图案。添加水印不仅可以更好地保护商品的文化品牌，也能从侧面增加画面的美观。

在 Photoshop 中，可以使用"风格化"滤镜组中"浮雕效果"滤镜来为照片添加水印效果。执行"滤镜 > 风格化 > 浮雕效果"菜单命令，即可打开"浮雕效果"对话框，该对话框下方包括"角度""高度"和"数量"3 个选项，用于控制所产生浮雕效果的强度和角度等。

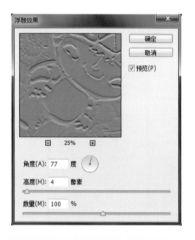

如下图所示，打开一张需要添加水印的淘宝女鞋照片，将制作好的水印图案复制到鞋子图像左侧，执行"滤镜 > 风格化 > 浮雕效果"菜单命令，在打开的"浮雕效果"对话框中，设置各选项，输入"角度"为77，"高度"为4，"数量"为100，设置后单击"确定"按钮。返回图像窗口，在图像窗口中可以查看到应用"浮雕效果"滤镜的水印图案变得更加清晰，富有立体感。

为了让绘制的图案形成逼真的水印效果，还需要对图层混合模式进行调整，如右图所示。在"图层"面板中将复制的图层混合模式由"正常"模式更改为"强光"模式，此时可以看到添加的水印效果更加符合画面气质。

◆ 设置选项控制照片中的水印强度

在"浮雕效果"对话框中，主要运用"角度""高度"和"数量"3 个选项控制浮雕的显示程度，其中"角度"选项用于调整产生浮雕的方向；"高度"选项用于设置浮雕效果凸起的高度；"数量"选项用于设置浮雕滤镜作用的范围，值越大，图像边界越清晰。

左图中显示了当"角度"一定时，调整"高度"和"数量"选项时所获得的浮雕效果。

◆ 不同混合模式调整水印的效果

在利用"浮雕效果"滤镜处理照片的过程中，图层混合模式是影响水印效果的重要因素之一，通常情况下会将应用"浮雕效果"的水印图案图层的混合模式进行更改，当选择不同的混合模式时，所获得的水印效果也是不相同的。因此，除了可以通过"浮雕效果"对话框中的选项来控制水印的强度外，也可以应用图层混合模式进行调整。

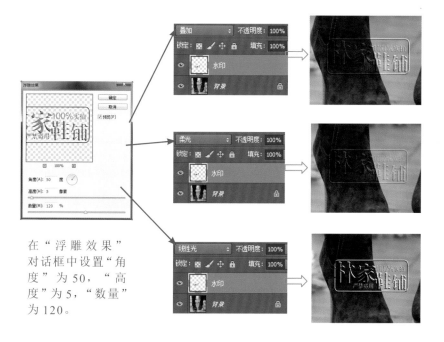

在混合模式列表中选择"叠加"模式，此模式对图层中的颜色进行过滤，最终颜色取决于下方图层的颜色。

选择"柔光"模式，此模式会在图像上散发出柔散的聚光灯照射效果，因此得到的水印显得更加自然。

选择"线性光"模式，此模式会增加或减少对比并加深颜色，得到的水印图案则较为明显。

在"浮雕效果"对话框中设置"角度"为 50，"高度"为 5，"数量"为 120。

9.2.3 运用"扭曲"滤镜为商品添加奇幻背景

为了让画面更具有表现力，很多时候需要为拍摄的商品添加各种丰富、漂亮的背景。在前面的章节中，讲到了商品照片中的抠图应用，当然，在抠取商品对象后，往往会为其添加一个新的更适合商品整体效果的背景。在 Photoshop 中，使用"滤镜"菜单下的"扭曲"滤镜组可以对图像进行不同程度的几何扭曲，从而创建富有新意的画面效果。

执行"滤镜 > 扭曲"菜单命令，在打开的下一级菜单中可以看到在"扭曲"滤镜组中包括了波浪、波纹、旋转扭曲等多个滤镜，在具体的操作过程中，可以根据商品照片的需要，选择其中一种或多种滤镜进行组合使用，使处理后的商品照片更加漂亮。

波浪…
波纹…
极坐标…
挤压…
切变…
球面化…
水波…
旋转扭曲…
置换…

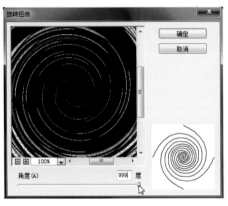

如左图所示，为了得到一张更有创意的背景素材，打开图像后执行"滤镜 > 扭曲 > 旋转扭曲"菜单命令，打开"旋转扭曲"对话框，在对话框中向右拖曳"角度"滑块，扭曲图像，将扭曲的图像复制到相机镜头所在图层下方，得到更为漂亮的画面。

9.2.4 运用"素描"滤镜将商品打造成绘画手稿

为了让观者了解一款商品的设计理念，往往会在进行批量生产前，通过绘画手稿的方式进行展示。在浏览各类电商网页时，经常会看到在产品详细讲解图下方都会配备一张设计师手稿，让观者能够更多地了解该商品的创作灵感。在 Photoshop 中，可以应用"素描"滤镜组中的滤镜，将拍摄好的商品照片转换为绘画手稿效果。执行"滤镜 > 滤镜库"菜单命令，打开"滤镜库"对话框，在对话框右侧即显示了"素描"滤镜组，单击该滤镜组左侧的倒三角形按钮，将会展开"素描"滤镜组列表，显示该滤镜组中包含的所有滤镜。

打开一幅包包图像，执行"滤镜 > 滤镜库"菜单命令，在打开的"滤镜库"对话框中单击"素描"滤镜组，选择滤镜组下方的"绘图笔"滤镜，然后在右侧对滤镜选项进行调整，经过设置后在左侧的预览窗口即显示应用滤镜编辑出的绘画效果。

◆ 更多滤镜创建不同手绘效果

　　"素描"滤镜组下，包括了"半调图案""便条纸""粉笔和炭笔""铬黄渐变""绘图笔""基底凸现""石膏效果""水彩画纸""撕边""炭笔""炭精笔""图章""网状"和"影印"14个滤镜。当选择不同的滤镜后，在"滤镜库"对话框右侧的所显示的滤镜选项也会不一样。因此用户在具体的处理过程中，需要根据不同的需求，选择更为合适的滤镜，创建出更满意的绘画作品效果。

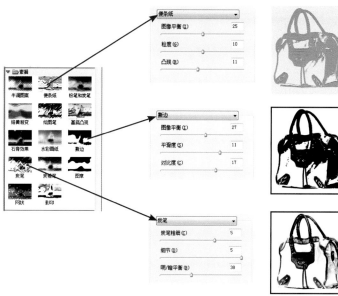

单击"素描"滤镜组下的"便条纸"滤镜，在右侧显示对应的"便条纸"选项，应用滤镜后会简化图像，制作出具有纸张纹理的图像效果。

单击"素描"滤镜组下的"撕边"滤镜，在右侧显示对应的"撕边"选项，应用滤镜后在照片中图像的边缘表现出纸被撕破的效果。

单击"素描"滤镜组下的"炭笔"滤镜，在右侧显示对应的"炭笔"选项，应用滤镜后将照片转换为应用炭笔绘画的效果。

◆ 多个素描滤镜的叠加应用

　　在应用"素描"滤镜处理图像时，除了可以使用单个滤镜快速将照片转换为绘画效果外，也可以将多个滤镜叠加使用，这样使获得的图像效果更接近于手绘效果。Photoshop 将"素描"滤镜组放置在"滤镜库"中，应用"滤镜库"中的新建效果图层功能，就可以向图像添加多个滤镜效果。单击"滤镜库"对话框右下角的"新建效果图层"按钮后，会自动选用与上一次设置相同的滤镜进行图像的编辑，如果需要替换该滤镜，只需要在上方的滤镜列表中单击新的滤镜按钮即可。

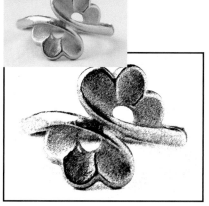

如左图所示打开了一张戒指素材照片，单击"素描"滤镜组下的"绘图笔"滤镜，再设置"描边长度"为 12，"明 / 暗平衡"为100，设置后可看到将图像转换为钢笔绘制的草图效果。

单击"新建效果图层"按钮，在滤镜列表下添加一个"绘图笔"，此时单击左侧的"半调图案"滤镜，将"绘图笔"滤镜替换为"半调图案"滤镜，设置后调整"大小"为1，"对比度"为8，此时在图像预览窗口中可看到应用多个滤镜处理后的效果，如下图所示。

Photoshop 中的"滤镜库"具有自动记忆功能，如果对打开的图像中的其中一幅图像创建了多个效果图层，在对另一幅图像执行"滤镜库"菜单命令时，会自动将上一次设置的滤镜应用到新的图像中。此时，如果不需要使用相同的效果，则选中滤镜效果后，单击对话框右下角的"删除效果图层"按钮，同时也可以单击滤镜效果后，在对话框右侧对滤镜选项进行调整，以设置出适合当前图像的滤镜效果。

9.2.5 运用"纹理"滤镜为商品添加肌理感

将商品照片转换为手绘效果后，为了增加画面真实感，在后期处理时还可以应用"纹理"滤镜在照片中添加不同质感的纹理效果。

Photoshop 中"纹理"滤镜组中包括了"龟裂缝""颗粒""马赛克拼贴""拼缀图""染色玻璃"和"纹理化"6个滤镜。"龟裂缝"滤镜可使图像产生凹凸不平的皱纹效果，与龟甲上的纹理类似"颗粒"滤镜可以在图像上设置杂点，以模拟不同种类的颗粒，改变图像的表面纹理；"马赛克拼贴"滤镜可渲染图像，使其看起来是由小的碎片或拼贴组成，即将图像分解成各种颜色的像素块；"拼缀图"滤镜将图像分解为用图像中该区域的主色填充的正方形，得到一种矩形的瓷砖效果；"染色玻璃"将使用前景色把图像分割成像植物细胞般的小块，制作出蜂巢一样的拼贴纹理效果；"纹理化"将选择或创建的纹理应用于图像，使画面产生不同的纹理表面。

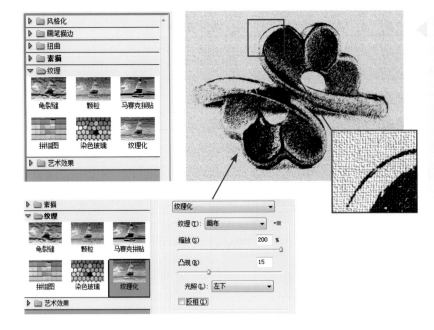

如左图所示，打开一幅素材图像后，执行"滤镜>滤镜库"菜单命令，打开"滤镜库"对话框，在对话框中单击"纹理"滤镜组，展开滤镜组，单击滤镜组下的"纹理化"滤镜，设置纹理化选项，设置后可以看到添加纹理后的图像效果。

第 10 章
添加元素增加商品表现力

　　为了丰富商品照片上的内容，通常会在照片中添加一些文字或是图形，从而获得更满意的画面效果。数码照片后期处理中，可以运用于 Photoshop 中的图形绘制工具和文字工具在画面中的特定位置绘制图形或添加文字信息，并且还可以根据版面的需要，对添加的图形和文字进行艺术化的修饰，让照片更符合商品需求。

　　在本章节中讲解在商品照片后处理过程中经常会使用的绘图工具和文字工具，并对这些工具在照片中的具体应用要点进行深入剖析，经过学习后，读者能够独立完成照片中的文字和图案的添加。

知识点提要

1. 商品照片中的矢量元素添加

2. 用文字让商品信息表现更准确

3. 向照片中添加艺术文字

10.1
商品照片中的矢量元素添加

数码照片后期处理过程中，常常会在照片中绘制一些简单的矢量图形，用以加强装饰效果。Photoshop 提供了用于创建不同类型的图形工具，主要包括"椭圆工具""矩形工具""直线工具"以及"自定形状工具"等，在具体的编辑过程中，用户可根据个人需求，选择合适的工具来绘制出适合表现的主题图形。

10.1.1 用"矩形工具"绘制方形图案

"矩形工具"用来绘制矩形或正方形。选择"矩形工具"后，在画面中单击并拖曳鼠标即可绘制矩形；若按下 Shift 键单击并拖曳，则可以绘制正方形。

选择工具箱中的"矩形工具"后，会显示如下图所示的"矩形工具"选项栏，在选项栏中对图形的绘制模式、填充颜色等选项进行设置，才能绘制出更适合照片效果的图形。

在 Photoshop 中，打开一幅商品素材图像，选择工具箱中的"矩形工具"，在选项栏中设置填充色为白色，描边颜色为粉红色，描边类型为虚线，在商品图像上方单击并拖曳鼠标，绘制白色矩形，绘制后单击选项栏中的"路径操作"按钮，在打开的列表中选择"排除重叠形状"选项，在已有图形内部单击并拖曳鼠标，绘制图形，创建白色的矩形边框效果。

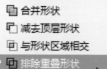

◆ 选择不同绘制模式绘制图像

前面的章节中介绍了抠图常用的"钢笔工具"，在运用该工具处理图像时会对钢笔绘制模式进行选择。而当使用"矩形工具"绘图时，同样也需要在工具选项栏中设置绘制模式。在"矩形工具"选项栏中显示了一个单独的"选择工具模式"选项，单击该选项右侧的下拉按钮，即可展开工具模式选项，其中包括"形状""路径"和"像素"3 个选项。

选择绘制模式。

选择"形状"模式，绘制黑色的矩形，并创建形状图层。

选择"路径"模式，绘制矩形的工作路径，在"路径"面板中显示路径缩览图。

选择"像素"模式，创建新图层，绘制黑色的矩形。

◆ 对绘制的图形进行填充

使用"矩形工具"绘制图形时，选择"形状"模式后，单击"填充"选项或"描边"选项右侧下的倒三角按钮，将会展开"填充"选项组或"描边"选项组。在该选项组中可以选择用纯色、渐变或是图案来对绘制矩形进行填充或描边。

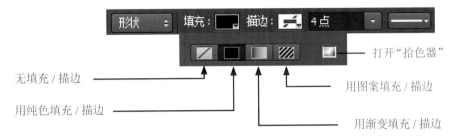

无填充 / 描边

用纯色填充 / 描边

用渐变填充 / 描边

用图案填充 / 描边

打开"拾色器"

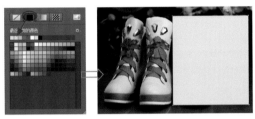

单击"填充"选项组下的"纯色"按钮，运用鼠标在下方的颜色块中单击选择其中一种颜色，此时所绘制的矩形即用单击位置的颜色进行填充。

单击"填充"选项组下的"渐变"按钮，运用鼠标预设渐变列表中单击"从前景色到背景色渐变"，然后单击第一个颜色色标，设置颜色为 R228、G216、B201，再单击第二个颜色色标，设置颜色为 R251、G50、B29，设置后可看到绘制的矩形用设置的渐变色进行填充。

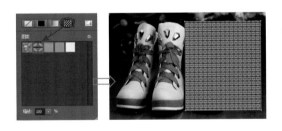

单击"填充"选项组下的"图案"按钮，运用鼠标单击第二个图案，即"扎染（64×64 像素，RGB 模式）"图案，单击后可看到绘制的图案用单击的图案进行填充。

◆ 对绘制的图形进行描边

为了强调画面中的部分内容，带给观者更为强烈的视觉感觉，我们在绘制图形以后，可以为绘制的图形设置合适的描边效果。在 Photoshop 中，可以应用"描边选项"面板设置图形的描边效果。选择"矩形工具"以后，单击"设置形状描边类型"按钮，即可展开"描边选项"面板，在该面板可以选择图形的描边类型，还可以调整路径与描边的对齐方式等，使设置后图像在画面的表现上与主题更吻合。

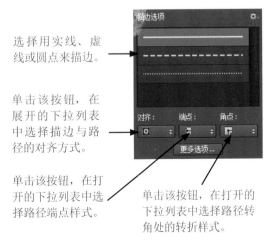

选择用实线、虚线或圆点来描边。

单击该按钮，在展开的下拉列表中选择描边与路径的对齐方式。

单击该按钮，在打开的下拉列表中选择路径端点样式。

单击该按钮，在打开的下拉列表中选择路径转角处的转折样式。

如果对"描边选项"面板中预设描边类型不满意，用户也可以自行定义描边的样式和类型。单击"描边选项"面板底部的"更多选项"下拉按钮，将会打开"描边"对话框，在该对话框中除了可以对前面"描边选项"对话框中的选项进行设置外，还可以自由地调整虚线的间隙，如果需要反复应用同一间隙的虚线对图形进行描边，也可以单击"描边"对话框中的"存储"按钮，将设置的描边样式存储为预设。

打开一张已绘制了矩形的商品照片，用"直接选择工具"单击画面中的矩形对象，将其选中，单击"设置形状描边类型"按钮，打开"描边选项"面板，在面板中设置描边样式，确认后在图像上查看到描边后的图像效果。

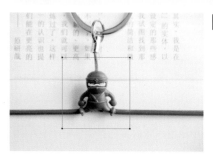

◆ 在照片中绘制特定的矩形效果

使用"矩形工具"绘制路径时，单击工具选项栏中的"几何体选项"按钮，在展开的面板中可以选择矩形图形的绘制方式，其中包括了"不受约束""方形""固定大小"和"比例"4个矩形绘制方式。

"不受约束"是默认绘制方式，此时在画面中单击并向斜下方拖曳，可创建任意大小的矩形路径；单击"方形"单选按钮，绘制同等宽度和高度的正方形；单击"固定大小"单选按钮，激活右侧的 W 和 H 文本框，通过输入数值指定绘制矩形的宽度和高度；单击"比例"单选按钮，激活右侧的 W 和 H 文本框，通常输入数值绘制等比例的矩形。

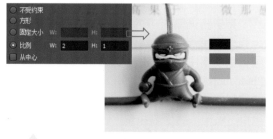

单击"固定大小"单选按钮，激活右侧的 W 和 H 文本框，输入"W"为270厘米，"H"为270厘米，在图像中单击并拖曳，绘制出多个宽度和高度均为270像素的矩形图案。

单击"比例"单选按钮，激活右侧的 W 和 H 文本框，输入"W"为2，"H"为1，在图像中单击并拖曳，绘制出多个比例为 1：2 的矩形图案。

10.1.2 用"椭圆工具"绘制图案突显商品

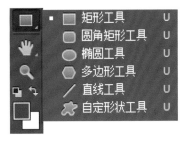

"椭圆工具"用于创建椭圆形或圆形。按住工具箱中的"矩形工具"按钮不放，在弹出的隐藏工具中即可选择"椭圆工具"。选择"椭圆工具"后，在图像中单击并拖曳鼠标时，可以沿鼠标拖曳的轨迹绘制出椭圆或圆形图形。

打开一幅服饰图像，选择工具箱中的"椭圆工具"，在展开的"椭圆工具"选项栏中设置填充色为白色，描边颜色为 R242、G86、B64，再将描边粗细设置为 7.27 点，描边类型为圆点，设置后在画面左侧单击并拖曳鼠标，当拖曳至合适位置，释放鼠标，在文字下方添加白色圆形，突出了页面中的文字对象。

绘制任意大小的白色椭圆。

按下 Shift 键单击并拖曳，绘制白色正圆图形。

使用"椭圆工具"绘制圆形时，按下鼠标并拖曳，可以绘制出任意的椭圆形图案，如果需要绘制正圆形图案，需要单击选栏中的"几何体选项"按钮，在展开的面板中选择"圆（绘制直径或半径）"选项或者按下 Shift 键的同时单击并拖曳鼠标，绘制正圆形。

10.1.3 用"直线工具"突出商品信息

在商品照片后期处理时，经常会遇到直线的绘制。Photoshop 中应用"直线工具"可以绘制出任意长短的直线段，也可以在直线上添加箭头效果。选择"直线工具"后，单击并拖曳鼠标可以创建直线或线段，若按下 Shift 键单击并拖曳，则可以创建水平、垂直或者以 45 度角为增量的直线。使用"直线工具"绘制直线时，可以结合"直线工具"选项栏中的参数设置，指定直线的绘制方式、粗细以及填充颜色等。

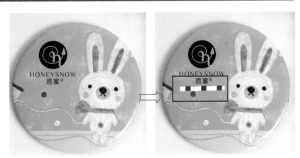

右图中打开了一张镜子素材照片，选择工具箱中的"直线工具"，在选项栏中的设置填充色为 RGB，描边色为白色，设置直线"粗细"为 20 像素，在镜子左侧的文字下方单击并拖曳鼠标，释放鼠标后，可以看到绘制出的直线效果。

◆ 指定绘制直线的宽度

运用"直线工具"在图像中绘制直线时，可以根据不同的需要，选择以不同的粗细值绘制出不同宽度的直线效果。在"直线工具"选项栏中提供了一个独立的"粗细"选项，用户可以在"粗细"数值框中输入准确的参数值，控制绘制直线的粗细程度，输入的"粗细"值越大，绘制出来的直线也就越宽；输入的"粗细"值越小，绘制出来的直线也就越纤细。

输入"粗细"为 5 像素，在画面中单击并向右拖曳鼠标，绘制直线效果。

输入"粗细"为 15 像素，在画面中单击并向右拖曳鼠标，绘制直线效果。

◆ 向照片中添加带箭头的直线

在商品照片中不但可以添加简单的直线或线段，也可以绘制带箭头的直线或线段。单击"直线工具"选项栏中的"几何体选项"按钮，会展开如右图所示的几何体选项面板，在面板中勾选"起点"和"终点"复选框，就会在绘制的直线起点或终点位置添加箭头效果。勾选"起点"和"终点"复选框以后，应用"宽度"选项调整箭头宽度与直线宽度的百分比，"长度"选项用于调整箭头长度与直线宽度的百分比，"凹度"选项用于设置箭头的凹陷程度。

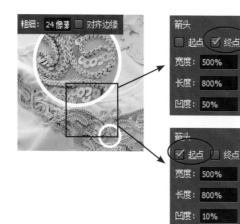

勾选"终点"复选框，输入"宽度"为 500%，"长度"为 800%，"凹度"为 50%，绘制白色的箭头效果。

勾选"起点"复选框，输入"宽度"为 500%，"长度"为 800%，"凹度"为 10%，绘制白色的箭头效果。

10.1.4 创建自定形状在商品上添加个性图案

数码照片后期处理过程中，不但需要在图像中绘制一些简单矩形、圆形或者线条等，有时候为了将商品与其他同类商品区分开来，还需要在照片中绘制一些个性化的图案。

在 Photoshop 中，应用"自定形状工具"可以使用预设的图案来创建丰富的图形效果，也可以将绘制的图形定义为新的形状，并在需要的时候，将自定义的图形绘制到照片中。使用"自定形状工具"绘制图像时，需要先单击工具箱中的"自定形状工具"按钮，在显示的工具选项栏中选择要绘制的形状，然后才在照片中进行图形的绘制。

打开一张汽车玩具照片，添加文字，选用"多边形工具"在图像上绘制一个正边形，作为创建剪贴图层的基层，再将一张广告商品照片打开，并复制到汽车图像上，得到"形状 1"图层，如右图所示。

◆ 预设图形的载入

Photoshop 提供了多种不同的预设形状，单击"形状"面板右上角的扩展按钮，在展开的面板菜单中会显示这些预设的形状组，如右图所示，其中包括动物、箭头、艺术纹理等。单击其中一种预设动作时，会弹出一个提示对话框，设置是要用新形状进行替换，还是直接将新形状追加至"形状"面板中。

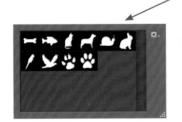

单击"确定"按钮，用选择的形状替换原"形状"拾色器中的形状。

单击"追加"按钮，把选择的形状追加至"形状"拾色器中。

◆ 在商品中添加自定义图形

除了可以应用 Photoshop 中预设的形状来绘制图案外，用户也可以将自己绘制的形状或路径存储为新的预设形状。创建好形状对象或是工作路径后，执行"编辑 > 自定义形状"菜单命令，将打开"形状名称"对话框，在该对话框中为绘制的形状输入新的名称，输入完成后被定义的图形会被添加至"形状"面板中，如需要在另外一幅或多幅图像上绘制相同的图案时，只需要单击自定义的图形，并在画面中进行绘制即可。

右图中绘制了一个精灵图形，执行"自定义形状"菜单命令后，在打开的"形状名称"对话框中输入形状名为"精灵人物"，设置后在"形状"面板下方显示自定义的"精灵人物"图形，打开另一幅饰品图像，在画面中单击并拖曳，即可绘制出漂亮的图案效果。

10.2
用文字让商品信息表现更准确

文字能够直观地将信息传递出来，它是艺术设计中必不可少的一项内容。Photoshop 中包括了"横排文字工具""直排文字工具""横排文字蒙版工具"和"直排文字蒙版工具"，应用这些文字工具可以在画面中创建水平或垂直方向的文字效果。

10.2.1 用"横排文字工具"为照片添加横向文字

"横排文字工具"主要用于在图像中添加水平方向的文字效果。它的操作方法就是选择工具箱中的"横排文字工具"，然后在图像中单击并键入文字即可。单击工具箱中的"横排文字工具"按钮 T 后，在选项栏中会显示出对应的文字属性，通过修改这些属性的参数值，可以对文字的字体样式、字体大小和颜色进行编辑。

打开一幅戒指素材图像，选择工具箱中的"横排文字工具"，在展开的工具选项栏中对要输入的文字的大小、字体等属性进行设置，然后将鼠标移至要输入文字的图像左上角位置，单击鼠标左键，在单击位置显示光标输入点，然后开始输入文字，并依次显示输入的文字。根据画面，可以利用"横排文字工具"并结合选项的调整，在画面中完成更多横排文字的添加，如上面3幅图像所示。

◆ 认识"字符"面板

在输入文字前或输入文字后，可以对文字属性进行更改。在 Photoshop 中文字属性的设置，既可以使用文字工具选项栏中的选项进行设置，也可以利用"字符"面板中的选项进行调整。执行"窗口 > 字符"菜单命令，即可打开"字符"面板。当选择文字后或在输入文字前，在面板中对各选项进行设置，设置后就即可对文字进行字体、颜色等属性的更改。

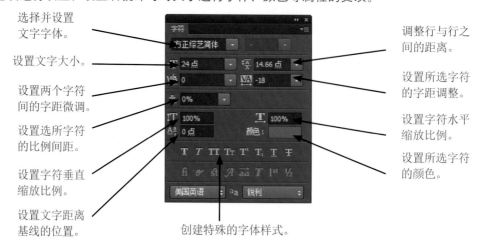

选择并设置文字字体。
设置文字大小。
设置两个字符间的字距微调。
设置选所字符的比例间距。
设置字符垂直缩放比例。
设置文字距离基线的位置。
创建特殊的字体样式。
调整行与行之间的距离。
设置所选字符的字距调整。
设置字符水平缩放比例。
设置所选字符的颜色。

◆ 文字字体的选择

在输入文字前，选择一种合适的字体是非常重要的，即使在照片中添加了文字，若是选择的字体不合适，不但不能起到美化、装饰画面的作用，反而会影响画面的和谐感。在Photoshop中，对文字字体的设置，可以在文字工具选项栏的"设置字体系列"下拉列表中进行选择，也可以单击选项栏中的"切换字符和段落面板"按钮，打开"字符/段落"面板组，在其中的"字符"面板中利用"设置字体系列"列表进行设置。

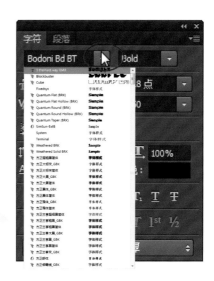

右图中，单击"横排文字工具"选项栏中的"切换字符和段落面板"按钮，打开"字符/段落"面板组，在"字符"面板中单击"设置字体系列"下拉按钮，展开"设置字体系列"下拉列表，在此列表中可看到系统中已经安装的所有字体。

在 Photoshop 中，对输入文字字体的更改包括对整个文本图层中的文字的更改和更改文字图层中的单个文字字体两种情况，如果要对整个文字图层中的所有文字进行统一的修改，则只需要在"图层"面板中选中对应的文字图层，然后在"设置字体系列"下拉列表中选择其他类型的字体即可；如果需要对图层中的单个文字进行更改，则会麻烦一些，首先要确认文字工具已被选中，再运用文字工具在要更改的文字上方单击并拖曳，使其呈现为反相显示状态，然后在"设置字体系列"下拉列表选择并更改文字字符。

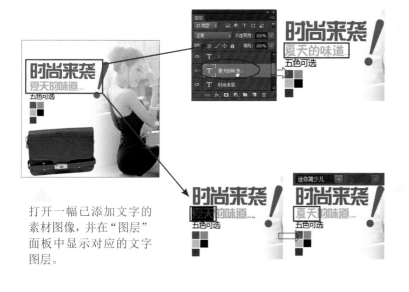

在"图层"面板中选择"夏天的味道"文字图层，然后将文字的字体更改为"迷你简少儿"后，可看到该文字图层中的所有文字字体均发生变化。

打开一幅已添加文字的素材图像，并在"图层"面板中显示对应的文字图层。

选择"横排文字工具"，在"夏天"二字上单击并拖曳，选中文字，将字体更改为"迷你简少儿"后，可看到只对选中的图层组中的文字进行了调整。

◆ 文字颜色的更改

使用文字工具在图像中输入文字时，文字以设置的前景色显示。当我们在商品图像上添加文字后，通常都需要对图像上的单个文字和段落文字的颜色进行更改。如果需要更改文字的颜色，则可以先选中要更改颜色的文字或文字图层，然后在文字工具选项栏或是"字符"面板中单击颜色色块，打开"拾色器（文本颜色）"对话框，在对话框中为选中的文字重新设置颜色。

使用"横排文字工具"在图像中单击并在"图层"面板中选中"时尚"二字,打开"字符"面板,单击颜色块,打开"拾色器(文本颜色)"对话框,在该对话框中设置的颜色值为 R254、G143、B43,设置后单击"确定"按钮,在图像窗口中看到画面中原本紫色的文字被更改为橙色效果。

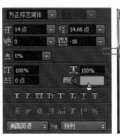  

◆ 文字的变形

运用"横排文字工具"在照片中输入文字后,会在该工具选项栏中显示一个"变形文字"按钮,用于对输入的文字进行简单的变形。单击按钮,会打开"变形文字"对话框,通常在对话框中选择变形样式和设置变形选项,让输入的横排文字效果更为丰富。

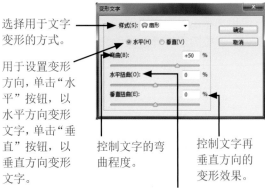

选择用于文字变形的方式。

用于设置变形方向,单击"水平"按钮,以水平方向变形文字,单击"垂直"按钮,以垂直方向变形文字。

控制文字的弯曲程度。

控制文字在水平方向的变形效果。

控制文字再垂直方向的变形效果。

在"变形文字"对话框中,可对文字进行多种变形,在下拉列表中选择变形的样式即可。单击"样式"按钮,即可展开变形"样式"下拉列表,在该列表下包含了"扇形""下弧""上弧""拱形""凸起""贝壳""花冠""旗帜""波浪""鱼形""增加""鱼眼""膨胀""挤压""扭转"15 种样式。

10.2.2 用"直排文字工具"为照片添加纵向文字

前面介绍了横排文字的创建及以如何对输入的文字进行字体、色彩等属性的调整,接下来讲解直排文字的创建。如果需要在商品图像上添加直排文字效果,则需要选用"直排文字工具"来实现。

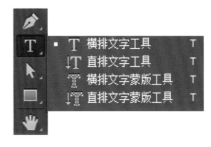

"直排文字工具"的使用方法与"横排文字工具"的使用方法相同,都是通过单击再进行文字的输入操作,不同的是用"直排文字工具"输入的文字沿垂直方向排列。按住工具箱中的"横排文字工具"按钮不放,在弹出的隐藏工具下就可以查看并选择"直排文字工具"。

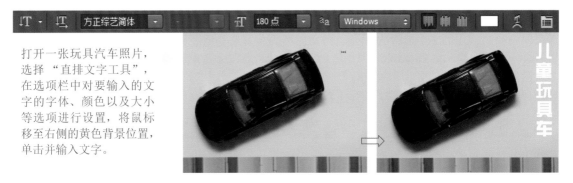

打开一张玩具汽车照片,选择"直排文字工具",在选项栏中对要输入的文字的字体、颜色以及大小等选项进行设置,将鼠标移至右侧的黄色背景位置,单击并输入文字。

10.2.3 设置文字选区添加渐变的文字效果

在照片中,如果需要在输入的文字上添加渐变颜色效果,往往会先在照片中输入合适的文字后,再将文字图层载入选区进行渐变颜色的添加,这样就会导致照片中的图层增多,而且也很麻烦,此时就可以运用"横排文字蒙版工具"和"直排文字蒙版工具"快速创建文字蒙版。"横排文字蒙版工具"和"直排文字蒙版工具"均可以在画面中进行文字选区的创建,不同的是前者会在画面中获得横排文字选区,而后者则会在画面中获得竖排文字选区。

选择"横排文字蒙版工具"或"直排文字蒙版工具",并在图像上单击,即可进入快速蒙版编辑状态,即文字轮廓边缘外的图像会被显示为蒙版区域,输入完成后,单击工具箱中的任意工具,即可退出快速蒙版编辑状态,此时 Photoshop 会把输入的文字添加至选区。

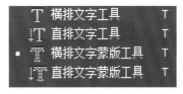

打开一幅绕线器素材图像,选择"横排文字蒙版工具",在选项栏中对文字属性进行设置,在画面中单击,进入快速蒙版编辑状态,输入文字,单击"选择工具"按钮,退出快速蒙版,创建选区,创建新图层,选用"渐变工具"为选区填充渐变颜色。

10.3
向照片中添加艺术文字

文字是设计的灵魂，将商品照片应用于各类商品活动中时，文字对整个作品的意义影响重大。在很多时候，为了更好地将商品的主题突显于画面之间，往往需要对简单的文字进行艺术化的修整，让商品得到更好地诠释。在 Photoshop 中，可以在照片中输入文字，也可以将这些输入的文字转换为图形、路径、矢量像素等，从而利用文字让画面显得更加新奇。

10.3.1 文字与图形的转换

在商品照片中输入文字后，如果想对文字的外形轮廓进行调整，那么就需要将输入的文字转换为图形，利用图形的可编辑功能，对文字做进一步的调整。在 Photoshop 中，应用"转换为形状"命令能够将文字图层转换为形状图层，此时可以利用矢量图形编辑工具，选择文字路径上的锚点，对路径的形状进行更改，从而调整出任意形状的文字效果。

先在图像中输入文字，再在"图层"面板中的文字图层上右击鼠标，在弹出的快捷菜单中执行"转换为形状"命令或者是执行"类型 > 转换为形状"菜单命令，均可将选中文字图层中的所有文字转换为图形。

打开合成的鼠标图像，选用"横排工具"在图像右下角输入合适的文字，打开"属性"面板，在面板中选择要变形的"喜形于色"文字图层，执行"类型 > 转换为形状"菜单命令，将该图层转换为形状图层，如下图所示，转换为形状图层后，可以看到原图像中的文字未发生明显的变化。

对于转换为形状的文字图层，可以对其形状进行调整。在调整图形前，首先要应用"直接选择工具"选中文字路径。选中文字路径后，就会查看到该路径上的所有锚点，用户可按下 Ctrl 键并单击路径上的锚点，将锚点选中，变换锚点的位置；也可以使用路径编辑工具，如"转换点工具""添加锚点工具""删除锚点工具"等工具对路径上的锚点进行转换与添加/删除操作。

左图中，单击"路径选择工具"按钮，然后按下 Ctrl 键并在文字"色"上单击，然后对路径上的锚点进行处理，对转换后的文字进行变形。

10.3.2 创建文字路径设置艺术效果

如果只是在图像中输入简单的直排或横排文字，那么对于画面中商品的表现力度是远远不够的。为了让输入的文字更有魅力，可以在图像上按一定的形状创建路径文字效果。路径文字是创建在路径上的文字，文字会沿着路径排列，当改变路径形状时，文字的排列也会随之发生改变。路径文字一般分为两种情况，一种是位于封闭路径上的路径文字，另一种则是开放路径上的路径文字。在封闭路径上的文字，会将输入的文字放置到路径内部；开放路径上的文字，会沿路径的形状依次进行排列。无论是创建开放路径文字还是闭合路径文字，都需要在图像中进行路径的绘制，然后在路径中单击，进行路径文字的创建。

◆ 创建封闭路径文字

封闭式路径是指路径的起点与终点相互重合所得到的整个封闭的图形。在封闭式路径中输入文字时，所输入的文字会根据路径的形状来安排路径中的文字，并且如果输入的文字不能完全显示时，可以通过调整图形的大小，来控制文字的显示状态。

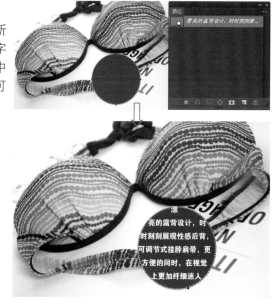

打开一幅素材图像，选择"椭圆工具"，在打开的内衣照片中绘制一个白色的圆形，如右图所示，再单击"横排文字工具"按钮，将鼠标移动至白色圆形中间位置，当光标转换为 ⓘ 形时，单击即可输入文字，输入完成后，可以看到输入的文字完全被放置到白色圆形的中间位置。

◆ 创建开放式路径文字

用于排列文字的路径除了是闭合式的以外，也可以是开放式的，开放式路径文字与闭合式路径不同，开放式路径上的文字会沿着直线路径或是曲线路径的形状进行文字的排列。要创建开放式路径文字，同样也需要先绘制好一条直线或是曲线路径，然后使用文字工具在路径上添加。

打开一张数码产品照片，单击工具箱中的"钢笔工具"按钮，将鼠标移至数据线边缘位置，单击并拖曳鼠标，沿数据线边缘绘制出一条曲线路径，绘制完成后，再单击"横排文字工具"按钮，将鼠标移至路径上方，鼠标光标会显示为 形，单击后在路径中设置光标插入点，此时输入相应的文字，所输入的文字沿绘制的曲线路径排列，打开"路径"面板，在面板中不仅显示未输入文字前的路径缩览图，还会显示路径文字。

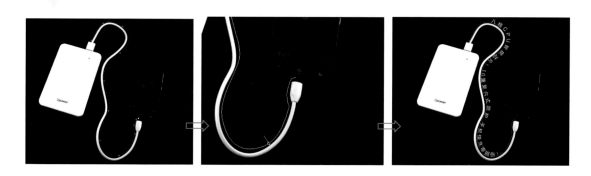

◆ 编辑文字路径

由于路径文字以是路径形状来安排文字的，因此如果要对文字的排列形式进行更改，就需要先对路径的形状进行调整。Photoshop 中应用路径编辑工具可以改变路径中的锚点和路径形状，而对图像中创建的路径文字，同样也是可以用路径编辑工具对其进行编辑的。不同的是，当我们对路径进行调整后，路径上的文字也会随着路径形状的变化而发生变化。在更改路径文字的形状时，用"直接选择工具"在路径上单击，显示路径上的锚点，然后通过拖曳路径上的控制手柄改变路径的形状。

右图中放大了图像，选择工具箱中的"直接选择工具"，将鼠标移至路径中的锚点位置，单击后选择锚点显示为已选中状态，此时拖曳锚点旁边出现的控制手柄，更改其形状，设置后看到文字排列位置随着路径的变化发生了改变。

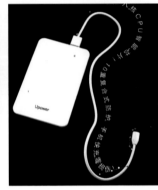

提示

翻转和移动路径文字

对于沿路径排列的文字，可以对其进行移动或翻转操作。要对路径文字进行移动前，选择工具箱中的"直接选择工具"或"路径选择工具"，并将其定位到路径中的文字上，当鼠标指针变为带箭头的 I 形光标 时，单击并沿路径拖动文字，调整并移动文字。

10.3.3 栅格化文字让商品中的文字更有表现力

使用文字工具向照片中添加文字后，在"图层"面板中将会自动新建对应文本图层，文本图层中的文字具有文字的属性，因此只能对图层中的文字内容、字体、颜色等选项进行调整，而不能对图层上的文字应用滤镜或渐变填充效果等。在商品照片后期处理时，为了让画面中的文字更有设计感，往往需要栅格化文字后，再为文字设置上更多的艺术效果，使文字与商品形象更为统一。Photoshop 中栅格化文字的方法较多，可以选中文字图层后，右键单击，在弹出的菜单中选择"栅格化文字"菜单命令，也可以选中图层，执行"图层 > 栅格化 > 文字"菜单命令，将文字栅格化。

打开一幅素材图像，在图像左下角输入文字，在"图层"面板中选中"太阳眼镜"文字图层，执行"类型 > 栅格化文字图层"菜单命令，栅格化选中的文字图层。

执行"滤镜 > 像素化 > 彩色半调"菜单命令，打开"色彩半调"对话框，在对话框中输入"最大半径"为10，单击"确定"按钮，应用滤镜效果。

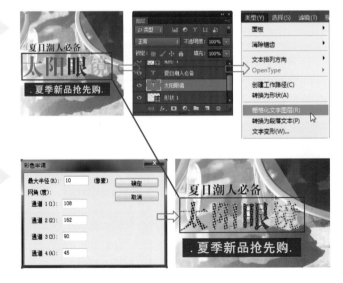

第 11 章
商品照片的高品质输出

对照片完成编辑后，因为图像输出用途的不同，所以在准备完成并输出图像时，需要选择合适的文件格式并进行保存，并且可以通过不同的方式预览并打印照片。在 Photoshop 中可以利用不同的菜单命令存储并打印照片，也可以利用 Ligthroom 中的"导出"命令导出照片或导出到 Photoshop 中进行再次编辑，使图像满足更多用户的需要。

本章会详细各种不同的照片输出方法，并且会为读者介绍文件的各种存储格式和该格式的特点等。通过学习，读者能够快速完成各类商品照片后期的高品质输出。

知识点提要

1. 关于 Web 图像

2. 在 Photoshop 中打印并预览照片

3. 存储并导出照片

11.1
关于 Web 图像

完成商品图像的编辑后，可以选择将处理后的图像上传到网络，让更多人去认识、了解商品。将照片上传至网络之前，有必要了解什么是 Web 图像及 Web 网络安全色，知道 Web 与平常所说的普通图像有何区别等。

11.1.1 了解 Web 图像

对于普通的用户来说，Web 仅是一种环境——互联网的使用环境、氛围、内容等；而对于网站制作者和设计者来说，它则是一系列技术的复合总称，包括网站的前台布局、后台程序、美工、数据库领域等技术。Web 流行的一个重要原因就在于它可以在一页上同时显示色彩丰富的图像和文本的性能。在 Photoshop 中对图像进行编辑后，即可将图像直接进行切片、优化，然后存储为Web 中图像所需的格式，便于网络传输或直接在网页上使用。如下图所示，通过存储优化 Web 图像，并将其应用于网页中。

右图对编辑后的照片进行
存储后，并通过浏览器预
览上传到网页后的图像效
果。

11.1.2 认识 Web 安全色

颜色是网页设计的重要内容，图像则是网页设计不可缺少的内容，然而，我们在计算机屏幕上看到的颜色却不一定能够在其他系统上的 Web 浏览中以同样的色彩效果显示。因此，将处理后的商品图像用于网络展示时，为了保证网页中的图像色彩与个人计算机显示器中的颜色一致，在输出前需要使用 Web 安全颜色。

在 "颜色" 面板或 "拾色器" 中调整颜色时，如果出现警告图标，则需要单击该图标，将当前颜色替换为最与其接近的 Web 安全色，直至工具箱中的颜色旁边的警示图标效果。除此之外，也可以在 "颜色" 面板或 "拾色器" 中选择相应的选项，以便始终在 Web 安全颜色下工作。

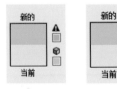

上图为替换颜色前和替换
颜色后图像颜色效果。

单击 "颜色" 面板右上角的扩
展按钮，在 "颜色" 面板扩展
菜单中选择 "Web 颜色滑块"
选项，此时双击工具箱中设置
前景色图标，打开 "拾色器（前
景色）" 对话框，在对话框中
显示器 Web 安全色。

11.2
在 Photoshop 中打印并预览照片

完成照片的编辑后，可以通过 Photoshop 的打印功能，将编辑好的照片打印出来，便于相互传阅，让商品得到更好的宣传和推广。运用 Photoshop 打印照片之前，需要对 Photoshop 中的打印选项和颜色校样进行设置等，本节将对照片打印选项进行详细的介绍。

11.2.1 "打印设置"对话框

Photoshop 具备了非常完整的照片打印功能，便于用户快速地输出设计后的商品照片。在 Photoshop 中要打印照片，可通过执行"打印"命令，在打开的"Photoshop 打印设置"对话框中对相关的打印选项进行设置，由此来控制照片的打印效果。Photoshop 中几乎所有的打印设置都能在"Photoshop 打印设置"对话框中完成。

显示打印图像效果，并在预览框上方显示要打印图像的尺寸。

份数：设置打印的纸数，可在文本框中输入需要打印的数字。

打印设置：单击该按钮，打开文档属性对话框，在对话框中的"页面"标签下可设置页面大小和方向，在"高级"标签下可设置文档图像的首选项参数。

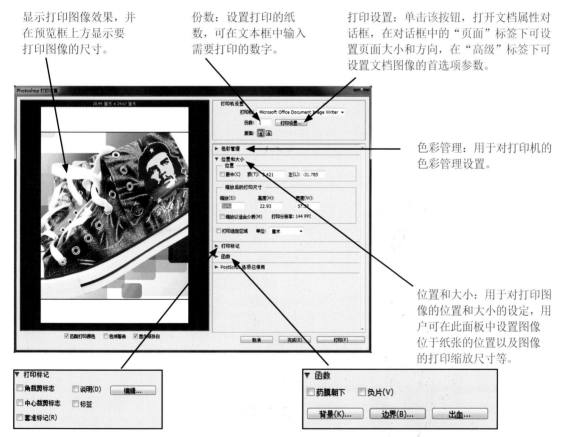

色彩管理：用于对打印机的色彩管理设置。

位置和大小：用于对打印图像的位置和大小的设定，用户可在此面板中设置图像位于纸张的位置以及图像的打印缩放尺寸等。

打印标记：控制与图像一起在页面上显示的打印机标记，包括"角裁剪标志""中心裁剪标志""套准标记""说明"和"标签"5个复选框，"角裁剪标志"显示打印区域的边界；"中心裁剪标志"会在印刷品每侧的中心打印出标记，通常作为折叠印刷品的参数；"套准标记"用于对齐分色的颜色板；"说明"是打印文件中的简介说明，单击右侧的"编辑"按钮，将在"编辑说明"对话框中输入说明信息；"标签"将文档窗口标题栏中显示的文档名称作为打印标签。

函数：控制图像外观的其他选区，在"函数"面板中有"药膜朝下"和"负片"两个复选框，分别用于水平翻转图像和反相图像颜色。单击"背景"按钮，将打开"拾色器（打印背景色）"对话框，在对话框中可设置打印对象的背景颜色；单击"边界"按钮，将弹出"边界"对话框，设置在打印区域的边缘打印出黑色边框的位置；单击"出血"按钮，则可以对出血选项位置进行更改，将角裁剪标志移动至图像中，以便在裁剪图像时不会丢失重要内容。

◆ 设置打印机选项

在"Photoshop 打印设置"对话框中的"打印机设置"选项组中，除了可以选择打印机和设置相关的打印份数外，还可以通过"打印设置"按钮来开启并调整打印机上的相关设置，然后通过选择相应的打印机驱动程序选项来打印照片。

右图中在"Photoshop 打印设置"对话框中单击右上角的"打印设置"按钮，弹出新的打印设置对话框，在对话框中可对打印页面大小、打印方向以及输出格式进行调整。

◆ 预览打印的图像

在"Photoshop 打印设置"对话框左侧可预览到当前图像的打印效果。在打印预览框下可以看到"匹配打印颜色""色域警告"和"显示纸张白"3 个复选框，其中"匹配打印颜色"可以在预览区域中查看图像颜色的实际打印效果，当勾选"匹配打印颜色"复选框后，再勾选"色域警告"复选框，则可以在图像中最亮区域显示溢色，至于溢色的多少则取决于选定的打印机配置文件。当再勾选"显示纸张白"复选框时，则会将预览中的白色设置为选定的打印机配置文件中的纸张颜色。

由于绝对的白色和黑色产生对比度，纸张中白色较少会降低图像的整体对比度，因此如果在比白色带有更多浅褐色的灰白色纸张上进行打印，使用"显示纸张白"选项会产生更加精确的打印效果。灰白色纸张会在一定程度上改变图像的整体色偏，所以在浅褐色的纸张上打印时，打印出的黄色会更加接近于褐色。

色域是指颜色系统可以显示或打印的颜色范围，能够以 RGB 格式显示的颜色在当前的打印机配置文件中可能会出现溢色，右图在"色彩管理"选项组中的"颜色处理"列表中选择了"Photoshop 管理颜色"选项。

左图分别为未勾选"色域警告"复选框和勾选"色域警告"复选框时所呈现出的效果预览，从第二幅图像中可以看到，勾选"色域警告"复选框以后，图像中出现溢色的部分显示为灰色，此时需要在 Photoshop 中再对颜色进行调整，直至图像没有灰色的溢色出现为止。

11.2.2 商品照片输出前的颜色校样

很多拍摄的商品照片，都会被应用于各类商业活动中，因此最终的打印输出是必不可少的。对设计的作品进行打印之前，一般都需要做印刷校样工作，使打印机所打印的颜色与在显示器上看到的颜色一致。印刷校样也被称为校样打印或匹配打印，它是印刷机上的印刷效果对最终输出的打印模拟，通常成本较低的输出设备上生成。

◆ Photoshop 中的校样设置

Photoshop 提供了单独的印刷校样功能，可使用该功能选择想要模拟输出的条件，在具体的操作时，用户可以使用预设备值或者创建自定校样设置，从而完成图像的印刷校样操作。

执行"视图>校样设置>自定"菜单命令，打开"自定校样条件"对话框，在其对话框中选择输出设置进行自定校样的设置，同时图像窗口中的图像会根据选择的校样自动更改。

通常选择"自定"选项创建自定校样设置时，需要将自定的颜色校样选项存储于指定文件夹中，以便于在"Photoshop 打印设置"对话框中选择这些自定的校样设置。

左图单击了"自定校样条件"对话框右侧的"存储"按钮，打开"另存为"对话框，在对话框中输入自定义印刷校样名称，确认后就可以将该印刷校样存储。

◆ "打印设置"中的"颜色校样"

在设置了自定校样选项后，接下来就是在"Photoshop 打印设置"对话框中选自定的颜色校样。执行"文件>打印"菜单命令，打开"Photoshop 打印设置"对话框，在对话框中设置"颜色处理"为"Photoshop 管理颜色"，然后在"校样设置"菜单选择"印刷校样"选项，并指定下方的"校样配置文件"选项与之前选择的校样设置相匹配。

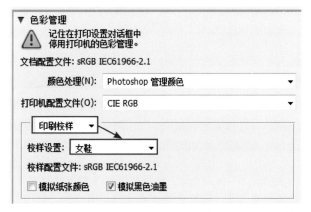

在"Photoshop 打印设置"对话框中选择自定义的印刷校样。

11.3
存储并导出照片

调整照片后的最后一步就是存储并导出照片。在商品照片后期处理过程中，为了满足不同的用户的实际需要，往往会根据不同用户而设置适合于商品展示的图像格式。在 Photoshop 中可运用"存储"或"存储为 Web 和设备专用格式"命令将图像存储为指定的文件格式，而使用 Lightroom 则可以运用"导出"命令将照片导到指定的文件格式，并且可以选择导出文件要执行的操作等。

11.3.1 存储编辑后的图像

将照片输出到网络之前，可以先将编辑后的图像存储起来。Photoshop 中提供了"存储"和"存储为"两个保存文件的菜单命令，执行"存储"命令可以将更改存储到当前文件，执行"存储为"命令可以将当前更改存储至另一文件。

执行"文件 > 存储为"菜单命令，打开如右图所示的"存储为"对话框，在对话框可对文件名称、存储格式以及存储的内容进行设置。

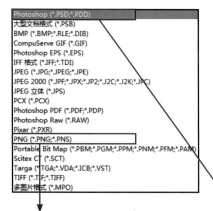

当运用 Photoshop 对图像进行编辑以后，在打开的"存储为"对话框中默认会选择以"Photoshop（*.PSD;*.PDD）"类型存储，通常以此类型存储的图像会保留图像中的图层、通道、蒙版以及颜色调整信息，便于用户随时对图像效果进行更改。在选择存储格式时，也可以根据个人对图像的使用用途的不同，而选择其他的文件存储类型，当选择不同的存储类型后，会弹出各自不同的存储选项对话框，在对话框中对指定存储类型的图像存储选项进行设置，以满足不同的后期要求。

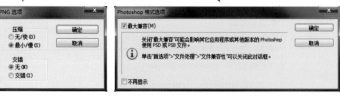

左图显示了选择"Photoshop（*.PSD;*.PDD）"类型和"PNG(*.PNG;*PNS)"两种类型后，弹出的存储选项对话框。

在"存储为"对话框中根据所设置的存储选项与要存储图像的格式，选择不同存储格式时，对话框底部的存储选项也会不一样。在"存储为"对话框中进行设置时，可以使用"校样设置""ICC 配置文件"或"嵌入颜色配置文件"创建色彩管理的文档。在对话框中利用"保存类型"选项可以在各种存储格式之间进行选择，如果用户选择了该文件格式不支持所有功能，则会在对话框底部显示一个"警告"按钮，提醒用户选择以其他格式存储图像。

11.3.2 **存储为** Web **专用格式**

对于编辑后的商品图像，除了应用"存储"和"存储为"命令将其选为不同格式外，也可以使用"存储为 Web 所用格式"命令，将编辑后的图像存储为网络专用格式。

通过执行"存储为 Web 所用格式"命令，打开"存储为 Web 所用格式"对话框，在该对话框中可以选择不同的视图方式查看图像，也可以根据预览框中显示的图像和文件画质调整压缩率和颜色数，满足不同的 Web 页面中的图像需要。

选择工具对 Web 图像进行编辑。　　选择在不同的视图方式下预览图像。　　选择 Web 图像的存储格式。

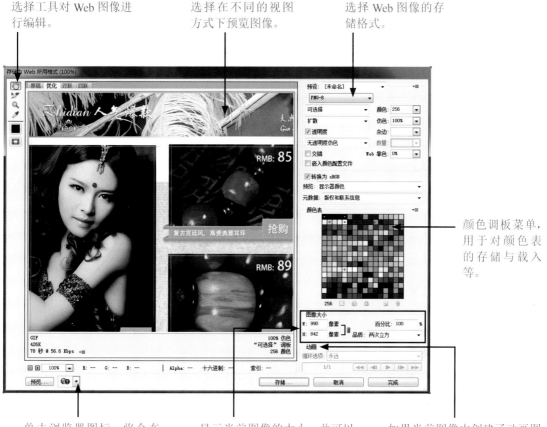

颜色调板菜单，用于对颜色表的存储与载入等。

单击浏览器图标，将会在浏览器中预览图像。　　显示当前图像的大小，并可以通过选项来调整图像的宽度、高度以及百分比。　　如果当前图像中创建了动画图像，使用此选项可以设置并播放动画。

◆ 掌握颜色表

应用"存储为 Web 所用格式"存储并优化图像时，可以通过"存储为 Web 所用格式"对话框右侧颜色表对当前图像中的颜色进行存储与替换操作，实现对多幅图像的色彩匹配，从而统一同一网页中所有图像的颜色，使画面看起来更和谐。单击"颜色表"选项右侧的扩展按钮，即可打开对应的颜色表菜单，在该菜单下即可选择存储颜色表、载入颜色表等命令，对图像颜色进行调整。

右图为单击"颜色表"右侧的扩展按钮，展开的颜色表菜单，在该菜单最下方即为"载入颜色表"和"存储颜色表"两个菜单命令。

单击"颜色表"右上角的扩展按钮，在弹出的菜单中单击"存储颜色表"命令，打开"存储颜色表"对话框，在对话框中输入颜色表名称后，确认操作，存储颜色表。

打开另一幅素材图像，执行"文件 > 存储为 Web 所用格式"菜单命令，在打开的对话框中单击"颜色表"右侧上角的扩展按钮，在弹出的菜单中单击"载入颜色表"命令，在打开的存储对话框选择要载入的颜色表，单击"打开"按钮，此时可以看到原颜色表中的颜色被载入的颜色表替换。

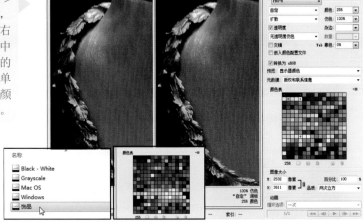

11.3.3 了解更多的图片存储格式

在"存储为 Web 和设备所用格式"对话框中除了一般的 JPEG 格式外，还包括了 GIF 格式、PNG-8 格式、PNG-24 格式、WBMP 格式 4 种存储格式。在存储商品图像时，可以根据不同的用户需求，在"格式"下拉列表中选择对应的图像存储格式进行存储，当然，随着所选格式的不同，在下方的存储选项也会不一样，以满足了不同图像的后期处理效果。

◆ 以 JPEG 格式存储

JPEG 是压缩照片或图像的标准格式。将图像优化为 JPEG 格式的过程中依赖于有损压缩，它可选择性地扔掉数据。在"存储为 Web 和设备所用格式"对话框右上侧，单击"预设"右侧的下拉按钮，在"优化的文件格式"下拉列表中选择 JPEG 选项，可进一步设置 JPEG 文件格式的优化设置。

在 JPEG 格式中，"品质"选项用于设置压缩图像的程度，其数值设置得越高，则压缩算法保留的细节越多，所生成的文件也就越大；勾选"连续"复选框，将在 Web 浏览器中以渐进方式显示图像，其图像将显示为一系列叠加图形，从而使浏览者能够在图像完全下载下来之前以低分辨率版本进行预览；"模糊"选项用于设置应用于图像的模糊量，它与高斯模糊滤镜的效果相同，允许用户进一步压缩文件以获得更小的文件大小；"杂边"选项则用于在优化文件时为原图像中的透明像素设置一种填充颜色，可单击右侧的拾色器设置颜色，也可以在列表中选择系统预设的颜色。

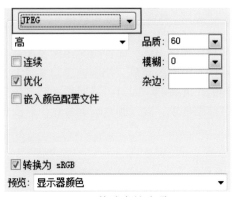

JPEG 格式存储选项

GIF 格式存储选项

◆ 以 GIF 和 PNG-8 格式存储

GIF 格式是用于压缩具有单调颜色和清晰细节的图像的标准格式，是一种无损的压缩格式。在"优化的文件格式"下拉列表中选择 GIF 格式，可在下方进一步设置 GIF 文件格式的优化选区。选择 GIF 格式存储时，可以对 GIF 压缩中的损耗量进行调整，以减少图像经过压缩时颜色的损失。

PNG-8 格式与 GIF 格式一样，也可以有效地压缩纯色区域，同是保留清晰的细节，但它与 GIF 格式不同之处在于，PNG-8 格式存储时，可以利用"嵌入颜色配置文件"选项控制包含基于 Photoshop 颜色补偿的配置文件，并且不能再对色彩的损耗进行调整。

PNG-8 格式存储选项

GIF 格式和 PNG-8 格式都支持 8 位，因此它们可以同时显示多达 256 种颜色。在 GIF 格式和"PNG-8"格式下，"减低颜色深度算法"选项可设置生成颜色查找表的方法以及想要在颜色查找表中使用的颜色数量；"指定仿色算法"选项可设置应用程序仿色的方法和数量。"仿色"则是指模拟计算机的颜色显示系统中未提供的颜色的方法，较高的仿色值会使图像中出现更多的颜色和细节，但是同时也会增加图像的大小。"透视度和杂边"选项用于设置如何优化图像中的透明像素，当完整图像正在下载时，在浏览器中显示图像的低分辨率版本，勾选"交错"复选框后，可缩短下载时间，并使浏览器中的图像能够正常进行下载。在 GIF 格式下，"Web 靠色"可设置颜色转换为最接近的 Web 调板等效颜色的容差级，设置的参数值越大，则转换的颜色越多。

◆ 以 PNG-24 格式存储

PNG-24 文件格式适合于压缩连续色调图像，以 PNG-24 格式压缩的图像比 JPEG 格式文件要大得多。PNG-24 格式的优点是可以在图像中保留多达 256 个透明度级别。在"优化的文件格式"下拉列表中选择 PNG-24 格式。可在下方进一步对该文件格式下的选区进行优化设置。

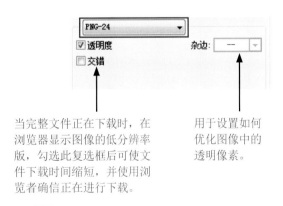

当完整文件正在下载时，在浏览器显示图像的低分辨率版，勾选此复选框后可使文件下载时间缩短，并使浏览者确信正在进行下载。

用于设置如何优化图像中的透明像素。

◆ 以 WBMP 格式存储

WBMP 格式是优化移动设置图像的标准格式，仅支持 1 位颜色，即 WBMP 图像只包含黑色和白色像素。在"优化的文件格式"下拉列表中选择 WBMP 格式，可在下方进一步对该 WBMP 文件格式下的选区进行优化设置。

提　示

设置优化输出选项

在"存储为 Web 和设备所用格式"对话框的"优化"菜单中选择"编辑输出设置"选项，将打开"输出设置"对话框，在此对话框中可控制如何设置 HTML 文件的格式、命名文件以及切片等优化选项。

11.3.4 **导出照片**

完成照片编辑后，可使用 Photoshop 中"存储"命令将编辑后的照片进行存储，而对于 Lightroom 来讲，由于它没有"保存"一类的命令。因此，使用存储的方式明显行不通。为了解决这一问题，Lightroom 专门设置了一个"导出"命令，用于照片的导出编辑。

在 Lightroom 中执行"文件 > 导出"菜单命令，打开"导出"对话框，在该对话框中不但可以设置导出照片的名称、文件格式、图像大小和锐化值，还可以为导出照片添加版权水印或者选择外部编辑器等，将图像导出到更多的照片后期处理软件中编辑。在"图库"模块中选择要导出的一张或多张照片，执行"文件 > 导出"菜单命令，打开如下图所示的"导出"对话框。

导出位置：用于对导出后的文件存储位置进行设置，在此选项下可以通过单击"选择"按钮，选择要导出的文件夹。

文件命名：选项用于对导出照片进行重命名操作，Lightroom 中提供"自定名称 + 编号"形式和"文件名 + 编号"两种形式，在"重命名"列表中选择"编辑"选项，可以自定义照片名称。

文件设置：选择多种文件格式导出照片，在"格式"列表中包括 JPEG、TIFF、PSD 和 DNG 四种格式，选择格式后能够对该格式选项做进一步的调整。

调整图像大小：如果选择以 JPEG、PSD 或 TIFF 作为导出文件格式，则可以在"调整图像大小"选项下指定图像尺寸，在此选项下需要勾选"调整大小以适合"复选框，否则将不能对照片大小进行更改。

添加水印：由于 Lightroom 中可同时导出多张照片，因此在导出时，利用"添加水印"选项可以为一组照片添加相同的水印设置，实现水印的批量添加。

后期处理：为导出照片选择后期处理操作，默认情况下选择"无操作"，表示对导出照片不进行任何操作；选择"在资源管理器中显示"，则导出照片会在资源管理器显示；若选择"在 Adobe Photoshop CC 中打开"和"在 Photoshop.exe 中打开"，则导出照片可在 Photoshop 中打开；选择"在其他应用程序中打开"，可用"首选项"的"其他外部编辑器"中设置的应用程序打开，选择"现在转到 Export Actions 文件夹"，将会打开 Lightroom 的 Export Actions 文件夹，可在其中保存任何可执行应用程序或可执行应用程序的快捷键方式以及别名。

输出锐化：在导出照片时，对 JPEG、PSD、TIFF 照片应用自适应输出锐化算法，可以分别选择"低""标准"或"高"3 种不同的锐化量进行锐化。若是用于屏幕显示，则选择"标准"锐化量；若是纸面打印则需要选择"高"锐化量。

第 4 部分
专题处理篇

第 12 章
服饰类商品照片的处理技巧

　　服饰类是商品中的一大主类，按其使用对象的不同，可分为男式服饰、女式服饰及儿童服饰等。对于不同类型的服饰照片的处理，需要根据服饰本身的特点，对要表现的服饰进行着重处理，如模糊背景突出主体等。如果要表现服饰上身效果，还需对照片中的模特进行处理并修复其皮肤及身形上的各种瑕疵。只有适合地编辑与设置，才能更好地展现该服饰商品的特色。

　　本章针对不同类型服饰商品的处理方法进行仔细的讲解，通过详细的操作步骤，让读者学到更多实用的服饰照片处理的技巧，能够掌握服饰照片处理的难点与要求。

知识点提要

1. 服饰类商品照片的处理流程与要点

2. 飘逸的连衣裙照片处理

3. 清新的儿童服饰照片处理

4. 性感的女式泳装照片处理

5. 甜蜜的情侣装照片处理。　。

12.1
服饰类商品照片的处理流程与要点

服饰类商品的拍摄一般分为实拍和摆拍两种，针对不同拍摄手法所呈现的服饰效果也会有一定的区别。在对服饰类照片进行处理之前，需要了解各类服饰照片后期处理的流程及要点。对于大多数服饰照片而言，其处理的流程都有着一定的相似之处，都是需要先对照片中的瑕疵进行快速的调整，然后再对照片中的一些细节进行编辑，让画面变得更加美观。

去除照片中的痘印、斑点等 ➡ 处理细节部分的纹理，表现材质 ➡ 对照片的色彩进行调整 ➡ 添加辅助元素并对画面排版

◆ 去除照片中的各类瑕疵

在拍摄服饰时，为了让人们看到该商品实际穿着效果，会选择模特进行上身拍摄，在后期处理时，就需要对模特本身的一些瑕疵进行修复，使其更能表现服饰的风格，如果是摆拍，应观察拍摄画面中是否有杂物，如果有，则也需要先将其去除。

◆ 对服饰进行细节的锐化等

为了让观者从照片中了解该服饰所使用材质，在后期处理时，对照片细节的展现也是很重要的，需要对画面中衣服部分进行锐化处理，或者是对背景进行模糊处理，从而突出要表现的主体对象，让观者进一步了解商品特点。

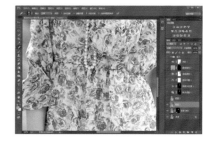

◆ 对服饰的颜色进行调整

颜色是人物对服饰的第一印象，漂亮的色彩才能激发人们的购买欲望，因此在后期处理时，需要对衣服的颜色进行调整，通过增强对比，加深衣服的颜色饱和度等方式，使调整后的画面中，衣服显得更加有质感，提升画面的整体效果。

◆ 添加辅助元素

为了让观者了解更多关于商品的信息，最后可以根据具体的操作需要，向照片中添加一些简单的文字或者是图形，这样不仅使得整个画面更加完整，同时也能传达出更加丰富的服饰信息。

雪纺连衣裙由雪纺材质所制成，它具有质感轻薄、柔软、飘逸等特点，在炎热的夏季穿着它能够给人一种清凉的感觉。对于此类照片的处理，需要先对穿着裙子的人物进行处理，去除模特皮肤上的瑕疵，然后再对照片进行锐化和模糊处理，增强主体服饰和背景的对比度。通常通过转换颜色模式，对照片的整体色调进行调整，美化衣服的同时，也能将此款衣服的风格表现出来，最后添加文字完成图像的处理。

第 4 部分 专题处理篇

12.2
飘逸的连衣裙照片处理

照片点评

对比度不高，颜色显得平淡，不能将要表现的衣服与背景很好地区分开来。

模特的皮肤上有一些较明显的痘痘、黑痣等瑕疵，影响画面的整体效果。

衣服不够清晰，细节不出彩，通过图像不能看到衣服的图案、材质等重要特点。

处理思路解析

1 对照片中模特皮肤上的瑕疵进行处理，用修复工具去除瑕疵，让皮肤变得光洁。

2 为了突出服饰肌理，选取画面中的衣服部分，对其进行锐化处理，让图像变得清晰。

3 为了让裙子与模特的气质更加吻合，对照片的整体颜色进行转换并处理。

 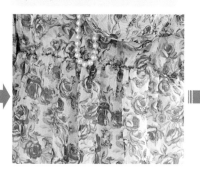 

实例步骤讲解

01 对模特的皮肤进行处理

素　材：
下载资源 \ 素材 \12\01.jpg
源文件：
下载资源 \ 源文件 \12\ 飘逸的连衣裙照片处理 .psd

步骤 01 去除背景中的杂物

打开下载资源 \ 素材 \12\01.jpg，选择“仿制图章工具”，按住 Alt 键不放，在干净背景位置单击，取样图像，然后在左下角多余图像上涂抹，去除多余图像。

步骤 02 应用滤镜模糊图像

复制图层，执行“滤镜 > 模糊 > 表面模糊”菜单命令，打开“表面模糊”对话框，在对话框中输入“半径”为 15，“阈值”为 5，单击“确定”按钮来模糊图像。

步骤 03 去除皮肤瑕疵

为“背景拷贝”图层添加图层蒙版，并将图层蒙版填充为黑色，选择“画笔工具”，设置前景色为白色，在人物的皮肤位置涂抹，模糊皮肤区域，再盖印图层，用“污点修复画笔工具”对皮肤上的瑕疵做进一步的去除。

 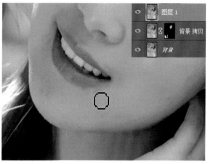

02 锐化突出裙子质感

步骤 01 锐化照片中的衣服部分

选择"套索工具",在选项栏中设置"羽化"为 180 像素,执行"滤镜 > 锐化 >USM 锐化"菜单命令,打开"USM 锐化"对话框,在对话框中设置选项,输入"数量"为 30,"半径"为 5.0,设置后单击"确定"按钮。

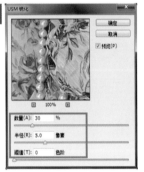

步骤 02 查看图像效果

设置后返回图像窗口,此时在图像上可以看到选区内的裙子图像变得更加的清晰,也让画面更有层次。

03 变换画面的色彩

步骤 01 调整"通道混合器"

执行"图像 > 模式 >CMYK 颜色"菜单命令,在打开的对话框中单击"不拼合"按钮,再单击"确定"按钮,将图像转换为 CMYK 颜色模式,执行"图像 > 调整 > 通道混合器"菜单命令,在打开的对话框中设置选项。

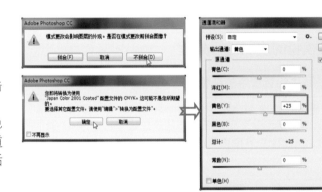

步骤 02 转换颜色模式

应用设置的"通道混合器"调整图像颜色,再执行"图像 > 模式 >RGB 颜色"菜单命令,在弹出的对话框中单击"不拼合"按钮,将图像转换为 RGB 颜色模式,并保留原来的所有图层。

步骤 03 设置"照片滤镜"

新建"照片滤镜"调整图层,并在"属性"面板中选择"加温滤镜(81)"选项,设置"浓度"为 55,单击"照片滤镜 1"图层蒙版,将蒙版填充为黑色,再选用白色画笔在皮肤位置涂抹。

步骤 04 载入选区调整明亮度

按住 Ctrl 键不放,单击"照片滤镜 1"图层蒙版,载入选区,新建"亮度 / 对比度"调整图层,并在"属性"面板中输入"亮度"为 30,"对比度"为 -4,提亮选区内的图像亮度,降低对比效果。

步骤 05 设置"色彩平衡"修饰颜色

新建"色彩平衡"调整图层，打开"属性"面板，在面板中选择"阴影"选项，输入颜色值为 +7、+15、+1；选择"中间调"选项，输入颜色值为 -18、+14、-5；选择"高光"选项，输入颜色值为 -2、0、-7。根据输入数值平衡照片色彩。

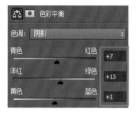

步骤 06 设置"可选颜色"选项

单击"调整"面板中的"可选颜色"按钮，新建"选取颜色"调整图层，打开"属性"面板，在面板中选择"红色"选项，输入颜色比为 -76、+2、+23、-24，选择"青色"选项，输入颜色比为 +100、-100、-46、+100，选择"洋红"选项，输入颜色比为 -100、+36、+100、+51，选择"蓝色"选项，输入颜色比为 +100、+55、+28、+100。

步骤 07 调整颜色查看效果

继续在"属性"面板中进行设置，选择"白色"和"中性色"选项，调整颜色比，变换画面中各颜色。

步骤 08 根据"色彩范围"创建选区

盖印图层，得到"图层 2"图层，执行"选择 > 色彩范围"菜单命令，打开"色彩范围"对话框，在对话框中设置"颜色容差"为 181，用吸管工具在黄色的叶子边缘单击，设置选择范围，创建选区。

步骤 09 用"套索工具"编辑选区

选择"套索工具",单击选项栏中的"从选区减去"按钮 ⬚,在右侧的图像上单击并拖曳鼠标,释放鼠标后,从已有选区中减去新选区。

步骤 10 更改图层混合模式

新建"颜色填充 2"调整图层,设置填充色为 R120、G174、B169,再选中"颜色填充 2"调整图层蒙版,将图层蒙版混合模式更改为"颜色",运用设置的填充色更改选区内的图像颜色。

步骤 11 设置"色阶"增强对比

新建"色阶"调整图层,在打开的"属性"面板中输入色阶值为 0、1.09、239,提高中间调及高光部分的图像亮度,再运用黑色画笔在右下角较亮的裙子位置涂抹,还原其明亮度。

提 示

用画笔编辑调整图层

使用调整图层可以对图像中的特定区域应用调整效果。在图像上创建添加图层时,会对调整图层下方的所有图像应用对应的调整,单击调整图层蒙版,运用黑色画笔在图像上进行涂抹,可隐藏涂抹区域的调整色,运用白色画笔在图像上涂抹,可以显示隐藏的调整色。

步骤 12 设置并输入文字

结合"横排文字工具"和"椭圆工具",新建"文字"图层组,在图像右下角输入文字并绘制粉色圆形,选中图层组中的所有图层,盖印图层,按下 **Ctrl** 键单击载入选区,并将选区填充为 RGB,将新的粉色文字移至白色文字图层下方。完成本实例的制作。

模特展示 SHOW

随着时代的进步，儿童服饰的款式也是越来越追求时尚，蝴蝶结、蕾丝、花边等流行元素在儿童服饰中的呈现也越来越多。对于这类儿童服饰的处理，不仅要对图像中的服饰进行调整，同时也需要对小模特进行调整，修复图像中模特的肌肤、牙齿等部位的瑕疵，对画面的整体颜色进行调整，使图像给观者一种粉粉嫩嫩的感觉。再对衣服的颜色进行调整，统一画面色彩，呈现出更加清新的儿童服饰效果。

第 4 部分 专题处理篇

12.3
清新的儿童服饰照片处理

照片点评

小模特的肤色略显苍白，不能表现出儿童的天真活泼和可爱。

牙齿上的缝隙稍宽，虽然没有太大影响，但是会影响到画面效果。

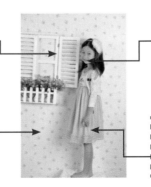

画面留白太空，照片中纳入了大量的空白区域，降低了儿童衣服的表现力。

小模特身上的衣服颜色不够艳丽，在画面中不突出，没能达到预期的效果。

处理思路解析

1 由于照片略微倾斜，先使用"裁剪工具"裁剪并校正倾斜的照片。

2 对照片中的小模特皮肤和牙齿部位的瑕疵进行修复，突出小朋友天真和可爱的一面。

3 用调整命令分别对小模特皮肤以及着装颜色进行调整，使画面色彩更加甜美。

4 为处理后的照片添加边框，并在画面中绘制上图案、输入文字，完成商品的展示。

 ⇒  ⇒  ⇒

实例步骤讲解

素　材：
下载资源＼素材＼12＼02.jpg
源文件：
下载资源＼源文件＼12＼清新的儿童服饰照片处理.psd

01 校正倾斜图像

步骤 01 拉直并旋转图像

打开下载资源＼素材＼12＼02.jpg，打开图像后，单击工具箱中的"裁剪工具"按钮 ，再单击选项栏中的"拉直"按钮 ，在图像上的窗格上方单击并拖曳鼠标，释放鼠标后，可以看到图像进行了一定角度的旋转。

 ⇒

拉直

步骤 02 裁剪图像效果

将鼠标移至裁剪框的边线位置，当光标变为双向箭头时，单击并拖曳鼠标，调整裁剪框的大小，当调整至合适大小后，单击选项栏中的"提交当前裁剪操作"按钮 ，裁剪并校正倾斜的图像。

02 修复模特身上的瑕疵

步骤 01 复制图像单击修复图像

选择"背景"图层，复制该图层，得到"背景拷贝"图层，单击"污点修复画笔工具"按钮 ✐，将鼠标移至脸上的黑痣位置，单击鼠标后，去除黑痣。

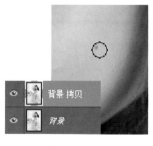

步骤 03 设置"USM 锐化"滤镜

执行"滤镜 > 锐化 >USM 锐化"菜单命令，打开"USM 锐化"对话框，在对话框中设置参数，锐化图像，再为"图层 1"图层添加蒙版，在除衣服外的其他位置涂抹，隐藏锐化的图像效果。

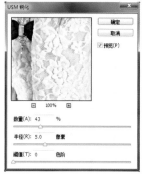

03 用调整选区修复画面颜色

步骤 02 修复图像查看效果

继续使用同样的方法，在小模特脸上的瑕疵位置单击，去除瑕疵，修复不均匀的肌肤颜色等，再按下快捷键 Ctrl+Shift+Alt+E，盖印图层，得到"图层 1"图层。

步骤 04 创建选区并复制图像

按下快捷键 Ctrl+Shift+Alt+E，盖印图层，得到"图层 2"图层，选择"套索工具"，在选项栏中设置"羽化"为 1 像素，在牙齿上方创建选区，复制选区内的图像，得到"图层 3"图层，将此图层中的图像移至牙齿缝隙位置。

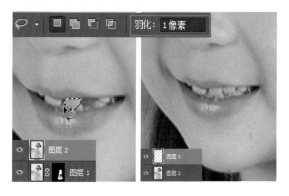

步骤 01 设置"可选颜色"增强色彩

单击"调整"面板中的"可选颜色"按钮 ▨，新建"选取颜色"调整图层，打开"属性"面板，在面板中选择"红色"选项，输入颜色百分比为 -74、+14、+29、0，选择"黄色"选项，输入颜色百分比为 +10、+31、-48、-20，调整颜色。

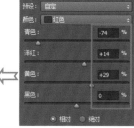

步骤 02 设置"可选颜色"变换肤色

新建"选取颜色"调整图层,打开"属性"面板,在面板中选择"红色"选项,输入颜色百分比为 -100、-42、-23、-4,选择"黄色"选项,输入颜色百分比为 -27、-65、+61、-21,单击"选取颜色 2"图层蒙版,在除脸部皮肤外的其他位置涂抹,还原图像颜色。

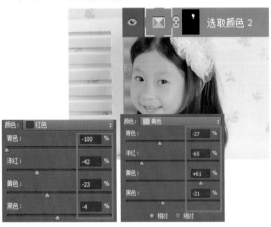

步骤 03 设置"曲线"调整皮肤亮度

按住 Ctrl 键不放,单击"选取颜色 2"图层蒙版,载入选区,新建"曲线"调整图层,并在"属性"面板中对 RGB 和蓝通道曲线进行调整,变换选区颜色,再运用白色画笔在颈部位置单击并涂抹,调整可选颜色调整范围。

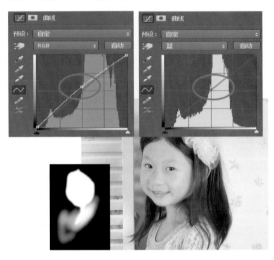

步骤 04 调整"红色"饱和度

新建"色相／饱和度"调整图层,打开"属性"面板,在面板中选择"红色"选项,输入"饱和度"为 +30,提高红色饱和度,再选用黑色画笔在除裙子外的其他位置涂抹,还原图像颜色。

步骤 05 载入并反选选区

按住 Ctrl 键不放,单击"色相／饱和度 1"图层蒙版,载入选区,执行"选择 > 反相"菜单命令,反选选区。

步骤 06 设置"曲线"提亮图像

新建"曲线"调整图层,打开"属性"面板,在面板中的曲线上单击,添加曲线控制点,单击并向上拖曳该曲线控制点,调整曲线形状,提高选区内的图像的亮度。

提 示

删除曲线控制点

在"曲线"对话中添加多个曲线控制点以后,选中曲线上的控制点,将其拖曳至曲线图外,可以将选中的曲线点删除。

步骤 07 设置"色阶"调整

新建"色阶"调整图层,打开"属性"面板。在面板中将黑色滑块拖曳至 13 位置,将灰色滑块拖曳至 0.93 位置,将白色滑块拖曳至 243 位置,增强对比效果。

步骤 08 设置"曲线"提亮图像

新建"曲线"调整图层,打开"属性"面板,在面板中选择 RGB 和蓝通道,并运用鼠标对曲线的形状进行设置,经过设置后增强了蓝色调,画面显得更加柔和。

04 添加边框及图案

步骤 01 盖印图像绘制白色边框

盖印图层,得到"图层 4"图层。在此图层下方,选用"矩形工具"绘制一个白色的边框。

步骤 02 载入选区并删除图像

按住 Ctrl 键不放,单击"矩形 1"图层,载入选区,执行"选择 > 反向"菜单命令,反选选区,选中"图层 4"图层,按下 Delete 键,删除选区内的图像。

步骤 03 设置"投影"样式

双击"图层 4"图层,打开"图层样式"对话框,在对话框单击"投影"样式,设置投影"不透明度"为 35,"角度"为 90,"距离"为 4,"大小"为 20,单击"确定"按钮,为图像添加投影效果。

步骤 04 绘制粉色矩形

选择"矩形工具",在选项栏中设置绘制模式为"形状",将填充色更改为 R241、G186、B201,在图像顶部绘制矩形图案。

步骤 05 绘制图形

选择"钢笔工具",在选项栏中设置绘制模式为"形状",将填充色更改为 R229、G0、B127,在图像顶部绘制图案。

步骤 06 绘制图形

选择"钢笔工具",在选项栏中设置绘制模式为"形状",将填充色更改为 R229、G0、B127,在图像顶部绘制图案。

步骤 07 编辑图层蒙版

选择"渐变工具",设置前景色为黑色,在选项栏中单击"径向渐变"按钮,在绘制的粉色图形上单击并拖曳径向渐变,创建渐隐的图像效果。

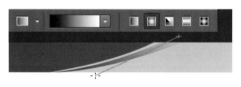

步骤 08 绘制图形输入文字

选择"自定形状工具",在"形状"拾色器下单击"皇冠5"形状。将前景色设置为白色后,在图像左上角绘制白色的图形,使用文字工具在图形右侧输入文字。继续使用同样的方法,在照片左侧添加更多的文字和图形。完成本实例的制作。

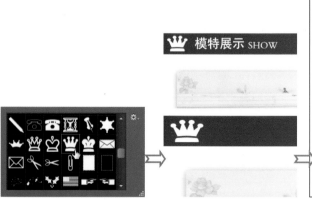

一款充满设计感的时尚泳装不仅仅会提升自身的气质，更能表现一个人的审美眼光。在对泳装进行处理时，需要先观察画面中是否出现多余图像，如果出现了多余图像，则需要应用图像修复工具把这些图像去除，还原干净的画面效果，然后再对照片中的上衣和裤子的颜色进行分别调整，提高整套泳装的色彩鲜艳度，让观者一眼就被照片中的泳装所吸引，从而产生购买的欲望。

第 4 部分 专题处理篇

12.4
性感的女式泳装照片处理

照片点评

画面为了增加画面内容的丰富度选择了一些背景进行搭配，但是反而让图像显得有些零乱。

受到色温的影响，图像轻微偏色，使观者看到的图像中的服饰颜色与实际颜色有一定区别。

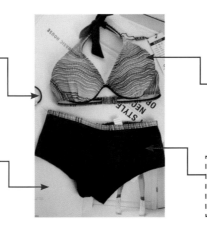

图像中衣服的颜色很平淡，缺少视觉冲击力，大大降低了照片应有的美感。

降低了曝光量，曝光不足，导致照片中的裤子显得太暗，没有细节。

处理思路解析

1 先在 Camera Raw 中对照片影调和色彩进行快速的调整，还原商品颜色。

2 为了使服饰主体更突出，去除画面中的杂物，使图像显得更干净。

3 用调整命令对衣服和裤子的颜色进行编辑，让图像的色彩变得更加清新、亮丽。

4 向照片中添加简洁的文字，并根据图像对混合模式进行调整，使文字融入图像中。

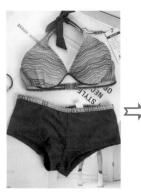   

实例步骤讲解

素　材：
下载资源 \ 素材 \12\03.orf
源文件：
下载资源 \ 源文件 \12\ 性感的女式泳装照片处理 .psd

01 在 Camera Raw 中快速调整影调

步骤 01 "自动" 白平衡样正偏色

在 Camera Raw 中打开下载资源 \ 素材 \12\03.orf，打开图像后，单击 "白平衡" 选项右侧的下拉按钮，在展开的下拉列表中选择 "自动" 选项，校正偏色的图像。

步骤 02 用 "自动" 调整快速修复图像

校正偏色图像后，再单击 "基本" 选项卡中的 "自动" 按钮，自动调整下方的曝光、对比度、高光等选项，此时在图像预览框可查看到提亮后的图像效果。

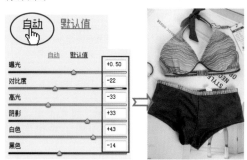

步骤 03 调整图像提高曝光度

为了让画面的层次更加清晰，单击并向左拖曳 "曝光" 选项滑块至 +0.60 位置，设置后进一步提高照片的曝光度。

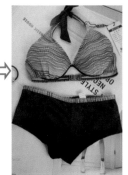

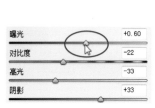

02 在 Photoshop 中处理图像细节

步骤 01 裁剪图像调整其大小

单击 Camera Raw 窗口右下角的"打开图像"按钮，在 Photoshop 中打开图像，选用"裁剪工具"适当裁剪图像，然后执行"图像 > 图像大小"菜单命令,在打开的"图像大小"对话框中输入"宽度"为 1800，"高度"为 2599，调整图像大小。

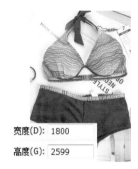

宽度(D): 1800
高度(G): 2599

步骤 02 用"污点修复画笔工具"去除折痕

复制图层，单击工具箱中的"污点修复画笔工具"按钮，将鼠标移至衣服下方的背景折痕位置，单击并涂抹，可以看到原位置的折痕被去除。

步骤 03 仿制修复图像

选择"仿制图章工具"，按住 Alt 键不放，在干净的背景上单击，取样涂抹，在衣服的边缘位置涂抹，修复图像。继续使用同样的方法，去除照片背景上的更多瑕疵。

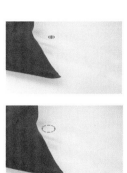

步骤 04 "光圈模糊"添加景深

按下快捷键 Ctrl+Shift+Alt+E，盖印图层，执行"滤镜 > 模糊 > 光圈模糊"菜单命令，打开模糊画廊，单击鼠标调整光圈大小，设置要模糊的图像区域，再在右侧的"属性"面板中将"模糊"滑块拖曳至 8 像素位置，单击"确定"按钮。

步骤 05 编辑图层蒙版

为盖印的"图层 1"图层添加图层蒙版，设置前景色为黑色，单击"图层 1"图层蒙版，选用黑色画笔在不需要模糊的衣服图像上涂抹，还原涂抹区域衣服的清晰度。

步骤 06 设置并去除照片中的杂色

盖印图层，执行"滤镜 >Camera Raw 滤镜"菜单命令，打开 Camera Raw 对话框，在对话框中单击"细节"按钮，切换至"细节"选项卡，在选项卡中调整"减少杂色"选项值，去除照片中的噪点。

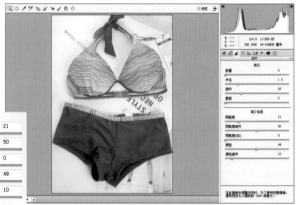

步骤 07 调整选区中间的服饰图案

选择"椭圆选框工具"，设置"羽化"值为 200 像素，在画面中单击并拖曳鼠标，绘制椭圆形选区，再执行"选择 > 变换选区"命令，调整选区，按下快捷键 Ctrl+J，复制选区内的图像。

步骤 08 用"智能锐化"滤镜锐化图像

选中"图层 3"图层，执行"滤镜 > 锐化 > 智能锐化"菜单命令，打开"智能锐化"对话框，在对话框中输入"数量"为 150，"半径"为 4.0，"减少杂色"为 0，设置后单击"确定"按钮，锐化图像。

03 对服饰的颜色进行调整

步骤 01 设置选项调整饱和度

单击"调整"面板中的"色相 / 饱和度"按钮，新建"色相 / 饱和度"调整图层，在"属性"面板中选择"绿色"选项，输入"饱和度"为 +40，选择"红色"选项，输入"饱和度"为 +12，再选择"全图"选项，输入"饱和度"为 +21，设置后可以看到提高了照片的色彩饱和度，衣服的颜色变得更加亮丽，按下快捷键 Ctrl+Shift+Alt+E，盖印图层，得到"图层 4"图层。

  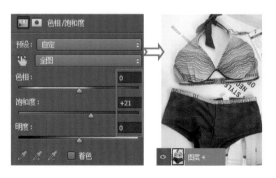

步骤 02 编辑图层蒙版

选择"磁性套索工具",沿画面中的泳裤单击并拖曳鼠标,创建选区,单击"色相/饱和度 1"图层蒙版,设置前景色为黑色,按下快捷键 Alt+Delete,将填充为黑色。

步骤 03 用"色阶"增强对比

新建"色阶"调整图层,打开"属性"面板,在面板中将黑色滑块拖曳至 14 位置,将白色滑块拖曳至 242 位置,经过设置增强对比效果。

步骤 04 提亮中间调部分

选择"磁性套索工具",在选项栏中输入"羽化"为 1 像素,沿画面中的泳裤单击并拖曳鼠标,创建选区,新建"色阶"调整图层,选择"中间调较亮"选项,提亮选区内的图像。

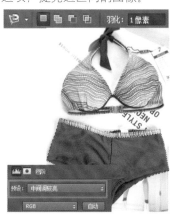

步骤 05 设置"色彩平衡"

再次选择泳裤图像,新建"色彩平衡"调整图层,并在"属性"面板中输入颜色值为 -5、0、-11,调整中间调颜色。

步骤 06 用"曲线"调整泳裤的亮度

新建"曲线"调整图层,打开"属性"面板,在面板中的曲线上单击,添加一个曲线控制点,再向上拖曳该曲线点,变换曲线形状,提高图像亮度,再单击"曲线 1"图层蒙版,将其填充为黑色后,选择"画笔工具",设置前景色为白色,在图像右上角涂抹,提亮图像。

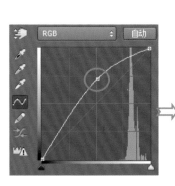

步骤 07 设置并输入文字

选用"横排文字工具",在画面中输入合适的文字,再选中 swimwear 文字图层,将此图层的混合模式更改为"点光",使文字融入画面中。完成本实例的制作。

189

第4部分 | 专题处理篇

12.5
甜蜜的情侣装照片处理

　　情侣装是很受大众情侣欢迎的服饰类型之一。为了让图像中的情侣装更加突出，可对背景做进一步的模糊，增强景深效果，再对照片的色彩进行调整，增强颜色强度和对比度。最后将图像复制，制作成对称的构图效果，使得画面变得更有趣味性。

照片点评

因为光线过强，照片中出现轻微曝光过度，造成照片中亮部细节内容的损失。

只是对人物进行简单的拍摄，将画面重心放于左侧，就给人一种不平衡感，造成左重右轻的心理感受。

人物旁边背景景深不强，让画面中的衣服与环境层次表现不是很突出。

虽然原照片的色彩没有太大问题，但是色彩鲜艳度不够，使得画面显得偏灰。

处理思路解析

1 为了让画面中的人物与服饰更加突出，对照片中的背景进行模糊，加强景深效果。

2 对照片的颜色和对比度进行调整，让色彩暗淡的图像变得更加鲜艳。

3 利用图层蒙版，对图像进行合成，设置对称构图效果，让图像更加完整。

4 向画面中的留白区域以及图像中间位置添加图案及文字，得到更漂亮的画面。

实例步骤讲解

素　材：
下载资源 \ 素材 \12\04.jpg
源文件：
下载资源 \ 源文件 \12\ 甜蜜的情侣装照片处理 .psd

01 为照片增强景深效果

步骤 01 创建选区

打开下载资源 \ 素材 \12\04.jpg，选择"套索工具"，在选顶栏中输入"羽化"为 200 像素，沿人物边缘单击并拖曳鼠标,绘制选区,执行"选择 > 反相"菜单命令，反选选区。

步骤 02 复制选择图像创建新图层

在"图层"面板中选中"背景"图层，按下快捷键 Ctrl+J，复制选区内的图像，在"图层"面板中得到"图层 1"图层。

步骤 03 设置滤镜模糊图像

选中"图层 1"图层，执行"滤镜 > 模糊 > 高斯模糊"菜单命令，打开"高斯模糊"对话框，在对话框中输入"半径"为 5.0，单击"确定"按钮，模糊图像。

提 示

滤镜的重复使用

对图层或选区中的图像执行滤镜命令后，如果需要再一次应用该滤镜效果，则可以按下快捷键 Ctrl+F；如果需要应用上一次所执行的滤镜，并对参数进行更改，则可按下快捷键 Ctrl+Alt+F，打开对应的滤镜对话框。

02 修复曝光过度的图像

步骤 01 根据"色彩范围"创建选区

盖印图层，执行"选择 > 色彩范围"菜单命令，打开"色彩范围"对话框，在对话框中选择"高光"选项，再单击右上角的"确定"按钮，创建选区，选中照片中的高光部分。

步骤 02 用"色阶"调整对比

新建"色阶"调整图层，并在"属性"面板中将灰色滑块拖曳至 0.87 位置，降低选区内的中间调部分图像的亮度。

03 调整色彩拼合图像

步骤 01 调整色彩鲜艳度

新建"色相/饱和度"调整图层，并在"属性"面板中选择"绿色"选项，输入"色相"为-3，"饱和度"为+35，选择"黄色"选项，输入"色相"为+4，"饱和度"为+22，选择"全图"选项，输入"饱和度"为+12，调整照片颜色，增强饱和度。

步骤 02 复制并翻转图像

按下快捷键 Ctrl+Shift+Alt+E，盖印图层，得到"图层2"图层，按下快捷键 Ctrl+J，复制图层，得到"图层2拷贝"图层。选用"裁剪工具"，裁剪图像，扩展画布大小，并水平翻转复制的图像，移至画面的另一侧。

步骤 03 编辑图层蒙版拼合图像

选择"图层2拷贝"图层，单击"图层"面板中的"添加图层蒙版"按钮，为"图层2拷贝"图层添加蒙版。结合"渐变工具"和"画笔工具"对蒙版进行编辑，将多余图像隐藏，完成两侧图像的拼合处理。

步骤 04 设置并填充颜色

新建〝颜色填充 1〞调整图层,
设置填充色为 R227、G254、
B66,选中〝颜色填充 1〞调整
图层,将此图层混合模式更改
为〝滤色〞。

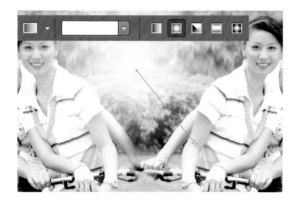

步骤 05 用〝渐变工具〞编辑蒙版

设置前景色为白色,单击〝颜色填充 1〞图层
蒙版,选择〝渐变工具〞,单击〝渐变工具〞
选项栏中的〝径向渐变〞按钮,从图像中间
位置单击并向外侧拖曳渐变,隐藏多余的填充
颜色。

步骤 06 设置选项绘制矩形

新建〝文案〞图层组,选择工具箱中的〝矩形工具〞,
在选项栏中设置绘制模式为〝形状〞,填充色为无,
〝描边〞颜色为 R0、G153、B68,在画面顶部单
击并拖曳鼠标,绘制一个纤细的矩形效果。

步骤 07 绘制自定义图案

选择〝自定形状工
具〞,在〝形状〞
拾色器中单击〝复
选标记〞形状,设
置绘制模式为〝形
状〞,在绘制的矩
形右上方绘制一个
已选中的图标。

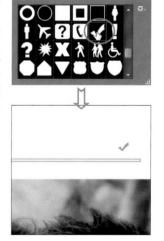

步骤 08 设置选项输入文字

选择工具箱中的〝横排文字工具〞,打开〝字
符〞面板,在面板中对要输入的文字属性进
行设置,然后在图像左上角的留白位置单击,
输入文字。

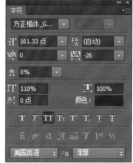

步骤 09 绘制矩形更改图层顺序

调整文字输入，在已输入的英文上方输入"最新潮流"4个文字，选择"矩形工具"，在左上角单击并拖曳鼠标，绘制一个白色矩形，再选中"矩形"图层，将其移至"最新潮流"文字图层下方。

步骤 10 设置文字效果

选择"横排文字工具"，在顶部的留白区域再设置不同字体、大小的文字效果，使图像上方内容显得更加丰富。

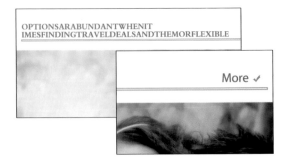

步骤 11 绘制图形更改不透明度

设置前景色为白色，在模特中间位置绘制一个白色矩形，选中"图层"面板中的"矩形3"图层，将此图层的"不透明度"设置为50%，创建半透明矩形。

步骤 12 在画面中绘制圆角矩形

设置前景色为R79、G123、B0，选择工具箱中的"圆角矩形工具"，在选项栏中输入"半径"为8像素，在半透明矩形右下角绘制一个绿色的圆角矩形效果。

步骤 13 绘制图形添加文字

继续选用图形绘制工具在画面中间位置绘制更多不同的图形，然后结合"字符"面板和"横排文字工具"，在绘制的图形中输入合适的文字。输入完成后，可以在图像窗口显示全新的视觉效果。完成本实例的制作。

第 13 章
饰品类商品照片的处理技巧

现代饰品丰富多彩、琳琅满目，包括手链、项链、戒指、手表、发夹等。不同的饰品制作会根据其特点，选择更符合饰品特质的材质和工艺手段。因此，在对饰品照片进行处理时，由于饰品大部分都相对较小，所以对细节的要求相对较高，在具体的编辑过程中，不仅需要去除饰品上面的灰尘、反光等各类问题，同时也要对产品的层次、影调进行润饰，呈现出饰品更精致的一面。

本章会选择一些常见的饰品对象，应用不同的处理方法，完成对各类饰品照片的精细调整。

知识点提要

1. 饰品类商品照片的处理流程与要点

2. 小巧的耳环照片处理

3. 个性化的手链照片处理

4. 璀璨的戒指照片处理

5. 精致的手表照片处理

13.1
饰品类商品照片的处理流程与要点

在对饰品类商品照片进行处理之前，需要了解饰品类照片后期处理与其他类商品照片处理的区别，掌握饰品照片处理的要点与技巧，这样才能更快更好地完成饰品类照片的编辑，树立更好的商品形象。大多数饰品照片的后期处理操作都非常相近，一般包括去除饰品上的反光、修复饰品中的瑕疵以及后期润色等。

```
┌─────────────┐    ┌─────────────┐    ┌─────────────┐    ┌─────────────┐
│ 增加照片景深  │ ⇒ │ 去除饰品上面的灰 │ ⇒ │ 对画面中饰品  │ ⇒ │ 向画面中添加图像 │
│ 以突出饰品    │    │ 尘、反光等     │    │ 颜色进行调整   │    │ 及其他元素     │
└─────────────┘    └─────────────┘    └─────────────┘    └─────────────┘
```

◆ 对照片进行模糊与锐化处理

很多饰品都非常精致和小巧，因此在后期处理时，一般都需要对照片的构图进行调整。将原照片中的多余图像裁剪掉，让画面变得更加简洁，让观者了解要表现的饰品。

◆ 将饰品上的反光、灰尘等瑕疵去除

在拍摄小饰品时，为了表现其细节，通常选择近微距镜头拍摄，此时难免会把饰品上的小灰尘、杂质拍摄到。在后期处理时，需要将这些杂质去掉，让画面变得干净。此外，对一些特殊材质，如水晶、金属材质饰品，则拍摄时容易出现反光，在后期处理同时也需要将其去除。

◆ 对饰品的色彩进行编辑

对于很多饰品而言，在后期处理时，为了让画面中的饰品更加艳丽，会对饰品的颜色进行调整。通过增强明暗对比，突出饰品，并利用色彩调整命令，对照片的颜色进行修饰，利用更有辨识度的颜色，刺激观者的视觉神经，激发其购买欲。

◆ 添加新的背景及元素完善效果

在饰品后期的处理过程中，对商品的瑕疵、色彩进行编辑后，为了深化主题，需要在画面中的合适位置，结合文字与图形绘制工具，添加适当的文案信息，让观者了解更多的商品信息。

小巧的耳环是女性经常佩戴的饰品之一，多采用水晶和金属材质制作而成。对于这类照片的后期处理，由于要表现的商品较小，需要先对照片进行裁剪，去除无用的背景，使图像中的耳环更为突出，再对耳环上的灰尘等杂质加以去除，使耳环上的水钻显得更为干净、光洁，然后对耳环上水晶的颜色进行调整，提高色彩饱和度，使整个画面的视觉重心突出在中间的耳环上方。

13.2
小巧的耳环照片处理

照片点评

画面构图不理想，本来是要表现耳环，但由于主体不是很突出，看不到耳环细节部分。

受到耳环本身质地的影响，耳环上面出现了反光，影响了画面效果。

整幅图像颜色偏暗，给人一种不是很干净的感觉。

处理思路解析

1 先把图像背景裁剪一部分，突出耳环部分，再修复镜面上的反光等瑕疵。

2 对耳环的颜色进行调整，加强背景和耳环的明暗对比，使商品更加亮丽。

3 扩展画布大小，在留白区域绘制图案并添加合适的文字。

实例步骤讲解

素材：
下载资源 \ 素材 \13\01.jpg
源文件：
下载资源 \ 源文件 \13\ 小巧的耳环照片处理 .psd

01 调整构图修复耳环上的污点

步骤 01 去除背景中的杂物

打开下载资源 \ 素材 \13\01.jpg，选择 "裁剪工具"，对照片进行裁剪，将照片裁剪为接近于方形效果。

步骤 02 应用滤镜模糊图像

复制图层，得到 "图层 1" 图层，选用 "污点修复画笔工具" 在耳环上的瑕疵、灰尘上单击，去除瑕疵。

步骤 03 设置并填充颜色

新建 "图层 2" 图层，设置图层混合模式为 "正片叠底"，"不透明度" 为 75%，设置前景色为 R63、G107、B12，降低不透明度，运用画笔在耳环上白色位置涂抹，绘制绿色图案。

步骤 04 绘制选区

继续使用同样的方法，在另一只耳环上的白色区域涂抹，绘制图案，盖印图层，得到 "图层 3" 图层。选择 "套索工具"，设置 "羽化" 为 10 像素，在耳环创建选区并复制选区内的图像。

步骤 05 设置 "表面模糊" 滤镜

执行 "滤镜 > 模糊 > 表面模糊" 菜单命令, 打开 "表面模糊" 对话框, 在对话框中输入 "半径" 为 4, "阈值" 为 4, 单击 "确定" 按钮, 应用 "表面模糊" 滤镜模糊图像。

步骤 06 设置 "智能锐化" 滤镜

执行 "滤镜 > 锐化 > 智能锐化" 菜单命令, 打开 "智能锐化" 对话框, 在对话框中输入 "数量" 为 150, "半径" 为 4.0, "减少杂色" 为 20, 设置后单击 "确定" 按钮, 锐化图像。

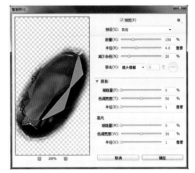

步骤 07 复制并模糊图像

按住 Ctrl 键不放, 单击 "图层 2" 图层, 载入选区, 选中 "图层 4" 图层, 按下快捷键 Ctrl+J, 复制图层中的图像, 得到 "图层 5" 图层, 执行 "滤镜 > 模糊 > 高斯模糊" 菜单命令, 在打开的对话框中输入 "半径" 为 2.0, 模糊图像。

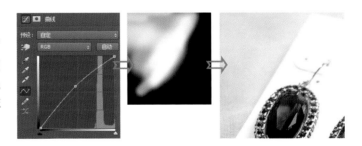

02 调整颜色增加色彩

步骤 01 调整 "曲线"

新建 "曲线" 调整图层, 并在 "属性" 面板中单击并向上拖曳曲线, 提亮图像。再将蒙版填充为黑色后, 用白色画笔在左上角位置涂抹, 仅提亮涂抹区域内的图像。

步骤 02 设置 "色阶" 提高图像

新建 "色阶" 调整图层, 在 "属性" 面板中输入色阶值为 4、1.36、255, 输入后可以看到提亮了图像。再单击 "色阶 1" 图层蒙版, 运用黑色画笔在饰品位置涂抹, 还原涂抹区域图像亮度。

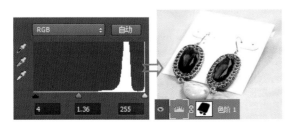

步骤 03 载入选区设置 "色彩平衡" 选项

按住 Ctrl 键不放, 单击 "色阶 1" 图层蒙版, 载入选区, 新建 "色彩平衡" 调整图层, 并在 "属性" 面板中选择 "中间调" 选项, 输入颜色值为 -57、0、+34。

步骤 04 用"曲线"提亮图像

按住 Ctrl 键不放，单击"色彩平衡 1"图层蒙版，载入选区，新建"曲线"调整图层。打开"属性"面板，在面板中分别选择"红""蓝"通道，用鼠标单击并向上拖曳曲线，调整各颜色通道内的图像亮度。

步骤 06 设置"色阶"调整明暗

按住 Ctrl 键不放，单击"图层 4"图层，载入选区，新建"色阶"调整图层，打开"属性"面板，在面板中分别选择 RGB 和"蓝"选项，对其色阶值进行设置。

步骤 05 设置"色相/饱和度"

新建"色相/饱和度"调整图层，并在"属性"面板中对绿色和青色进行设置。

步骤 07 设置"色相/饱和度"

新建"色相/饱和度"调整图层，打开"属性"面板，在面板中分别对"红色"和"黄色"进行设置。

03 扩展画布添加文案

步骤 01 扩展画布绘制直线

设置背景色为白色，选择"裁剪工具"，再次裁剪图像，扩展画布大小，将前景色设置为 R114、G114、B114，选择"直线工具"，调整"粗细"为 3 像素，绘制灰色直线。

步骤 02 绘制图形添加文字

载入"蝴蝶"图案，选择"自定形状工具"，在"形状"拾色器下单击要载入的形状，在图像下方单击并拖曳鼠标，绘制图案，然后选用文字工具在留白区域输入合适的文字。完成本实例的制作。

13.3
个性化的手链照片处理

　　水晶手链是一种流行的饰品，此类商品在拍摄时容易出现反光，因此在后期处理时，需要利用 Photoshop 中的图像修复类工具，对手链上的反光部分进行修复，去除或削弱反光，再分别选择手链上的不同区域，对影调和色彩进行调整，获得更加漂亮的画面效果。

照片点评

由于水晶表面非常光滑，当光线照射到手链上时，会产生反光，导致拍摄出来的图像部分曝光过度，影响了画面的整体效果。

由于布光时细节考虑不充分，照片中的手链颜色不够艳丽，从而削弱了手链的表现力。

在细节的处理上，没有注意背景上的一些小问题，导致图像中出现对比较明显的空白区域。

201

处理思路解析

1 由于图像较暗，画面中出现了噪点，利用 Camera Raw 滤镜和减少杂色滤镜去除杂色。

2 光滑的珠子上出现高亮的反光，在处理时，运用图像修复工具调整并修复图像。

3 为了让手链更具有表现力，使用调整命令分别对手链各个区域的明暗和色彩进行调整。

实例步骤讲解

素 材：
下载资源 \ 素材 \13\02.jpg
源文件：
下载资源 \ 源文件 \13\ 个性化的手链照片处理 .psd

01 去除照片中的噪点

步骤 01 复制图像

打开下载资源 \ 素材 \13\02.jpg，选择"背景"图层，拖曳至"创建新图层"按钮上，释放鼠标，复制图层，得到"背景拷贝"图层。

步骤 02 设置 Camera Raw 滤镜

执行"滤镜 >Camera Raw 滤镜"菜单命令，打开 Camera Raw 对话框，单击"细节"按钮，切换至"细节"选项卡，在选项卡中设置"颜色"为60，"颜色细节"为10，单击"确定"按钮，去除彩色噪点。

步骤 03 设置"减少杂色"滤镜

执行"滤镜 > 杂色 > 减少杂色"菜单命令，打开"减少杂色"对话框，在对话框中输入"强度"为7，"保留细节"为10，"减少杂色"为14，"锐化细节"为15，单击"确定"按钮，进一步去除杂色。

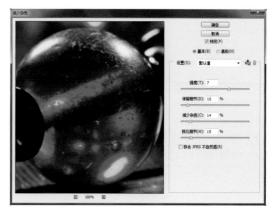

02 去除手链上的瑕疵

步骤 01 单击去除污点

单击工具箱中的"污点修复画笔工具",将鼠标移至手链珠子上的瑕疵位置,单击鼠标后,去除原单击位置的瑕疵。

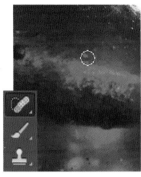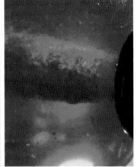

步骤 02 查看图像效果

继续使用"污点修复画笔工具"对手链上的其他瑕疵进行处理,得到更加干净的水晶效果。

步骤 03 仿制修复图像

选择"仿制图章工具",按住 Ctrl 键不放,在反光图像边缘单击,取样图像,然后将鼠标移至反光位置,单击并涂抹,修复图像。经过反复取样修复操作,去除珠子上的明亮反光。

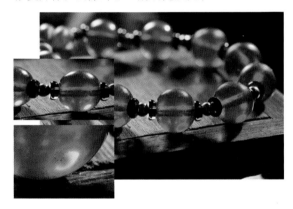

步骤 04 用画笔涂抹图像

设置前景色为 R17、G15、B10,新建"图层 1"图层,运用"画笔工具"在图像下方的白色位置涂抹,将其涂抹为黑色效果。

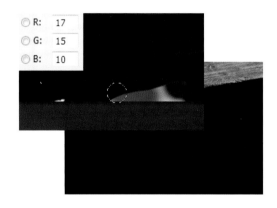

03 分区域调整手链颜色

步骤 01 选择"高光"创建选区

按下快捷键 Ctrl+Shift+Alt+E,盖印图层,得到"图层 2"图层,执行"选择 > 色彩范围"菜单命令,打开"色彩范围"对话框,在对话框中的"选择"下拉列表中选择"高光"选项,将高光部分创建为选区。

步骤 02 设置"色阶"调整明暗

新建"色阶"调整图层，打开"属性"面板，在面板中选择"蓝"选项，输入色阶值为 0、1.15、255；选择"RGB"选项，输入色阶值为 0、0.77、255，调整选区内的图像亮度。

步骤 03 取样图像设置选择范围

单击"图层 2"图层，选择"吸管工具"，在珠子上较红的位置单击，取样颜色，执行"选择 > 色彩范围"菜单命令，打开"色彩范围"对话框，设置"颜色容差"为 127。根据取样颜色调整选择范围，单击"确定"按钮，创建选区。

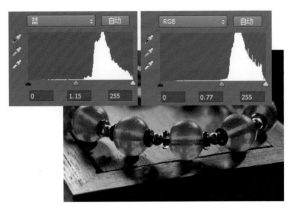

步骤 04 设置"曲线"变换选区颜色

在最上方新建一个"曲线"调整图层，打开"属性"面板，在面板中选择"RGB"和"红"选项，运用鼠标分别对通道内的曲线进行设置，调整选区内的图像颜色。

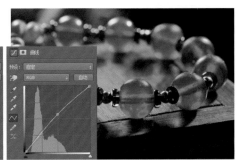

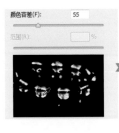

步骤 05 根据色彩范围创建选区

单击"图层 2"图层，执行"选择 > 色彩范围"菜单命令，打开"色彩范围"对话框，设置"颜色容差"为 55。运用"吸管工具"在珠子上方单击，设置选择范围，单击"确定"按钮，创建选区。

步骤 06 设置"可选颜色"选项

在图像最上方新建"选取颜色"调整图层，打开"属性"面板。在面板中选择"红色"选项，输入颜色百分比为 -100、+100、+100、+35，调整选区内的图像颜色。

步骤 07 编辑图层蒙版调整填充范围

单击"选取颜色 1"图层蒙版，选择"画笔工具"，设置前景色为黑色，运用画笔在不需要调整的珠子上方涂抹，还原图像色彩，再将"选取颜色 1"图层的混合模式更改为"强光"，"不透明度"为 47%。

步骤 08 平衡"高光"和"中间调"颜色

单击"调整"面板中的"色彩平衡"按钮，新建"色彩平衡"调整图层，打开"属性"面板，在面板中选择"高光"选项，输入颜色值为 +2、0、-21，选择"中间调"选项，输入颜色值为 0、0、-1，平衡高光与中间调部分颜色。

步骤 09 设置"色相 / 饱和度"

单击"调整"面板中的"色相 / 饱和度"按钮，新建"色相 / 饱和度"调整图层，打开"属性"面板，选择"全图"，在面板中输入"色相"为 -1，"饱和度"为 +29，选择"红色"，输入"色相"为 +6，"饱和度"为 +8，选择"黄色"，输入"色相"为 -7，调整照片颜色，让图像中的手链颜色变得更加鲜艳。

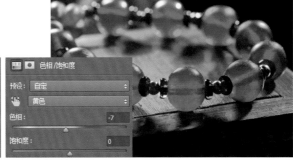

步骤 10 调整方案效果

选择"横排文字工具"，在图像右下角的黑色部分输入合适的文字效果，再选用"矩形工具"和"直线工具"，在输入的文字下方和旁边位置，绘制上不同颜色的图形，得到更加完整的照片效果。完成本实例的制作。

DIAMOND SHINE
Crystal ❶
闪亮水晶
个性宽版彩色闪钻食指戒
璀璨夺目的水晶设计 带你绽放魔法万花筒

13.4
璀璨的戒指照片处理

　　戒指作为日常佩戴饰品之一，在样式、材质上的选择越来越多元化。对于戒指照片的后期处理，为了更好地展示戒指造型，对图像进行了裁剪，并通过模糊手部和背景的方式，烘托主体对象，同时也使得整个画面更加的唯美。

照片点评

画面留白太多，构图不佳，图像中的戒指形象不突出，完全看不到细节。

背景很单一，单色背景虽然能让戒指更具有表现力，但是与整个画面气质不搭配。

模特手部的肌肤纹理虽然不会影响到戒指本身的效果，但这些细小的纹理也会降低画面的整体品质，使图像显得不精美。

手部图像很清晰，容易让观者不清楚要展示的商品是什么，造成主题不明确。

处理思路解析

1 先对照片进行裁剪，使用滤镜对皮肤进行磨皮，再对照片进行模糊处理，加深景深效果。

2 为了让画面更加美观，选用图像修补类工具对手指上的瑕疵进行处理。

3 在手指图像下方添加花朵图案，结合工具和图层蒙版，将花朵融合到图像上。

4 对画面的颜色进行调整，提高肌肤亮度，增强戒指颜色，呈现更精致的图像。

实例步骤讲解

素　材：
下载资源 \ 素材 \13\03、04.jpg
源文件：
下载资源 \ 源文件 \13\ 璀璨的戒指照片处理 .psd

01 模糊背景及手部皮肤突出主体

步骤 01 裁剪照片调整构图

打开下载资源 \ 素材 \13\03.jpg，选用 "裁剪工具" 对图像进行裁剪。突出手上的戒指效果，再选择 "背景" 图层，得到 "背景拷贝" 图层。

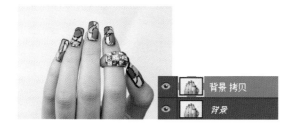

步骤 02 模糊手部图像

选择 "背景拷贝" 图层，执行 "滤镜 > 模糊 > 表面模糊" 菜单命令，打开 "表面模糊" 对话框，在对话框中输入 "半径" 为 8，"阈值" 为 8，输入后单击 "确定" 按钮，模糊图像，添加图层蒙版，在戒指位置涂抹，还原清晰的图像。

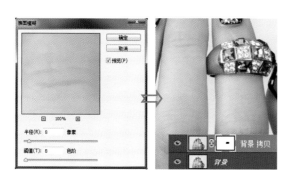

步骤 03 载入选区

盖印图层，按住 Ctrl 键不放，单击 "背景拷贝" 图层蒙版，载入选区。

步骤 04 锐化主体戒指

选择 "背景" 图层，按下快捷键 Ctrl+J，复制选区内的图像，得到 "图层 1" 图层，将此图层放置于最上方，更改混合模式为 "叠加"，再执行 "高反差保留" 滤镜，设置 "半径" 为 1.5，锐化图像，使戒指变得更清晰。

步骤 05 模糊图像增强景深效果

盖印图层,执行"滤镜 > 模糊 > 光圈模糊"菜
单命令,打开模糊画廊,将模糊的焦点移至戒指
对象上,运用鼠标调整模糊的范围后,输入"模糊"
为8像素,单击"确定"按钮,模拟镜头模糊效果。

02 修补图像让画面更整洁

步骤 01 锐化图像边缘

复制"图层2"图层,得到"图
层2拷贝"图层,执行"滤镜 >
锐化 > 锐化边缘"菜单命令,锐
化图像。

步骤 02 用画笔涂抹图像

用"吸管工具"在指甲旁边的皮
肤位置单击,取样颜色,再选择"画
笔工具",调整"不透明度"和"流
量",在指甲边缘单击并涂抹。

步骤 03 修补图像

继续使用同样的方法,在图
像上取样颜色,然后在指甲
边缘反复涂抹后,修复指甲
与皮肤之间的缝隙。

步骤 04 创建选区

选择"套索工具",在选项栏中输入"羽化"
为4像素,在戒指左侧单击并拖曳鼠标,创建
选区,按下快捷键Ctrl+J,复制选区内的图像,
得到"图层3"图层。

步骤 05 设置选项模糊图像

执行"滤镜 > 模糊 >
高斯模糊"菜单命令,
打开"高斯模糊"对
话框,在对话框中输
入"半径"为2.0,
单击"确定"按钮,
模糊图像。

03 向照片中添加新背景

步骤 01 复制图像降低不透明度

打开下载资源 / 素材 /13/04.jpg,将打开的
图像复制到戒指图像上,得到"图层4"图层,
将此图层的"不透明度"设置为75%,降低
不透明度效果。

步骤 02 填充渐变颜色

选择"渐变工具",选择"从黑色到白色渐变"后,单击工具选项栏中的"径向渐变"按钮，从图像中间位置向右上角位置单击并拖曳径向渐变,隐藏花朵图案。

步骤 03 编辑图层蒙版

单击"图层 4"图层蒙版,选择"画笔工具",设置前景色为黑色,在手指上涂抹,隐藏手指上的花朵图案,再将前景色设置为白色,在食指旁边的花朵位置涂抹,使花朵图像变得更淡。

04 调整颜色丰富效果

步骤 01 调整"曲线"更改颜色

按住 Ctrl 键不放,单击"图层 4"图层蒙版,载入选区,新建"曲线"调整图层,打开"属性"面板,在面板中选择"蓝"选项,用鼠标拖曳曲线,调整选区内的图像颜色。

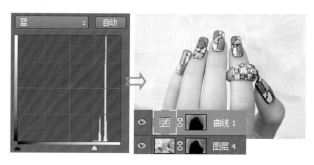

步骤 02 设置"色阶"变换颜色

新建"色阶"调整图层,并在打开的"属性"面板中选择"蓝"选项,输入色阶值为 0、1.02、252,选择 RGB 选项,输入色阶值为 16、1.36、248,单击"色阶 1"图层蒙版,选用黑色画笔在指甲和戒指位置涂抹,隐藏色阶调整。

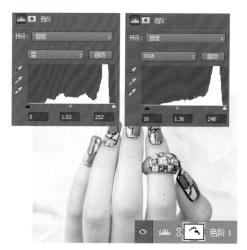

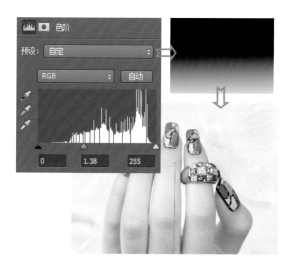

步骤 03 设置"色阶"提亮肌肤颜色

再新建一个"色阶"调整图层,打开"属性"面板,面板输入色阶值为 0、1.38、255,单击"色阶 2"图层蒙版,运用"渐变工具"从上向下拖曳黑白渐变效果,调整下半部分图像亮度,使下方的手指皮肤变得更加白皙。

步骤 04 设置"可选颜色"和"色彩平衡"

新建"选取颜色"调整图层,打开"属性"面板,在面板中选择"红色"选项,输入颜色百分比为 +18、+2、-7、-6,单击"绝对"单选按钮,再新建"色彩平衡"按钮,新建"色彩平衡"调整图层,并在"属性"面板中选择"中间调"选项,输入颜色值为 +13、0、-5,平衡照片颜色,增强红色效果。

步骤 05 设置"色阶"

新建"色阶"调整图层,打开"属性"面板,在面板中单击"预设"下拉按钮,在展开的下拉列表中选择"增加对比度 1"选项,增强对比效果,突出画面中的手指和戒指部分。

步骤 06 设置"色阶"调整中间调部分亮度

盖印图层,执行"选择 > 色彩范围"菜单命令,打开"色彩范围"对话框,在对话框中单击"选择"右侧的下拉按钮,在打开的下拉列表中选择"中间调"选项,单击"确定"按钮,创建选区,新建"色阶"调整图层,输入色阶值为 0、1.29、255,提亮选区亮度,使选区内的皮肤变得更白皙。

提 示

调整选择范围

在"色彩范围"对话框中,若在"选择"下拉列表中选择了颜色、阴影、中间调、高光选项后,位于"色彩范围"对话框下方"颜色容差""范围"等选项均显示为灰色不可调整状态,如果需要对这些参数进行更改,则需要在"选择"下拉列表中对"取样颜色"选项进行设置。

步骤 07 创建"颜色填充"调整图层

新建"颜色填充 1"调整图层,设置填充色为 R242、G167、B122,选择"颜色填充 1"调整图层,将此图层混合模式更改为"柔光","不透明度"为 59%。

步骤 08 调整填充颜色

单击"颜色填充 1"图层蒙版,设置前景色为黑色,按下快捷键 Ctrl+Delete,将蒙版填充为黑色,再选择"画笔工具",设置前景色为白色,在戒指位置涂抹,增强戒指颜色。

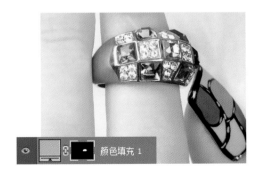

步骤 ⑨ 用"色阶"提亮中间调

按住 Ctrl 键不放,单击"颜色填充 1"图层蒙版,
载入选区,新建"色阶"调整图层,打开"属性"
面板,在面板中单击"预设"下拉按钮,选择"中
间调较亮"选项,提亮选区内的戒指对象。

步骤 ⑩ 编辑"色阶"图层蒙版

单击"色阶 5"图层蒙版,设置前景色为黑色,
选择"画笔工具",在戒指上方的水钻位置涂
抹,还原被涂抹区域的水钻图像的亮度,使水
钻显得更为闪亮。

步骤 ⑪ 调整"可选颜色"

按住 Ctrl 键不放,单击"颜色填充 1"图层蒙版,载入选区,在图像最上方新建"选取颜色"调整图
层,在"属性"面板中选择"黄色"选项,输入颜色比为 -33、+12、-31、+5;选择"红色"选项,
输入颜色比为 -3、-7、-4、-7,调整选区内的戒指颜色,让商品色彩更柔和。

提 示

更改调整选项

创建调整图层后,
双击"图层"面板
中的调整图层缩览
图,打开"属性"
面板并更改参数值,
变换调整效果。

步骤 ⑫ 添加文字和圆形图案

选择"横排文字工具",在图
像左下角输入不同颜色、大小
的文字,选择"椭圆工具",
在符号"!"下方绘制一个粉
色的小圆。完成本实例的制作。

金属材质的手表具有沉稳大气、光泽度高等特点。对于这类手表照片，在后期处理时，可以利用拍摄的多张手表局部图像拼合成一张完整的手表照片后，并对表面上的灰尘、瑕疵进行修复，使表面显得更加整洁。再将图像转换为黑白效果后，加深图像明暗对比，增强手表的金属质感，使手表展现出低调的奢华美。

13.5
精致的手表照片处理

照片点评

除去黑色背景外，手表区域虽然明暗细节很丰富，但是却因对比度不高，使表面偏灰。

表面出现的灰尘以及磨损痕迹，给人一种不干净的感觉，使手表看起来比较陈旧，没有质感。

分别对手表各部分进行拍摄，但是总体构图不完整，不能表现出手表的整体效果。

处理思路解析

1 先创建一个新的文件，并将创建的文件背景色填充为黑色。

2 把准备的素材图像复制到新建文件中，添加图层蒙版，合成新的手表效果。

3 为了增强质感，将图像转换为黑白照片效果。

4 对照片进行锐化处理，调整明暗对比后，得到更精致的手表效果。

实例步骤讲解

素材：
下载资源 \ 素材 \13\05．06.jpg
源文件：
下载资源 \ 源文件 \13\ 精致的手表照片处理 .psd

01 拼接合成完整的手表效果

步骤 01 创建新文件

执行"文件 > 新建"菜单命令，打开"新建文件"对话框，在对话框中设置新建文件大小，创建新文件，并将"背景"图层填充为黑色。

步骤 02 复制图像

打开下载资源 \ 素材 \13\05．06.jpg，将打开的图像复制到新建文件中，得到"图层 1"和"图层 2"图层，为"图层 2"表带图像添加蒙版。

步骤 03 编辑图层蒙版

单击"图层 2"图层蒙版，选择"画笔工具"，设置前景色为黑色，"不透明度"为 55%，在表带图像上涂抹，将多余的手表图像隐藏起来，使表带与下方的手表融合到一起。

步骤 04 根据色彩范围创建选区

隐藏"图层 1"图层，单击"图层 2"图层，执行"选择 > 色彩范围"菜单命令，打开"色彩范围"对话框，在对话框中设置"颜色容差"为 84，运用"吸管工具"在表带中较亮的高光部分单击，设置选择按钮，单击"确定"按钮后，创建选区。

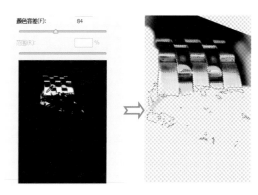

步骤 05 为选区填充颜色

新建"颜色填充 1"调整图层,设置填充色为
R136、G145、B144,选中"颜色填充 1"调整图层,
设置图层混合模式为"颜色加深","不透明度"
为 54%,应用设置的颜色填充选区。

步骤 06 编辑图层蒙版

设置前景色为黑色,选择"画笔工具",单击"颜
色填充 1"图层蒙版,在多余的填充颜色上涂抹,
将其隐藏起来,使填充色与下方图像融合更加自
然,显示"图层 1"图层,查看设置后的效果。

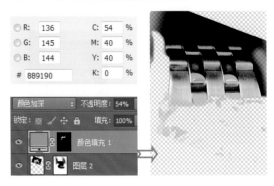 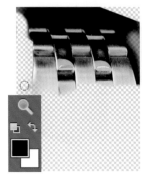 

步骤 07 复制并翻转图像

复制"图层 2"图层,得到"图
层 2 拷贝"图层,执行"编辑 >
变换 > 垂直翻转"菜单命令,
翻转图像,再将翻转后图像移
至手表下方。

步骤 08 编辑图层蒙版

单击"图层 2 拷贝"图层蒙版,
选择"画笔工具",运用此工
具对蒙版显示范围进行调整,
使表带与手表融合得更加自然。

步骤 09 设置色彩范围

隐藏"图层 1""图层 2"和"颜
色填充 1"图层,单击"图层 2
拷贝"图层,执行"选择 > 色
彩范围"菜单命令,打开"色
彩范围"对话框设置选择范围,
创建选区。

步骤 10 更改图层混合模式

新建"颜色填充 2"调整图层,设置填充色为
R167、G175、B180,选中"颜色填充 2"调整
图层,设置图层混合模式为"颜色加深","不
透明度"为 54%,应用设置的颜色填充选区。

步骤 11 编辑图层蒙版

设置前景色为黑色,选择"画笔工具",单击"颜
色填充 2"图层蒙版,在多余的填充颜色上涂抹,
将其隐藏起来,使填充色与下方图像融合更加
自然,显示隐藏的图层,查看设置后的效果。

步骤 12 编辑图层蒙版

选择"图层 1"图层,单击"图层"面板底部的"添加图层蒙版"按钮,为"图层 1"图层添加蒙版,选用黑色画笔在右下方的手边边缘位置涂抹,将多余的表带图像隐藏起来。

步骤 13 选区的变换设置

选择"套索工具",在选项栏中设置"羽化"为30 像素,在左下方的表带位置创建选区,执行"编辑 > 变换 > 变形"菜单命令,打开变形编辑框,对图像进行变换设置。

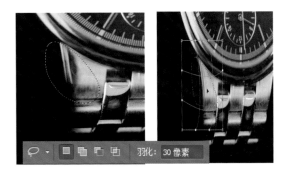

步骤 14 用"曲线"提亮图像

再使用"套索工具"在手表上方创建选区,新建"曲线"调整图层,在打开的"属性"面板中向上拖曳曲线,提亮选区内的图像。

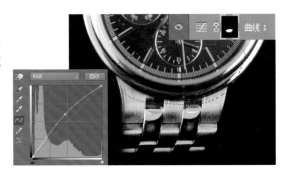

02 为图像设置新的背景

步骤 01 设置黑白效果

单击"调整"面板中"黑色"按钮,新建一个"黑白"调整图层,将原彩色图像转换为黑白照片效果。

步骤 02 锐化图像

按下快捷键 Ctrl+Shift+Alt+E,盖印图层,得到"图层 3"图层。按下快捷键 Ctrl+J,复制图层,得到"图层 3 拷贝"图层,执行"滤镜 > 锐化 >USM 锐化"菜单命令,打开"USM 锐化"对话框,在对话框中输入"数量"为 43,"半径"为 5.0,单击"确定"按钮,锐化图像,让手表变得更清晰。

步骤 03 绘制选区填充为黑色

为"图层 3 拷贝"图层添加图层蒙版，选择"椭圆选框工具"，设置"羽化"为 300 像素，在图像中间的表面上创建选区，再反选选区，单击"图层 3 拷贝"蒙版，将选区填充为黑色。

步骤 04 根据色彩范围创建选区

单击"图层 3 拷贝"图层，执行"选择 > 色彩范围"菜单命令，打开"色彩范围"对话框，在对话框中输入"颜色容差"为 84，运用"吸管工具"在表带上单击，设置选择范围，创建选区。

步骤 05 设置填充颜色填充图像

新建"颜色填充 3"调整图层，设置填充色为 R13、G13、B13，应用设置的填充色填充选区，再选择"画笔工具"，设置前景色为黑色，在不需要填充颜色的图像位置涂抹。选中"颜色填充 3"图层，设置混合模式为"叠加"，"不透明度"为 41%，设置后图像的光影层次更加突出。

步骤 06 更改混合模式

按下快捷键 Ctrl+Shift+Alt+E，盖印图层，得到"图层 4"图层，将此图层的混合模式设置为"柔光"，"不透明度"为 80%，最后在照片中添加合适的文字。完成本实例的制作。

第 14 章
鞋包类商品照片的处理技巧

　　鞋子和包包是人们经常选购的商品，也是出门时必备的时尚单品。漂亮的鞋子与包包相互搭配起来，能彰显一个人的时尚品位。鞋子与包包的种类相对较多，因此在后期处理时，需要把握不同材质鞋子、包包的特点，对照片中的鞋子和包包做精细的调整，才能在提高其品质感的同时，为观者更清楚地展现商品的本质特征。

　　本章选择了一些不同种类的鞋子和包包进行处理，根据不同的包包与鞋子的特点，选择 Photoshop 中的多个工具和命令，对照片进行编辑，展现出商品更漂亮的一面。

知识点提要

1. 鞋包类商品照片的处理流程与要点

2. 休闲的女式腰包照片处理

3. 精美的手提包照片处理

4. 简约的男式运动鞋照片处理

5. 时尚的高跟皮鞋照片处理

14.1
鞋包类商品照片的处理流程与要点

在对鞋包类照片进行处理之前，需要了解鞋包类照片后期处理的流程及要点。对于大多数鞋子与包包而言，其处理的流程有着相同之处。在后期处理时，用户需要根据商品的特点，运用合适的工具或菜单命令，对画面中的商品一步步地进行处理，其处理的流程包括去除商品瑕疵、抠出主体图像、修饰和后期合成等操作。

| 去除照片中的多余的图像 | 将商品从原图像中抠取出来 | 对主体对象进行明暗、色彩的调整 | 向画面中添加图像及其他元素 |

◆ 去画面中的多余图像

在拍摄鞋子与包包类商品时，拍摄者一般会先对拍摄环境进行布景，因此在拍摄时，画面中难免会出多余的图像。在后期处理时，为了避免这些不必要的图像影响画面效果，需要对其进行修复，去除多余的图像。

◆ 将鞋子、包包从原图像中抠取出来

为了让拍摄出来的鞋子、包包更为醒目，最好的方法就是将其从原图像中抠取出来。可以运用 Photoshop 强大的抠图功能，抠出完整的鞋子、包包及它们的投影等，使其不受背景的影响。

◆ 对鞋子、包包的明暗和颜色进行调整

在浏览各类网站上的鞋子、包包的照片时，可以看到这些图像无论在明暗还是色彩上都是非常漂亮的，由此可见调整光影和色彩是处理鞋子、包包类商品非常重要的一步操作。通过对光影和色彩的调整，不仅可以让画面更为美观，而且更能突显出包包、鞋子所使用的材质的好坏，突显其品质。

◆ 添加新的背景及元素完善效果

完成照片色调的调整后，为了让画面效果更完整，会在画面中添加一些图案，并输入相关的文本，对商品做进一步的介绍。这样，不仅能增强整个作品的美观性，还能让处理后的图像更有表现力，激发观者对商品的购买欲望。

糖果果色时尚腰包 *prefusion*

C OLORS

小腰包是夏天最受欢迎的包包
不仅方便而且大方
2014重磅推出了夏季糖果色腰包
清亲的糖果色让你展现个人魅力
The small pocket is the most popular in the summer.
Not only has the advantages of convenient and elegant
The 2014 pound launched the summer candy color pockets
Qing Pro candy color allows you to display personal charm

COLOR DISPLAY 颜色展示

第 4 部分 专题处理篇

14.2
休闲的女式腰包照片处理

　　腰包具有小巧、携带方便等特点。本实例选用的是一张女式帆布腰包照片，在具体的处理过程中，抠出原图像中的包包图像，调整颜色还原包包亮丽的色彩，再对细节进行锐化，表现包包的材质纹理，最后添加新的背景和图案，得到一个完整的商品展示效果。

照片点评

选择黑色作为背景色，
虽然图像中的腰包也
很突出，但是背景的
黑色与包包的蓝色冲
突较大。

在细节的表现上，
不能将这个包包
制作所使用的材
质表现出来。

由于光线不足，画面
中的包包的颜色显得
偏暗，不能完整地表
现出该包包的特点。

为了让画面更丰富，选用了小物
品进行搭配，但是因为选择得不
合适，反而降低了画面品质。

处理思路解析

1 将要表现的主体包包从原背景中抠取出来,隐藏不合适的背景。

2 为了让人们看到包包的真实颜色,对画面的颜色进行了调整,让图像的色彩更加鲜艳。

3 在抠出的包包下方添加蓝色的天空背景,让画面的色调更为统一。

4 在图像右侧绘制矩形图案,然后向人们介绍该包包的特点以及可以选择的颜色等。

实例步骤讲解

素　材:
下载资源 \ 素材 \14\01~03.jpg
源文件:
下载资源 \ 源文件 \14\ 休闲的女式腰包照片处理 .psd

01 从背景中抠出包包图像

步骤 01 沿包包边缘创建选区

打开下载资源 \ 素材 \14\01.jpg, 选用″磁性套索工具″沿包包边缘单击并拖曳,当终点与起点重合后,双击鼠标,创建选区。

步骤 02 从已有选区减去新选区

单击″磁性套索工具″选项栏中的″从选区中减去″按钮, 在包包中间的黑色背景位置继续单击并拖曳,从已有选区中减去新选区,选出完整的包包图像。

步骤 03 将选区中的包包抠出

按下快捷键 Ctrl+J, 复制选区内的图像,得到″图层 1″图层, 选中此图层中的图像,调整其大小和位置。

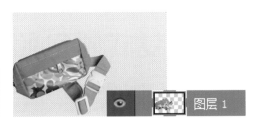

步骤 04 设置内发光选项

双击″图层 1″图层,打开″图层样式″对话框, 在对话框中单击″内发光″样式,然后在对话框右侧调整内发光选项,为抠出的包包添加内发光效果。

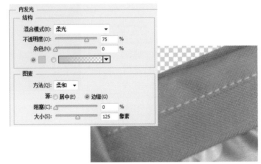

步骤 05 复制图像并锐化

新建"包包"图层组，将抠出的"图层 1"中的包包图像拖曳至该图层组中，复制"图层 1"图层，得到"图层 1 拷贝"图层，执行"滤镜 > 锐化 >USM 锐化"菜单命令，打开"USM 锐化"对话框，在对话框中设置选项，单击"确定"按钮，锐化图像。

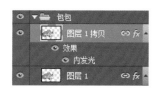

02 对包包的颜色进行调整

步骤 01 用"色阶"调整明亮度

按下 Ctrl 键，单击"图层 1 拷贝"图层，载入选区，新建"色阶"调整图层，并在"属性"面板中输入色阶值为 0、1.11、232，再选用黑色画笔在包包带子上涂抹，还原较亮的图像。

步骤 02 调整"色相 / 饱和度"

再次载入选区，新建"色相 / 饱和度"调整图层，并在"属性"面板中选择"青色"选项，输入"色相"为 -4，"饱和度"为 +26，选择"绿色"选项，输入"色相"为 +2，"饱和度"为 +28，选择"蓝色"选项，输入"色相"为 -12，"饱和度"为 +24，"明度"为 +15，选择"黄色"选项，输入"饱和度"为 +51，选择"全图"选项，输入"饱和度"为 +17。

步骤 03 设置并填充颜色

载入包包选区，新建"颜色填充"调整图层，设置填充色为 R175、G175、B175，选中"颜色填充 1"调整图层，设置混合模式为"饱和度"，"不透明度"为 87%，运用黑色画笔在除带子外的包包图像上涂抹，隐藏填充色。

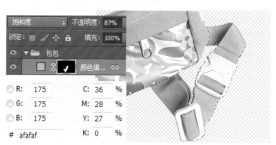

步骤 04 编辑图层蒙版隐藏图像

选中包包以及上方的所有调整图层，盖印选中图层，得到"颜色填充 1（合并）"图层，再垂直翻转图像，添加图层蒙版，编辑图层蒙版，设置投影效果。

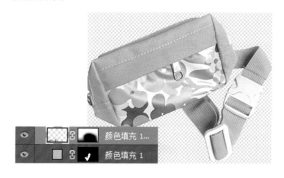

03 为包包添加新的背景

步骤 01 填充渐变颜色

打开下载资源／素材 /14/02.jpg，将该图像复制到包包图像下方，得到"图层 2"图层，新建"图层 3"图层，选用"渐变工具"在图像上拖曳线性渐变色。

步骤 02 更改图层混合模式

打开下载资源／素材 /14/03.jpg 素材图像，将该图像复制到包包图像下方，得到"图层 4"图层，选中"图层 4"图层，将图层混合模式设置为"滤色"，将复制的图像叠加于云朵图像上。

步骤 03 调整"色阶"

新建"色阶"调整图层，打开"属性"面板，在面板中输入色阶值为 0、1.12、255，经过设置后，可以看到图像中间调部分的亮度得到了一定的提高，画面变得更加明亮。

步骤 04 设置"色彩平衡"

新建"色彩平衡"调整图层，打开"属性"面板，在面板中选择"中间调"选项，输入颜色值为 -17、+21、+19，新建"色相/饱和度"调整图层，选择"蓝色"选项，输入"色相"为 -22，"饱和度"为 +17。

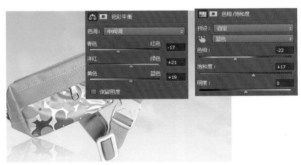

步骤 05 添加水花图案

载入水花笔刷，新建"图层 5"图层，设置图层"不透明度"为 77%，在包包上绘制水花效果，再添加图层蒙版，将多余水花图案隐藏起来。

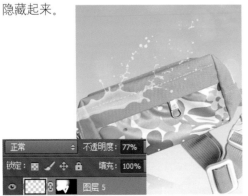

04 向画面添加更多的文字及图形

步骤 01 绘制矩形

设置前景色为 R255、G248、B220，选择"矩形工具"，在包包右侧单击并拖曳鼠标，绘制一个合适的矩形图案。

步骤 02 输入文字绘制图形

选择"横排文字工具"，在绘制的矩形上单击并输入字母 C，然后选择"矩形工具"，在字母 C 旁边绘制一个相同颜色的蓝色矩形，继续使用同样的方法在画面中输入更多文字并绘制上蓝色矩形。

步骤 03 复制图像

盖印"包包"图层组中的所有图层，得到"颜色填充 1（合并）"图层，再将图层中的包包移至图像右下角位置。

步骤 04 添加图层蒙版

选择"矩形选框工具"，按住 Shift 键不放，在包包图像上单击并拖曳鼠标，绘制选区，单击"图层"面板中的"添加图层蒙版"，添加图层蒙版，隐藏多余图像。

步骤 05 调整颜色

按住 Ctrl 键并单击"颜色填充 1（合并）"图层蒙版，载入选区，新建"色相/饱和度"调整图层，并在"属性"面板中输入"色相"为 -137，变换选区内的图像颜色。

步骤 06 继续图像并调整颜色

继续使用同样的方法，复制出另外两个包包图像，再分别在"属性"面板中对包包的颜色进行设置，变换出不同的包包颜色。完成本实例的制作。

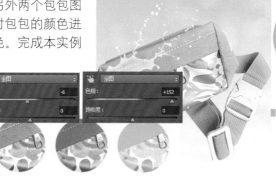

提示

图像的着色处理

在"色相/饱和度"属性面板中，勾选其中的"着色"复选框，可以将图像转换为单色调效果。此时拖曳上方的"色相"和"饱和度"两个选项滑块，可以对图像的颜色和饱和度进行单独调整，获得不同色调的单色图像。

DREAM
独特的设计 手提包
新潮流，新风尚 印花设计

THE BRAND UNIQUE LUSTER OF THE CLASSIC EPI ELECTRIC LEATHER, LET YOU BOTH DURING THE
DAY OR NIGHT BLOOMING WOMEN! THE BAG IS ALSO EQUIPPED WITH
A DETACHABLE SHOULDER STRAP,
SHOULDER DURING THE DAY, NIGHT OR
FORMAL OCCASIONS INTO A MODERN AND MODERN CROSS PACKAGE.
THE BAG IS ARRANGED
INSIDE ZIP POCKET AND CREDIT CARD SLOTS, OPPOSITE A FLAT OUTER BAG.

当季最流行的印花
2014 美雅 印花版上新

14.3
精美的手提包照片处理

　　时尚的印花设计是目前较为流行的提包样式之一，对于这类具有精美印花的手提包的处理，可以运用"钢笔工具"把原图像中的包包对象抠取出来，再对抠出图像的色彩进行调整，让包包的颜色更为鲜艳，突出了精美的印花图案，最后搭配上同色系的背景，让画面变得更为和谐。

照片点评

拍摄环境相对单一且画面中存在非常明显的纸张折痕，影响画面整体美感。

由于拍摄者是采用挂拍方式进行拍摄的，画面中出现了多余的挂钩。

受到拍摄环境的影响，包包的颜色较为灰暗，细节也不够清晰，观者无法透过照片了解商品特色。

简洁的画面虽然可以起到突出商品的作用，但是缺少了一定的美观性，不能更好地向观者展示商品效果。

处理思路解析

1 调整画布大小，使用图像修复工具去除包包带子上面明显的挂钩部分。

2 将要表现的主体包包从原背景中抠取出来，隐藏杂乱的背景。

3 利用调整命令对抠出的包包明暗和颜色进行处理，让包包色彩变得更鲜亮。

4 为了丰富画面效果，用新的背景叠放于包包下方，添加文字信息，得到完整的画面。

实例步骤讲解

素　材：
下载资源 \ 素材 \14\04．05.jpg
源文件：
下载资源 \ 源文件 \14\ 精美的手提包照片处理 .psd

❶ 从背景中抠出包包图像

步骤 01 裁剪照片调整构图

打开下载资源 \ 素材 \14\04.jpg，打开照片后，选择"裁剪工具"，取消"删除裁剪的像素"复选框的勾选状态，绘制裁剪框，调整画面构图。

步骤 02 复制图层取样图像

裁剪图像后，按下快捷键 Ctrl+J，复制图像，得到"图层 0 拷贝"图层，选择"仿制图章工具"，按住 Alt 键不放，单击并取样图像，然后在挂钩位置涂抹。

步骤 03 继续修复图像

按下键盘中的 / 键，调整画笔笔触大小，继续运用"仿制图章工具"在挂钩位置涂抹，经过反复涂抹操作，去除包包上的多余挂钩。

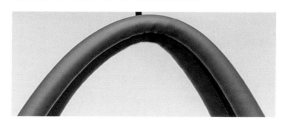

步骤 04 绘制曲线路径

选择工具箱中的"钢笔工具"，在图像中的包包边缘位置单击，添加路径锚点，然后在另一边缘位置单击并拖曳路径锚点，沿包包边缘创建曲线路径。

步骤 05 绘制路径转换为选区

继续使用"钢笔工具"沿包包图像绘制路径，绘制完成后，按下键盘中的 Ctrl+Enter，将绘制的路径转换为选区。按下快捷键 Ctrl+J，复制选区内的图像，得到"图层1"图层，将其他图层隐藏，查看抠出的包包图像。

步骤 06 选择中间调部分

执行"选择 > 色彩范围"菜单命令，打开"色彩范围"对话框，在对话框中的"选择"下拉列表中选择"中间调"选项，将中间调部分图像创建为选区。

步骤 07 更改图层混合模式

按住快捷键 Ctrl+J，复制选区内的图像，得到"图层2"图层，选中该图层，将图层混合模式更改为"柔光"，"不透明度"为90%，以增强对比。

步骤 08 复制图像调整顺序

按住快捷键 Ctrl+J，复制"图层0"图层，得到"图层0拷贝2"图层，将此图层移至"图层1"图层下方，单击"图层"面板底部的"添加图层蒙版"按钮，为复制的"图层0拷贝2"图层添加蒙版。

步骤 09 编辑图层蒙版隐藏图像

单击"图层0拷贝2"图层蒙版，执行"选择 > 色彩范围"菜单命令，打开"色彩范围"对话框，运用"吸管工具"在投影位置单击，调整蒙版显示区域，再结合"画笔工具"在包包以及不需要显示的背景上涂抹，隐藏图像。

步骤 10 编辑图层蒙版隐藏图像

按住Ctrl键不放，单击"图层0拷贝2"图层蒙版，载入选区，单击"图层0拷贝2"图层缩览图，按下快捷键 Ctrl+J，复制选区内的图像，得到"图层3"图层，将此图层混合模式更改为"正片叠底"。

02 调整包包对象色彩

步骤 01 载入选区调整亮度

按住 Ctrl 键不放，单击"图层 2"图层，载入
选区，单击"调整"面板中的"曲线"按钮，
新建"曲线"调整图层，在"属性"面板中向
上拖曳曲线，提亮选区内的图像。

步骤 02 更改混合模式

同时选中"图层 1""图层 2"和"曲线 1"图层，
按下快捷键 Ctrl+Alt+E，盖印图层，得到"曲线 1（合
并）"图层。更改图层混合模式，并设置"高反差保留"
滤镜，锐化包包图像。

步骤 03 设置选项提高色彩鲜艳度

按住 Ctrl 键并单击"图层 1"图层，载入选区，
新建"色相／饱和度"调整图层，并在"属性"
面板中选择"全图"选项，设置"饱和度"为
+25，再选择"黄色"，设置"色相"为 -6，
"饱和度"为 +39，提高饱和度，得到色彩
亮丽的包包。

步骤 04 调整亮度和对比度

再次载入选区，新建"亮度／对比度"调整图层，
并在"属性"面板中输入"亮度"为 36，"对
比度"为 31，设置后提亮商品对象，并增强
了对比效果。

步骤 05 盖印图像设置倒影

盖印抠出的包包及其上方面所有调整图层，得到"亮
度／对比度 1（合并）"图层，执行"编辑 > 变换 >
垂直翻转"菜单命令，翻转图像，并为此图层添加
图层蒙版，隐藏图像，设置出倒影效果。

步骤 06 设置"色彩平衡调整颜色"

按住 Ctrl 键并单击"图层 3"图层，载入选区，新建"色彩平衡"调整图层，打开"属性"面板，在面板中选择"阴影"选项，输入颜色值为 +84、0、-75，选择"中间调"选项，输入颜色值为了 -49、0、-67，选择"高光"选项，输入颜色值为 +54、0、-44。

03 向抠出的包包添加元素

步骤 01 复制背景图层

打开下载资源 \ 素材 \14\05.jpg，将打开的素材图像复制到包包图像下方，再新建"图层 5"图层，运用"矩形选框工具"创建选区，并将选区颜色填充为白色，为图像添加边框效果。

步骤 02 设置"投影"样式

新建"组 1"图层组，选择"矩形工具"在画面左侧绘制一个白色矩形，并适当降低其不透明度。再双击该矩形图层，打开"图层样式"对话框，在对话框中单击"投影"样式，将投影颜色更改为橙色，输入"角度"为 -90，"距离"为 4，"大小"为 5，其他参数不变，单击"确定"按钮，为绘制的矩形添加投影效果。

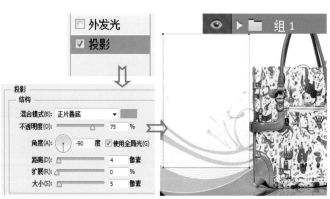

步骤 03 设置并输入文字

选择"横排文字工具"，打开"字符"面板，在面板中对要输入的文字的属性进行调整，然后将鼠标移至白色的矩形图案上，单击并输入文字。

提 示

更改文字排列方向

使用"横排文字工具"在画面中创建横排文字或使用"直排文字工具"在画面中创建直排文字后，直接单击文字工具选项栏中的"更改文本方向"按钮，可以将横排文字转换为直排文字或是将直排文字转换为横排文字效果。

⇒ RETRO

步骤 04 设置"渐变叠加"样式

输入完成后在"图层"面板中会生成对应的文字图层，双击该图层，打开"图层样式"对话框，在对话框中单击"渐变叠加"按钮，并单击右侧的渐变条，打开"渐变编辑器"对话框，在对话框设置渐变颜色为 R248、G152、B67、R209、G48、B0，单击"确定"按钮，返回"图层样式"对话框，继续设置渐变选项，完成后单击"确定"按钮，为文字应用样式。

步骤 05 输入文字复制图层样式

继续使用同样的方法，在已输入的字母下方输入文字，然后将字母上添加的"渐变叠加"样式复制到新输入的文字上。

RETRO
独特的设计

步骤 06 绘制矩形

选择"矩形工具"，设置前景色为 R253、G142、B45，在画面中单击并拖曳鼠标，绘制一个橙色的矩形。

步骤 07 复制图形添加更多文字

按下快捷键 Ctrl+J，复制绘制的矩形，得到"矩形 2 拷贝"图层，将此图层中的矩形拖曳另一合适的位置上，结合"横排文字工具"和"字符"面板，在画面中完成更多文字的添加。完成本实例的制作。

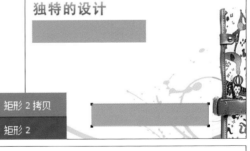

提 示

设置图形的绘制模式

使用"矩形工具"绘制图形时，可以运用选项栏中的"选择工具模式"下拉列表，设置选择图形的绘制方式。单击"选择工具模式"下拉按钮，展开下拉列表，在列表中显示了"形状""路径""像素"3 个选项，选择"形状"选项，可创建包含路径的形状，同时在"图层"面板中会生成一个对应的形状图层；选择"路径"选项，可创建一个路径并将其存储于"路径"面板；选择"像素"选项，则会在图层中为绘制的形状填充当前设置的前景色。

新时速
最受年轻人喜爱的运动品牌

触摸 秋荣
秋季新品发布
AUTUMN
AUTUMN NEW PRODUCT RELEASE
新时速——休闲运动鞋慢跑训练鞋
包邮: ¥249.00

Leisure sports shoe

14.4
简约的男式运动鞋照片处理

　　轻便的男士运动鞋一直以来都受到很多时尚男士的喜欢，在后期处理时，围绕鞋子轻巧、方便的特点，先将鞋子从图像中抠取出来，对抠出的鞋子进行锐化，表现鞋子全皮质感，再向图像添加纯白色的羽毛，突显鞋子轻便的特点。

照片点评

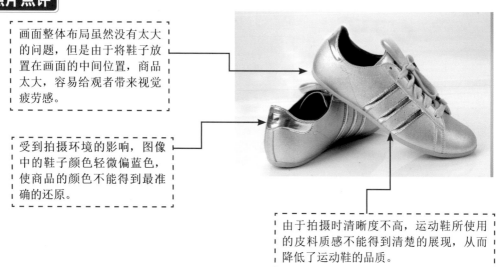

画面整体布局虽然没有太大的问题，但是由于将鞋子放置在画面的中间位置，商品太大，容易给观者带来视觉疲劳感。

受到拍摄环境的影响，图像中的鞋子颜色轻微偏蓝色，使商品的颜色不能得到最准确的还原。

由于拍摄时清晰度不高，运动鞋所使用的皮料质感不能得到清楚的展现，从而降低了运动鞋的品质。

处理思路解析

1 先将鞋子从背景中抠出，再利用蒙版把鞋子下方的投影也抠出，表现出立体感。

2 对抠出图像的大小进行调整，缩小画面中的鞋子对象，并为其填充渐变背景。

3 运用画笔在鞋子右侧的位置绘制白色的羽毛，烘托鞋子轻便的特点。

4 向照片添加品牌商标以及相关介绍信息，让处理后的图像更加完整。

实例步骤讲解

素　材：
下载资源 \ 素材 \14\06.jpg
源文件：
下载资源 \ 源文件 \14\ 简约的男式运动鞋照片处理 .psd

01 为图像设置新的背景

步骤 01 设置并填充渐变背景

打开下载资源 \ 素材 \14\06.jpg，选用"裁剪工具"裁剪图像，调整画布大小，单击"创建新图层"按钮，新建"图层 1"图层，选择"渐变工具"，在图像上方拖曳渐变颜色。

步骤 02 载入选区

单击"图层 1"图层，选择"画笔工具"，分别将前景色为设置为 R234、G237、B238，R151、G165、B173，在绘制的渐变背景上涂抹，调整画面颜色。

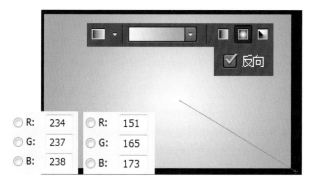

02 抠出鞋子及下方投影

步骤 01 复制图层添加图层蒙版

复制"图层 0"图层，得到"图层 0 拷贝"图层，将此图层移至"图层 1"图层上方，显示鞋子图像。

步骤 02 用画笔编辑图层蒙版

选中"图层 0 拷贝"图层，单击"图层"面板中的"添加图层蒙版"按钮，添加图层蒙版。选择"画笔工具"，单击"画笔预设"选取器中的"硬边圆"画笔，在鞋子旁边的背景上涂抹，隐藏图像。

步骤 03 隐藏除鞋子外的其他图像

按下键盘中的 / 键，调整画笔笔触大小，继续在鞋子旁边的白色背景位置单击并涂抹，隐藏多余的背景图像。

步骤 04 继续使用画笔涂抹

选择"画笔工具"，在"画笔预设"选取器中选择"柔边圆"笔刷，设置"不透明度"为 10%，在鞋子下方的投影位置涂抹，将隐藏的投影重新显示出来。

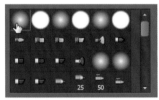

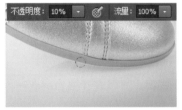

步骤 05 抠出鞋子下方的投影

继续在鞋子下方的投影位置涂抹，显示更多的阴影，然后选中"图层 0 拷贝"图层，按下快捷键 Ctrl+T，对鞋子进行等比例缩小。

03 突出细节并增强影调

步骤 01 载入选区复制图像

按住 Ctrl 键不放，单击"图层 0 拷贝"图层蒙版，载入选区，单击"图层 0 拷贝"图层缩览图，按下快捷键 Ctrl+J，复制选区内的图像，得到"图层 2"图层，将"图层 2"图层的混合模式设置为"叠加"。

步骤 02 设置并锐化图像

选中"图层 2"图层，执行"滤镜 > 其他 > 高反差保留"菜单命令，打开"高反差保留"对话框，在对话框中输入"半径"为 3.0，单击"确定"按钮，锐化图像，让鞋子上的纹理更加清晰。

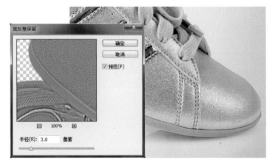

步骤 03 更改图层混合模式

选中"图层 0 拷贝"图层和"图层 2"图层，按下快捷键 Ctrl+Alt+E，盖印选中图层，得到"图层 2（合并）"图层，将"图层 2（合并）"图层混合模式设置为"柔光"，"不透明度"为 50%。

步骤 04 调整"色阶"

新建"色阶"调整图层，并在"属性"面板中将灰色滑块拖曳至 2.24 位置，提亮中间调部分的图像，再将"色阶 1"图层蒙版填充为黑色，运用白色画笔在鞋子上方的较暗的阴影位置涂抹，显示色阶调整。

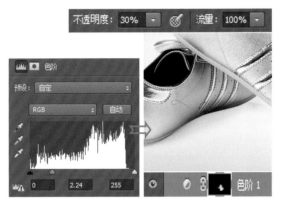

步骤 05 对鞋子颜色进行处理

按住 Ctrl 键不放，单击"图层 2（合并）"图层，载入选区，新建"色相/饱和度"调整图层，并在"属性"面板中选择"全图"选项，输入"饱和度"为 -38，选择"蓝色"选项，输入"色相"为 -7，"饱和度"为 +7。

04 向图像中添加羽毛等元素

步骤 01 选择并绘制图案

载入"羽毛"笔刷，在"画笔预设"选取器中单击，选择载入的画笔，设置前景色为白色，创建新图层，在鞋子下方单击，绘制羽毛图案。

步骤 02 调整绘制的图像位置

按下快捷键 Ctrl+T，打开自由变换编辑框。将鼠标移至编辑框中的任意一个边角位置，当光标变为折线箭头时，单击并拖曳鼠标，旋转图像，再按下 Enter 键，应用变换效果。

步骤 03 复制更多的羽毛

新建"羽毛"图层组,将"图层2"图层中的羽毛拖曳至图层组中,复制多个羽毛图案,分别移至画面中的不同位置,根据版面效果,调整各羽毛的大小。

步骤 04 绘制自定义图案

选择"自定形状工具",设置绘制模式为"形状",在"形状"拾色器中选择"装饰7"形状,在图像左上角单击并拖曳鼠标,绘制白色图形。

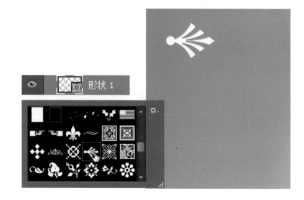

步骤 05 设置并输入文字

选择"横排文字工具",执行"窗口 > 字符"菜单命令,打开"字符"面板,在面板中设置文字属性,然后在绘制的图形下方单击,并输入合适的文字。

步骤 06 为文字设置样式

双击文字图层,打开"图层样式"对话框。在对话框中单击"渐变叠加"样式,然后在右侧设置渐变色为R84、G88、B160,R156、G158、B175,R84、G88、B160,再设置样式为"线性","角度"为0,"缩放"为107,单击"确定"按钮。

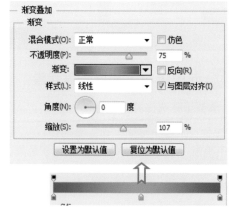

步骤 07 应用样式并输入更多文字

结合"横排文字工具"和"字符"面板,在画面中输入更多的文字效果,然后在一部分文字下方绘制两条白线条。完成本实例的制作。

THIS SECTION OF BEAUTIFUL SHOES INSIDE IS FULL LEATHER SUITABLE FOR SUMMER WEAR COMFORTABLE BREATHABLE NOT SMELLY FOOT HEALTH CARE EFFECT, THE FABRIC USED IN HIGH-GRADE SOFT GOOD PAINT, GOOD CLEAN CLEAN.

PATENT LEATHER
上好皮料
鞋面采用上好漆皮，
穿起来非常舒舒适，时尚大气
显得很秀气。

DIAMOND
镶钻设计
精美的钻饰，低调奢华，
镶嵌闪耀工艺

LACE
鞋带设计
符合人体工程学的鞋带处理，
健康，长走不累脚！

第 4 部分 专题处理篇

14.5
时尚的高跟皮鞋照片处理

高跟鞋可以使女性的曲线更优美，突显女性的成熟魅力。对于女式高跟鞋的处理，需要先将要表现的高跟鞋抠取出来，再对高跟鞋皮面的反光进行处理，削弱高光部分的亮度，再调整高跟鞋的颜色，将文字添加至新文件中，结合蒙版对版面进行编辑，展现更精细的商品细节。

照片点评

拍摄者将鞋子放置到桌面上进行拍摄，白色的背景使整个画面显得非常单调。

照片中鞋子的色彩暗淡，与实际看到的鞋子颜色有一定差别。

受到光线照射的影响，在鞋面上出现明显的反光，影响画面效果。

清晰度不高，鞋子上面的水钻等装饰品都不能很清晰地表现出来。

处理思路解析

1 将其中一只鞋子从原图像中抠取出来，并对鞋面上的反光部分进行编辑，削弱皮鞋表面的反光。

2 对抠出高跟鞋的明暗和颜色进行调整，使编辑后的鞋子显得更加的时尚而亮丽。

3 创建新文件，在新建的文件上添加底纹并把抠出的鞋子放置在页面左侧。

4 把鞋子复制，分别使用剪贴蒙版以显示鞋子的各个细节，再通过简单的文字描述突出鞋子特色。

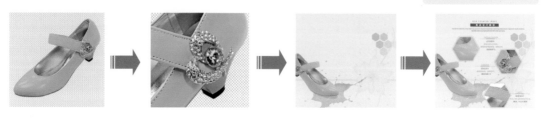

实例步骤讲解

素　材：
下载资源 \ 素材 \14\07~09.jpg
源文件：
下载资源 \ 源文件 \14\ 时尚的高跟皮鞋照片处理 .psd

01 去除鞋子上的明显反光

步骤 01 用"钢笔工具"抠出图像

打开下载资源 \ 素材 \14\07.jpg，选择"钢笔工具"，沿图像中的鞋子单击并拖曳鼠标，绘制工作路径，按下快捷键 Ctrl+Enter，将路径转换为选区，按下快捷键 Ctrl+J，复制选区内的图像，得到"图层 1"图层。

步骤 02 创建选区修补图像

单击"图层 1"图层，选择"修补工具"，在鞋反光上绘制选区，将选区内的图像拖曳至干净的鞋子上，释放鼠标，修复图像。

步骤 03 仿制修复图像

继续使用"修补工具"去除鞋面上明显的反光区域，再选择"仿制图章工具"，按住 Alt 键不放，在干净的鞋子上单击取样，对鞋子的反光部分进行修复，得到更加干净的画面。

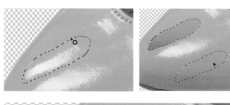

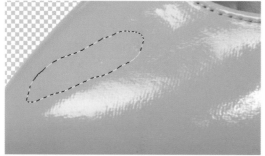

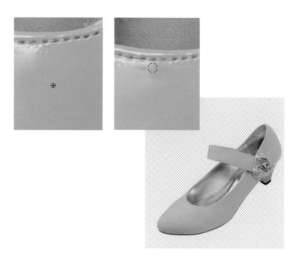

步骤 04 复制图像调整顺序

再次按下 Ctrl 键并单击"图层 1"图层，载入选区，选择"背景"图层。按下快捷键 Ctrl+J，复制选区内的图像，得到"图层 2"图层。将此图层"不透明度"为 34%，然后将"图层 2"图层移至"图层 1"图层上方。

步骤 05 创建选区修复图像

选中"图层 1"和"图层 2"图层，按下快捷键 Ctrl+Alt+E，盖印选中图层，得到"图层 2（合并）"图层，选用"修补工具"对鞋带上的反光做进一步的修补，得到更漂亮的鞋子效果。

步骤 06 锐化图像

复制"图层 2（合并）"图层，得到"图层 2（合并）拷贝"图层，执行"滤镜 > 锐化 >USM 锐化"菜单命令，打开"USM 锐化"对话框，在对话框中输入"数量"为 44，"半径"为 7.6，单击"确定"按钮，锐化图像。

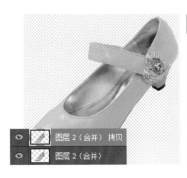
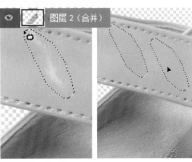

步骤 07 调整"色阶"增强对此

新建"色阶"调整图层，并在"属性"面板中输入色阶值为 15、1.07、246，调整明暗，增强对比，再按下快捷键 Ctrl+Shift+Alt+E，盖印除"背景"图层外的所有图层。

02 创建新文件绘制图形

步骤 01 新建文件填充颜色

执行"文件 > 新建"菜单命令，打开"新建"对话框，在对话框中输入新建文件"宽度"为 1831，"高度"为 1694，单击"确定"按钮，新建文件，将前景色设置为 R236、G236、B236，按下快捷键 Alt+Delete，为新建文件填充颜色。

步骤 02 复制图像更改混合模式

打开下载资源 / 素材 /14/08.jpg，复制到新建文件上，得到"图层 1"图层，执行"图像 > 调整 > 去色"菜单命令，去除颜色，再选中"图层 1"图层，设置图层混合模式为"颜色加深"，"不透明度"为 49%，将复制的素材图案叠加于新建的灰色图像上。

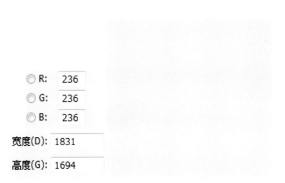

步骤 03 绘制黄色正六边形

选择工具箱中的"多边形工具"，在选项栏中选择绘制模式为"形状"，填充颜色为 R246、G196、B18，"边数"为 6，在画面右侧绘制一个黄色的正六边形。

步骤 04 复制图形降低不透明度

在"图层"面板中将绘制的黄色正六边形选中，复制图层，得到"多边形 1 拷贝"图层，再将此图层的"不透明度"设置为 70%，降低不透明度。

步骤 05 复制更多多边形

继续使用同样的方法，复制多个黄色的正六边形，根据画面需要，分别对各多边形的不透明度进行设置，得到渐隐的多边形排列效果。

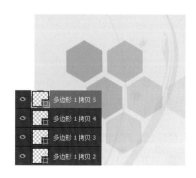

03 抠取水花图像并添加鞋子图像

步骤 01 根据"色彩范围"选取图像

打开下载资源 / 素材 /14/09.jpg，执行"选择 > 色彩范围"菜单命令，打开"色彩范围"对话框，在对话框中设置"颜色容差"为 181，用"吸管工具"在白色背景上单击，设置选择范围，创建选区，执行"选择 > 反相"菜单命令，反选选区。

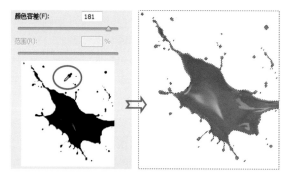

步骤 02 复制选区内的图像

选择"移动工具"，把选区内的粉色图像拖曳至新建的文件中，按下快捷键 Ctrl+T，调整图像大小。

步骤 03 调整并将转换颜色

按住 Ctrl 键不放，单击"图层 2"图层缩览图，载入选区，新建"色相/饱和度"调整图层，并在"属性"面板中设置选项，将选区内的图像更改为黄色。

步骤 04 绘制黑色椭圆

设置前景色为黑色，新建"图层 3"图层，运用"椭圆工具"在红色的水花图像上单击并拖曳，绘制黑色的椭圆图形。

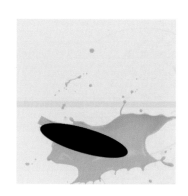

步骤 05 设置滤镜模糊图像

选中 "图层 3" 图层，将 "不透明度" 设置为
15%，执行 "滤镜 > 模糊 > 高斯模糊" 菜单命令，
在打开的 "高斯模糊" 对话框中输入 "半径" 为
7.0，单击 "确定" 按钮，模糊图像。

步骤 06 设置"内发光"样式

将调整后的鞋子图像复制到模糊后的椭圆图像
上，双击鞋子所在的 "图层 4" 图层，打开 "图
层样式" 对话框，在对话框中设置 "内发光" 样
式，为鞋子添加内发光效果。

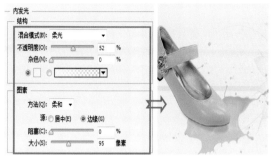

04 添加更多的鞋子图像

步骤 01 绘制多边形并描边

选择 "多边形工具"，在工具
选项栏中设填充色为无，描边
颜色为 R167、G166、B166，
描边粗细为 4 点，描边类型为
直线，然后在页面中单击并拖
曳鼠标，绘制正六边形图案。

步骤 02 复制图形更改选项

复制绘制的正六边形图案，按
下快捷键 Ctrl+T，打开自由
变换编辑框，再按住快捷键
Ctrl+Alt 键不放，单击并拖曳
鼠标，缩放图像，然后在选项
栏中对填充颜色和描边选项进
行更改。

步骤 03 复制鞋子图像

切换至原鞋子素材图像中，将
抠出的鞋子再次拖曳至新建文
件上，得到 "图层 5" 图层，
选用 "移动工具" 调整鞋子图
像所在的位置，将其放置到新
绘制的正六边形图形上。

步骤 04 创建剪贴蒙版

选择 "图层 5" 图层，执行 "图层>创建剪贴蒙版"
菜单命令，将 "图层 5" 图层和 "多边形 2 拷贝"
图层创建为剪贴蒙版组，将超出正六边形外的其他
部分的鞋子对象隐藏起来。

步骤 05 复制多个图层

选中"图层 5""多边形 2"和"多边形 2 拷贝"图层，执行"图层 > 复制图层"菜单命令，在弹出的对话框中单击"确定"按钮。复制图层，得到"图层 5 拷贝""多边形 2 拷贝 2"和"多边形 2 拷贝 3"图层。

步骤 06 编辑剪贴蒙版

选择"移动工具"，把复制的鞋子及图形向左上角移动，再单击"图层 5 拷贝"图层，选择"移动工具"，对剪贴蒙版组中的剪贴内容位置进行调整，显示黄色鞋面区域。

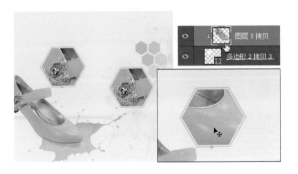

步骤 07 复制多个图层

选中"图层 5 拷贝""多边形 2 拷贝 2"和"多边形 2 拷贝 3"图层，执行"图层 > 复制图层"菜单命令，在弹出的对话框中单击"确定"按钮。复制图层，得到"图层 5 拷贝 2""多边形 2 拷 4"和"多边形 2 拷贝 5"图层。

步骤 08 调整剪贴蒙版中的内容图层

选择"移动工具"，把复制的鞋子及图形向左上角移动，再单击"图层 5 拷贝 2"图层，执行"编辑 > 变换 > 水平翻转"菜单命令，水平翻转图像。再选用"移动工具"移动图层，显示黄色的鞋带部分。

步骤 09 设置"曲线"提亮图像

在画面中继续绘制一些简单的矩形图形，然后选用"横排文字工具"在画面中添加合适的文字。新建"曲线"调整图层，打开"属性"面板，单击并向上拖曳曲线，提亮全图，使画面色彩更淡雅。完成本实例的制作。

第 15 章
美容护肤类商品
照片的处理技巧

　　美容护肤品是商品的又一大类，也是女人绝对无法拒绝的美丽诱惑。美容护肤类商品的种类繁多，包括洁面乳液、腮红、粉饼、眼影等。对于这些商品照片的后期处理，需要根据女性的审美特点，多选用清新或艳丽的色彩来表现，同时通过搭配简洁的背景，表现商品主要特点和功效，从而激发女性的购买欲望。

　　本章选择了一些非常典型的美容护肤类商品照片，通过去瑕疵、调整明暗、修饰色彩等详尽的操作步骤，向读者讲解不同商品的处理技巧和要点，得到更精美的化妆品效果。

知识点提要

1. 美容护肤类商品照片后期处理的流程与要点

2. 清爽的洁面产品照片处理

3. 多色的眼影盒照片处理

4. 闪亮的指甲油照片处理

第 4 部分 专题处理篇

15.1
美容护肤类商品照片后期处理的流程与要点

美容护肤类商品的处理与其他类商品的处理既有一些相似之处，也有一些不同之处。在对美容护肤类商品进行处理时，往往不需要太多的背景修复，只需选择相对较简单的背景或是图案进行修饰，就能获得清晰和直观的产品印象。处理时往往需要经过合成、抠出、润色等几个重要的步骤，从而使处理后的商品更美观，达到宣传商品的目的。

用多张照片合成新的图像 将图像中的主体商品抠出 去除照片中的瑕疵并对细节进行调整 对主体对象进行明暗、色彩的修饰

◆ 商品对象的拼合

在对美容护肤类商品进行拍摄时，为了便于后期处理，往往会选择不同的拍摄角度来表现产品，在后期处理时，如果没有完整的商品，可以通过后期处理，运用多个照片进行拼合，使图像显得更加美观。

◆ 将美容护肤类商品从原图像中抠取出来

为了让背景中的杂物不影响到最终的效果，可以将商品从原背景中抠取出来，根据商品的颜色，再选择与其反差较大颜色进行背景的填充，突出画面中间的主要商品。

◆ 修复商品照片上的明显瑕疵

由于美容护肤类商品一般都非常小，为了拍摄得更加清晰，往往会选择微距拍摄。这时，位于商品上的一些灰尘、杂质等都会出现在画面中。在后期处理时，一定要将这些瑕疵去除，使画面看起来更加干净而纯粹。

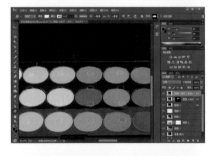

◆ 对商品照片的影调进行润饰

色调是人们对商品的第一印象，因此对于美容护肤商品的处理，更需要根据商品的用途，对图像的颜色进行调整，结合多个调整命令，调整商品的颜色，使要表现的商品更加一目了然。

轻松上妆 温柔卸妆

卸妆乳与卸妆液 完美搭配

YangSang彩妆套装 日常美妆必备

心动价 **99** 元

15.2
清爽的洁面产品照片处理

　　清爽的洁面产品是每个人都应该准备的，它可以更好地保护我们的皮肤。在后期处理时，需要将产品与背景分离出来，再单独对商品的明暗进行调整，提高图像的亮度，让商品显得更加清晰明亮，再向画面中添加水花图案，烘托主题，突出商品的主要功能。

照片点评

因室内光线不足，导致拍摄出来的照片偏暗，使照片中的商品缺乏通透感。

由于照片太暗，商品的颜色也显得比较暗淡，感觉色彩变化不大，缺乏色彩的对比。

背景颜色与画面中要表现的商品颜色相近，均接近于白色，同类色的搭配方式，并不适合于商品的表现，反而会让观者不能一眼就注意到照片中的护肤产品，导致画面主题不突出。

处理思路解析

1 运用抠图工具把在洁面套装产品从原素材照片中抠取出来。

2 为了表现更干净的产品效果，对抠出的商品进行调色。

3 为图像重新设置背景渐变色，并为化妆品添加水波效果。

4 运用画笔在化妆品上方绘制上喷溅的水花，得到更动感的画面效果，最后添加商品促销文案。

实例步骤讲解

素　材：
下载资源 \ 素材 \15\01、02.jpg
源文件：
下载资源 \ 源文件 \15\ 清爽的洁面产品照片处理 .psd

01 抠出商品图像调整明暗

步骤 01 创建路径建立选区

打开下载资源 \ 素材 \15\01.jpg，选用"钢笔工具"沿洁面产品图像绘制路径，右击绘制的工作路径，在弹出的菜单中选择"建立选区"命令，打开"建立选区"对话框，在对话框中输入"羽化半径"为 1，单击"确定"按钮，建立选区。

步骤 02 复制选区内的图像

按下快捷键 Ctrl+J，复制选区内的图像，得到"图层 1"图层，再按下快捷键 Ctrl+J，复制"图层 1"图层，得到"图层 1 拷贝"图层，将此图层的混合模式设置为"叠加"。

步骤 03 收缩选区

执行"选择 > 反相"菜单命令，反选选区，执行"选择 > 修改 > 收缩"菜单命令，打开"收缩选区"对话框，在对话框中输入"收缩量"为 4，单击"确定"按钮，收缩选区。

步骤 04 设置滤镜锐化图像

选中"图层 1 拷贝"图层，执行"滤镜 > 其他 > 高反差保留"菜单命令，打开"高反差保留"对话框，在对话框中输入"半径"为 3.0，单击"确定"按钮，锐化图像。

步骤 05 设置"内发光"选项

选中"图层 1"和"图层 1 拷贝"图层，按下快捷键 Ctrl+Alt+E，盖印图层，得到"图层 1 拷贝（合并）"图层，双击此图层，打开"图层样式"对话框，在对话框中单击"内发光"样式，调整"内发光"选项，为图像添加内发光效果。

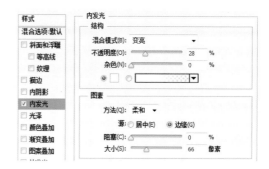

步骤 06 更改图层混合模式

复制"图层 1 拷贝（合并）"图层，得到"图层 1 拷贝（合并）拷贝"，将"图层 1 拷贝（合并）"图层的混合模式更改为"滤色"，提亮画面。

步骤 07 提高图像的亮度

按住 Ctrl 键不放，单击"图层 1 拷贝（合并）"图层，载入选区，新建"色阶"调整图层，并在"属性"面板中设置选项，提亮选区内的图像。

提示

调整不同通道图像色阶

使用"色阶"命令不但可以统一调整阴影，中间调和高光部分的明暗，同时还可以对单个通道内的图像的明暗进行调整。在"色阶"对话框或"色阶"属性面板中，单击 RGB 选项右侧的下拉按钮，将打开通道下拉列表。在该列表中即可选择单个颜色通道，并对选定通道图像的明暗进行调整。

步骤 08 设置"曲线"调整颜色

按住 Ctrl 键不放，单击"图层 1 拷贝（合并）"图层，再载入选区，单击"调整"面板中的"曲线"按钮，新建"曲线"调整图层，打开"属性"面板，在面板中分别选择"蓝""红"和"RGB"通道，运用鼠标拖曳曲线，调整护肤品颜色。

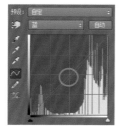 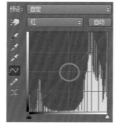 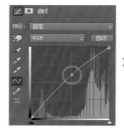 

步骤 09 用"色相/饱和度"调整颜色

新建"色相/饱和度"调整图层，打开"属性"面板，在面板中选择"洋红"选项，输入"饱和度"为 +33，选择"红色"选项，输入"色相"为 -12，"饱和度"为 +50，选择"全图"选项，输入"饱和度"为 +29，提高图像的色彩饱和度。

02 合成新的背景图案

步骤 01 调整图像大小

选择"裁剪工具"，裁剪图像，扩展画布大小，执行"图像 > 图像大小"菜单命令，打开"图像大小"对话框。在对话框中调整图像大小，单击"确定"按钮。

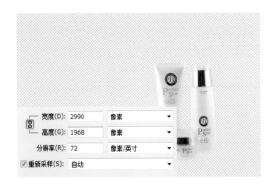

步骤 02 绘制渐变背景

设置前景色为 R246、G254、B255，背景色为 R18、G94、B188，选择"渐变工具"下的"从前景色到背景色渐变"，在洁面产品图像下创建新图层，从洁面产品位置向外拖曳径向渐变。

步骤 03 将水波图像复制到化妆品下方

打开下载资源／素材/15/02.jpg，将打开的水波图像复制到洁面产品上，得到"图层 3"图层，选中"图层 3"图层，将此图层移至"图层 1"图层下方，设置混合模式为"叠加"，使复制的水波图像叠加于渐变背景中。

步骤 04 编辑图层蒙版拼合图像

选中"图层 3"图层，单击"图层"面板底部的"添加图层蒙版"按钮，添加蒙版，再选择"画笔工具"，设置前景色为黑色，画笔"不透明度"为 31%，在水波图像的边缘位置涂抹，隐藏多余图像，拼合图像。

步骤 05 绘制水花图案

载入〝水花〞笔刷，在〝画笔预设〞选取器中选中载入的水花笔刷，单击〝图层〞面板中的〝创建新图层〞按钮。在〝图层 3〞图层上方新建〝图层 4〞图层，设置前景色为白色。〝不透明度〞和〝流量〞均设为 100%，在画面中单击，绘制白色的水花。

步骤 06 绘制另一水花图案

载入〝水花 2〞笔刷，在〝画笔预设〞选取器中选择另一张水花笔刷，新建〝图层 5〞图层，在画面中单击，绘制另一个水花图案。

03 向画面添加元素

步骤 01 编辑图层蒙版隐藏图像

为〝图层 5〞图层添加图层蒙版，选择〝画笔工具〞，设置前景色为黑色，在〝画笔预设〞选取器中单击〝柔边圆〞笔刷，在多余水花位置涂抹，隐藏图像。

步骤 02 添加更多水花效果

继续使用同样的方法在画面中绘制上更多的水花图案，使画面呈现出水花飞溅的效果。

步骤 03 复制文字图像至画面中

盖印所有洁面产品图案及其对应的调整图层，执行〝垂直翻转〞命令，翻转图像，再添加图层蒙版，设置为倒影效果，最后添加合适的文字和图案。完成本实例的制作。

EYE SHADOW

003- 彩色系

适合秋日生活妆、约会妆、表演妆、Party妆等。

让色调随着眼睛角度

而产生不一样的炫动效果

塑造闪亮立体眼眸

星河流转之间

你就是最闪耀的那颗星星

15.3
多色的眼影盒照片处理

　　眼影是增加眼部魅力的重要化妆品，其主要特点是颜色丰富多样。因此，在后期处理时，需要着重表现眼影丰富的色彩变化。将两张照片拼合到一起，得到一个完整的眼影盒，再对盒子上的眼影粉进行处理，调整眼影盒中的眼影颜色，突出盒子中缤纷的眼影色彩。

照片点评

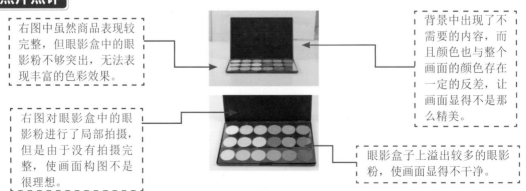

右图中虽然商品表现较完整，但眼影盒中的眼影粉不够突出，无法表现丰富的色彩效果。

右图对眼影盒中的眼影粉进行了局部拍摄，但是由于没有拍摄完整，使画面构图不是很理想。

背景中出现了不需要的内容，而且颜色也与整个画面的颜色存在一定的反差，让画面显得不是那么精美。

眼影盒子上溢出较多的眼影粉，使画面显得不干净。

处理思路解析

1 将拍摄的两幅商品图像拼合在一起,使得眼影盒显得更加完整。

2 为了让画面更加干净,使用图像修复工具去除图像中的灰尘、眼影粉等瑕疵。

3 对图像的颜色和明暗进行调整,降低眼影盒的亮度,突出盒子中的各色眼影。

4 设置新的灰色渐变背景,将原来杂乱的背景隐藏起来,添加文字,组合版式。

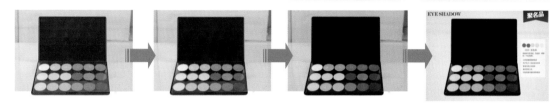

实例步骤讲解

素材:
下载资源 \ 素材 \15\03、04.jpg
源文件:
下载资源 \ 源文件 \15\ 多彩的眼影盒照片处理 .psd

01 拼合图像获取完整的商品

步骤 01 复制图像

打开下载资源 \ 素材 \15\04.jpg, 运用"裁剪工具"裁剪图像,扩展画布大小,将打开的 03.jpg 素材图像复制到 04.jpg 素材图像上,得到"图层 1"图层,按下快捷键 Ctrl+T,将图像调整至合适大小。

步骤 02 用"磁性套索工具"选取图像

选择"磁性套索工具",沿"图层 1"中的眼影盒单击并拖曳鼠标,当终点与起点重合时,创建选区,选中整个眼影盒区域。

步骤 03 羽化选区抠出图像

执行"选择 > 修改 > 羽化"菜单命令,打开"羽化选区"对话框,在对话框中输入"羽化半径"为 1,单击"确定"按钮,羽化选区,按下快捷键 Ctrl+J,复制选区内的图像。

步骤 04 调整图像的位置

选择"图层 2"图层,选择"橡皮擦工具",调整画笔笔触大小,将"图层 2"图层上部分的眼影盒子擦除,然后将图像移至合适的位置,与下方眼影盒结合在一起。

步骤 05 绘制路径转换为选区

执行"编辑 > 变换 > 缩放"菜单命令,打开变换编辑框,按住 Shift 键不放,单击并拖曳,对图像进行等比例缩放操作,再按住 Ctrl 键不放,单击编辑右下角的控制点,调整图像的透视角度,继续使用同样方法调整图像,使调整后的图像与上方眼影盒衔接得更自然。

步骤 06 选择中间调部分

复制"图层 1"图层,得到"图层 1 拷贝"图层,右击"图层 1 拷贝"图层蒙版,在弹出的菜单中执行"应用图层蒙版"命令,应用图层蒙版,将图层混合模式更改为"柔光","不透明度"为 20%。

步骤 07 更改透视角度拼合图像

选中"图层 1"和"图层 1 拷贝"图层,按下快捷键 Ctrl+Alt+E,盖印图层,创建"图层 2"图层,隐藏"图层 1"和"图层 1 拷贝"图层,再为"图层 2"图层添加图层蒙版,运用黑色画笔在两个眼影盒相交位置涂抹,使图像更自然地拼合在一起。

步骤 08 盖印眼影盒图像

复制"图层 2"图层,得到"图层 2拷贝"图层,应用图层蒙版,将"图层 2 拷贝"图层的混合模式设置为"柔光","不透明度"为 20%。按下快捷键 Ctrl+Shift+Alt+E,盖印图层,得到"图层 3"图层。

步骤 09 复制图像调整顺序

选择"背景"图层,按下快捷键 Ctrl+J,复制图层,得到"背景拷贝"图层,隐藏"背景拷贝"图层上方的所有图层,运用"仿制图章工具"在眼影盒左、右两侧进行图像的仿制修复,再显示隐藏图像后,可以看到将下方多余的眼影盒去除。

02 添加新背景去除灰尘与眼影粉

步骤 01 调整眼影盒的位置

在"图层"面板中选中"图层 3"图层,将此图层中的眼影盒向左移动,调整图像位置。

步骤 02 设置并填充渐变背景

设置前景色为 R253、G253、B253，背景色为 R208、G207、B208，选择"渐变工具"，单击"从前景色到背景色渐变"，单击"创建新图层"按钮，在"图层 3"图层下方新建"图层 4"图层，运用"渐变工具"为图像绘制渐变背景。

步骤 03 设置滤镜模糊图像快速修复灰尘

复制"图层 4"图层，得到"图层 4 拷贝 3"图层，执行"滤镜 > 模糊 > 高斯模糊"菜单命令，打开"高斯模糊"对话框，输入"半径"为 2.0，单击"确定"按钮，模糊图像。添加图层蒙版，运用黑色画笔在不需要模糊的图像上涂抹，还原清晰图像。

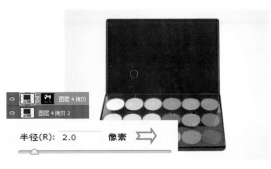

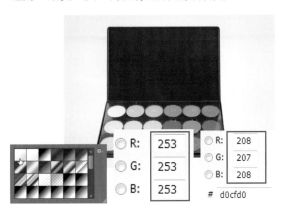

步骤 04 继续修复图像瑕疵

选中"图层 4 拷贝 2"和"图层 4 拷贝"图层，按下快捷键 Ctrl+Alt+E，盖印图层，得到"图层 4 拷贝（合并）"图层，选用"污点修复画笔工具"去眼影盒上方的粉尘及杂质进行修复处理。

03 添加闪亮眼影色

步骤 01 根据颜色范围选取图像

执行"选择 > 色彩范围"菜单命令，打开"色彩范围"对话框，在对话框中设置"颜色容差"为 152，运用"吸管工具"在黑色的盒子位置单击，设置选择范围，创建选区，再按下快捷键 Ctrl+Shift+I，反选选区，并复制选区内的图像。

步骤 02 设置"添加杂色"滤镜添加杂色

选中复制的"图层 5"图层，执行"滤镜 > 杂色 > 添加杂色"菜单命令，打开"添加杂色"对话框，在对话框中输入"数量"为 15，单击"确定"按钮，应用设置的参数，为图像添加杂色效果。

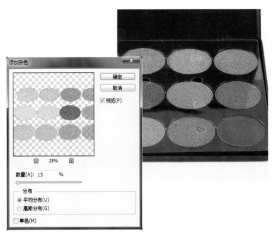

步骤 03 更改图层混合模式

在"图层"面板中选中"图层 5"图层,将此图层的混合模式设置为"变亮","不透明度"为 40%,设置后看到眼影粉变得更加闪亮。

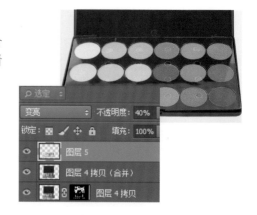

04 对眼影的颜色进行修整

步骤 01 设置"色相/饱和度"

新建"色相/饱和度"调整图层,并在"属性"面板中选择"洋红"选项,输入"饱和度"为 +33,选择"绿色"选项,输入"饱和度"为 -12,选择"全图"选项,输入"饱和度"为 +23。

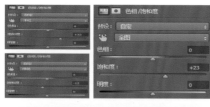

步骤 03 编辑图层蒙版

按住 Ctrl 键不放,单击"图层 4"图层,载入选区,执行"选择 > 反向"菜单命令,反选选区,单击"色阶 1"图层蒙版,按下快捷键 Alt+Delete,将选区填充为黑色。

步骤 02 调整"色阶"增强色彩对此

新建"色阶"调整图层,打开"属性"面板,在面板中将黑色滑块拖曳至 8 位置,将灰色滑块拖曳至 0.79 位置,降低阴影和中间调部分的图像亮度,增强对比效果。

步骤 04 添加文字效果

选用图形绘制工具和文字工具在画面中添加简单的文字说明,对眼影盒的特点进行补充说明,得到更加完整的画面效果。完成本实例的制作。

第4部分 专题处理篇

15.4
闪亮的指甲油照片处理

　　指甲油具有附着力强、光亮度高等特点，将其涂抹到指甲上，不但可起到保护指甲的作用，同时也能美化指甲。在对指甲油照片进行处理时，可以先对曝光过度的图像进行修复，再将指甲油商品抠取出来，对其色彩进行修饰，展现更多不同颜色的指甲油效果。

照片点评

光照太强，指甲油瓶子局部曝光过度，图像细节有部分的损失。

为了使画面中指甲油表现完整，在拍摄时预留了较多的空间，使得画面构图与布局相对简单。

照片的清晰度不是很高，致使指甲油瓶子上的文字及品牌标志不明显，降低了图像的品质。

由于拍摄者没有正确把握光线对色彩的影响，使拍摄图像色彩暗淡且对比度明显不够。

处理思路解析

1 应用 Camera Raw 校正偏色，并修复曝光过度的图像，让画面恢复正常曝光效果。

2 结合通道和调整命令，从原图像中抠出半透明的指甲油瓶子，让画面显得更干净。

3 去除抠出的指甲油瓶子上的指纹、斑点等瑕疵，再对其颜色进行调整，让指甲油颜色更绚丽。

4 将手指素材拖曳至指甲油上方，利用图层蒙版合成图像，突出商品性能。

实例步骤讲解

素　材：
下载资源 \ 素材 \15\05．06.jpg
源文件：
下载资源 \ 源文件 \15\ 闪亮的指甲油照片处理 .psd

01 使用 Camera Raw 修正曝光

步骤 01 "自动"白平衡校正偏色

在 Camera Raw 中打开下载资源 \ 素材 \15\05.jpg，单击"白平衡"下拉按钮，在打开的下拉列表中选择"自动"选项，校正偏色照片。

步骤 02 "自动"功能校正曝光

在"基本"选项卡下单击"自动"按钮，对下方的曝光、对比度、高光等选项进行调整，修复曝光过度的图像。

步骤 03 手动调整亮度

继续在"基本"选项卡下将"高光"滑块拖曳至 +3，"白色"滑块拖曳至 -28，其他参数不变。

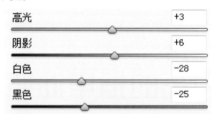

步骤 04 设置"色调曲线"选项

单击"色调曲线"下拉按钮，切换至"色调曲线"选项卡，在选项卡的"参数"标签下将"高光"选项滑块拖曳至 -23 位置，"亮调"选项滑块拖曳至 +3 位置。

02 抠出半透明的指甲油瓶子

单击 Camera Raw 右下角的"打开图像"按钮，在 Photoshop 中打开图像，执行"图像 > 图像大小"菜单命令，打开"图像大小"对话框，调整图像大小。选用"钢笔工具"抠出指甲油瓶子，得到"图层 1"图层，在"图层 1"下方新建"图层 2"图层，并将图层填充为黑色。

切换至"通道"面板，选择"蓝"通道，复制通道，得到"蓝拷贝"通道。执行"图像 > 调整 > 亮度 / 对比度"菜单命令，在打开的对话框中设置选项，调整亮度和对比度。

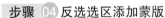

选中"蓝拷贝"通道，单击"通道"面板中的"将通道作为选区载入"按钮，将"蓝拷贝"通道中的图像作为选区载入选区。

单击 RGB 通道，返回至"图层"面板，执行"选择 > 反相"菜单命令，反选选区，选中"图层 1"图层，单击"添加图层蒙版"按钮，添加蒙版。

复制"图层 1"图层，得到"图层 1 拷贝"图层，单击"图层 1 拷贝"图层蒙版，按下快捷键 Alt+Delete，将蒙版填充为白色。

单击"图层 1 拷贝"图层蒙版，设置前景色为黑色，选择"画笔工具"，输入画笔"不透明度"为 38%，在指甲油瓶子边缘高光位置涂抹，隐藏涂抹区域的指甲油瓶子对象，抠出半透明的指甲油瓶子。

在"图层 2"图层上方新建"图层 3"图层，设置前景色为 R253、G251、B252，背景色为 R243、G243、B243。选择"渐变工具"，选择"从前景色到背景色渐变"，单击"径向渐变"按钮，从图像中心向外拖曳渐变效果。

步骤 08 盖印图像

选中"图层 1"和"图层 1 拷贝"图层,按下快捷键 Ctrl+Alt+E,盖印图层,得到"图层 1 拷贝(合并)"图层,隐藏选中"图层 1"和"图层 1 拷贝"图层。

03 去除并瓶子上的指纹等瑕疵

步骤 01 设置"表面模糊"滤镜

选择"图层 1 拷贝(合并)"图层,按下快捷键 Ctrl+J,复制图层,执行"滤镜 > 模糊 > 表面模糊"菜单命令,打开"表面模糊"对话框,在对话框中设置选项,模糊图像。

步骤 02 取样颜色修复图像

选择"吸管工具",在瓶盖上干净的位置单击,对颜色进行取样,然后选择"画笔工具",设置"不透明度"为 20%。运用画笔在瓶子上的指纹位置涂抹,绘制图像将下方的指纹隐藏起来。

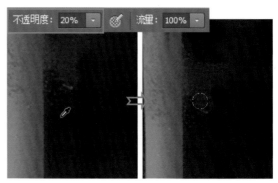

步骤 03 继续修复照片瑕疵

继续使用画笔取样并修复照片,再选用"污点修复画笔工具"将指甲油瓶子上的其他污迹清理干净。

步骤 04 设置"高反差保留"滤镜锐化图像

选择"图层 1 拷贝(合并)拷贝"图层,按下快捷键 Ctrl+J,复制图层,得到"图层 1 拷贝(合并)拷贝 2"图层,将此图层的混合模式更改为"叠加",执行"滤镜 > 其他 > 高反差保留"菜单命令,在打开的对话框中输入"半径"为 2.0 像素,单击"确定"按钮,锐化图像。

04 调整颜色合并图像

步骤 01 设置并去除杂色

新建"色相／饱和度"调整图层，打开"属性"面板，在面板中选择"蓝色"选项，将"饱和度"选项滑块拖曳至 -100 位置，降低蓝色饱和度，修复黑色瓶盖上的杂色。

步骤 02 调整"色相／饱和度"增强色彩

按住 Ctrl 键并单击"图层 1 拷贝（合并）"图层，载入选区，新建"色相／饱和度"调整图层，并在"属性"面板中选择"全图"选项，输入"饱和度"为 +14；选择"红色"选项，输入"色相"为 +5，"饱和度"为 +37；"明度"为 +5，选择"蓝色"选项，输入"色相"为 -2，"饱和度"为 +53；选择"绿色"选项，输入"色相"为 -22，"饱和度"为 +40，"明度"为 +10；选择"青色"选项，输入"饱和度"为 +48；选择"洋红"选项，输入"饱和度"为 +18，经过设置增强色彩。

步骤 03 设置"色阶"增强对此

按住 Ctrl 键并单击"色相／饱和度 1"图层蒙版，载入选区，新建"色阶"调整图层，并在"属性"面板中输入色阶值为 26、1.61、255，单击"色阶 1"图层蒙版，选用黑色画笔在黑色瓶盖上涂抹，隐藏色阶调整。

步骤 04 设置"曲线"

按住 Ctrl 键并单击"色相／饱和度 1"图层蒙版，再次载入选区，新建"曲线"调整图层，打开"属性"面板，在面板中单击并拖曳曲线，调整曲线形状，增强对比。

步骤 05 编辑图层蒙版

按住 Ctrl 键不放，单击"色阶 1"图层蒙版，载入选区，单击"曲线 2"图层蒙版，设置前景色为黑色，按下快捷键 Alt+Delete，将选区填充为黑色，隐藏下方的曲线调整。

步骤 06 根据颜色范围选取图像

打开下载资源 / 素材 /15/06.jpg，将打开的素材图像复制到指甲滑油上方，执行"选择 > 色彩范围"菜单命令，打开"色彩范围"对话框，在对话框中运用"吸管工具"在浅色的背景位置单击，调整选择范围，创建选区。

步骤 07 添加图层蒙版

执行"选择 > 反相"菜单命令，或按下快捷键 Ctrl+Shift+I，反选选区，选择"图层 2"图层。单击"图层"面板中的"添加图层蒙版"按钮，为"图层 2"图层添加图层蒙版，将选区内的图像隐藏起来。

步骤 08 编辑蒙版显示与隐藏图像

选择"画笔工具"，设置前景色为黑色，单击"图层 2"图层蒙版，运用画笔在多余的图像上涂抹，将除手指外的其他图像隐藏。再将前景色设置为白色，在手指图像上涂抹，将隐藏的部分手指图像显示出来。

步骤 09 添加线条与文字

设置前景色为 R258、G156、B156，选择"直线工具"，输入"粗细"为 3 像素。在图像右上角绘制一条灰色直线，再选择"渐变工具"，设置前景色为白色，背景色为黑色。单击"对称渐变"按钮，从直线中间向两边拖曳渐变效果，选用文字工具添加合适的文字效果。完成本实例的制作。

第 5 部分
实战应用篇

第 16 章
商品照片处理
实战应用

在学习各类商品照片处理的技巧与要点后，就可以将编辑后的照片应用于各类商业活动中了。商品照片的商品应用分为电商的应用与传统媒体的应用。根据不同的商业活动对照片内容与风格进行统一处理，使画面中的商品照片与文案信息统一在一起，起到更好的宣传推广作用。

本章针对商品照片在电商和传统媒体的具体应用进行讲解，通过两个简单而实用的例子，使读者学习到更多实用性的商品照片处理技巧，能够将商品照片的后期处理与商业宣传紧密地联系起来，完成各类商品照片的实战性处理。

知识点提要

1. 电商中的应用——网店商品展示设计

2. 传统媒体中的应用——产品宣传画册

在开放的网络环境下，电子商务实现了消费者的网上购物、商户之间的网上交易以及各种商务活动，其中非常具有代表性的电商网站包括当当、京东、淘宝等。这些电商网站，对商品照片的具体应用体现非常之多，在网站中利用大量的商品照片向消费者展示各类商品，吸引消费者的眼球。

学习商品照片的处理方法后，就可以将编辑后的照片应用到网店中。与传统媒体相比，网店对照片像素、分辨率要求会相对较低。因此，新建文档时，只需要将图像分辨率设置为 72 像素 / 英寸即可。如果图像过大，会影响图像上传和浏览的速度。在设计网店页面时，先要规划网店页面的整体布局，运用图像处理工具划分出标题广告栏、店标区域、宝贝描述区域、宝贝细节展示区域等。在完成页面分区后，即可将对应的照片添加到指定的区域中。利用适合的图像编辑工具或命令，对照片再做统一的调整，最后根据添加到页面中的照片，输入简单的文字信息，对展示的商品做进一步的介绍。让商品的用途、特点更加明确，增强消费者对该商品的认识度。

第 5 部分 实战应用篇

16.1
电商中的应用——网店商品展示设计

照片点评

模特圆圆的小脸正好突出了该款服饰清新和可爱的风格，但由于模特脸部皮肤上有较多的痘印，使画面看起来给人一种不干净的感觉。

模特的服饰不是很清晰，服饰上的褶皱、花纹不能够清晰地表现出来，使观者无法看清衣服的材质特点。

原拍摄的服饰色彩虽然没有太大的问题，但是画面的颜色饱和度太低，放在网页中展示不是很美观。

处理思路解析

1 制作商品海报，把拍摄的服饰图像复制到新建文件上方，对服饰及皮肤颜色进行简单的修复。

2 添加商品总体效果展示，利用修补工具去除服装模特面部皮肤上的明显瑕疵，突显该服饰的品牌风格。

3 设计页面中的商品细节展示，将另外一幅服饰图像复制到页面，调整颜色并输入相关的文字信息。

4 添加更多的细节展示效果，把另外的服饰局部照片复制到页面底部，根据服饰特点，输入相关文案。最后对图像进行切片。

实例步骤讲解

素　材：
下载资源 \ 素材 \16\01~04.jpg
源文件：
下载资源 \ 源文件 \16\ 电商中的应用 .psd

01 制作商品展示海报

步骤 01 新建文件绘制黑色矩形

制作网页商品展示效果时，首先需要新建一个文件，通过执行"文件 > 新建"菜单命令，在打开的对话框中输入文件名称为"网店商品展示设计"，再根据网店对图像要求，设置新建文件大小，创建新文件，绘制矩形图案。

步骤 02 创建剪贴蒙版

打开下载资源 / 素材 /16/01.jpg，将打开的商品照片复制到黑色矩形上方，得到"图层 1"图层，执行"图层 > 创建剪贴蒙版"菜单命令，创建剪贴蒙版。

步骤 03 设置"色相 / 饱和度"

为了让网页中的服饰颜色更加亮丽，按住 Ctrl 键不放，单击"矩形 1"图层缩览图，载入选区，新建"色相 / 饱和度"调整图层，选择"全图"选项，输入"饱和度"为 +26；选择"黄色"选项，输入"饱和度"为 +19，调整颜色，增强饱和度。

步骤 04 调整亮度和对比度

按住 Ctrl 键不放，单击"色相／饱和度 1"图层缩览图，载入选区，新建"亮度／对比度"调整图层，打开"属性"面板，在面板中输入"亮度"为 3，"对比度"为 14，提亮图像，增强对比效果。

步骤 05 设置"曲线"调整颜色

再次载入选区，新建"曲线"调整图层，选择"蓝"通道，运用鼠标单击并向下拖曳曲线，调整图像颜色。

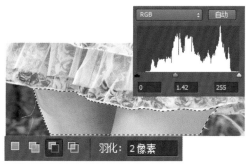

步骤 06 编辑渐变填充图像

再次载入选区，新建"颜色填充 1"调整图层，设置填充色为 R253、G249、B246。选择"渐变工具"，单击"径向渐变"按钮，单击"颜色填充 1"图层蒙版，从图像右上角往左下角拖曳径向渐变效果。

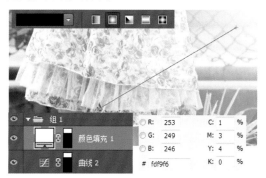

步骤 07 设置"色阶"调整明暗

选择"套索工具"，在选项栏中设置"羽化"值为 2 像素。在沿腿部皮肤单击并拖曳，创建选区，新建"色阶"调整图层，并在"属性"面板中输入色阶值为 0、1.42、255，调整图像，提亮选区内的图像。

步骤 08 绘制白色圆形

选择"椭圆工具"，在人物右侧绘制一个白色椭圆形，选中绘制的"椭圆 3"图层，将"不透明度"设置为 50%，降低不透明度效果。

步骤 09 输入文字效果

服饰商品展示页面中，需要重点突出服饰的材质、价格等。因此，在完成商品的调整后，为了吸引观者的视线，就需为图像添加广告语以及一些简单的商品信息。利用"横排文字工具"在画面中指定的位置输入文字。

02 在信息区添加照片和文字信息

步骤 01 绘制图形填充渐变颜色

完成新建"商品介绍"图层组，新建"矩形工具"，在人物下方的白色背景上绘制一个矩形，然后在矩形工具选项栏中设置选项，为绘制的矩形填充渐变颜色。

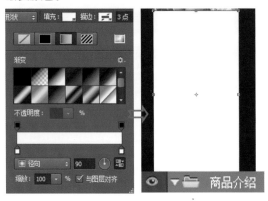

步骤 02 绘制矩形

在"商品介绍"图层组中新建"标题栏"图层组，设置前景色为 R67、G39、B34，选择"矩形工具"，在人物图像下方单击并拖曳鼠标，绘制一个矩形图案，得到"矩形 2"图层。

步骤 03 设置并填充颜色

按住 Ctrl 键不放，单击"矩形 2"图层，载入选区，新建"颜色填充 1"调整图层，设置填充色为 R237、G179、B161。选中"颜色填充 1"图层，将此图层的混合模式设置为"强光"，更改矩形颜色。

步骤 04 设置并应用样式

执行"图层 > 图层样式 > 图案叠加"菜单命令，打开"图案叠加"对话框。在对话框中单击"紫色雏菊"图案，然后设置"缩放"值为 2，单击"确定"按钮，为矩形叠加图案效果。

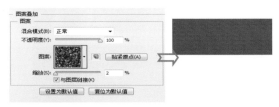

步骤 05 绘制自定义图形

设置前景色为白色，选择"自定形状工具"，在"形状"拾色器中单击"圆环"形状，绘制白色小圆环，再单击"箭头 6"形状，在白色小圆环中间绘制一个白色箭头。

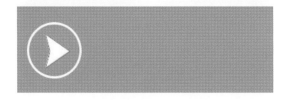

步骤 06 输入文字

选择"横排文字工具"，在绘制的图形右侧输入相关的文字信息。

提示

复位形状

在"形状"拾色器中，如果要载入较多的形状，则可以单击"形状"拾色器右上角的扩展按钮，在展开的菜单中执行"复位形状"命令，可以复位"形状"拾色器中形状。

步骤 07 绘制图形复制图像

选择"矩形工具"，设置前景色为黑色，在产品简介下方绘制一个黑色矩形，打开下载资源 / 素材 /16/02.jpg，将打开的图像复制到黑色矩形上，执行"图层 > 创建剪贴蒙版"菜单命令，创建剪贴蒙版，隐藏多余图像。

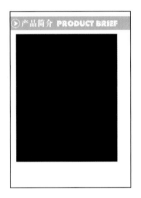 

步骤 08 去除皮肤瑕疵

选择"污点修复画笔工具"，在人物脸部皮肤上的瑕疵位置单击，修复面部皮肤上的瑕疵，让人物与服饰更显精美。

提 示

快速创建剪贴蒙版

在 Photoshop 中，要创建剪贴蒙版，除了可以执行"创建剪贴蒙版"菜单命令外，也可以按下快捷键 Ctrl+Alt+G，快速创建剪贴蒙版。

步骤 09 设置滤镜模糊图像

复制"图层 2"图层，得到"图层 2 拷贝"图层，执行"滤镜 > 模糊 > 表面模糊"菜单命令，打开"表面模糊"对话框。在对话框中设置选项，模糊图像，再添加图层蒙版，在除皮肤外的其他区域涂抹，还原清晰的图像。

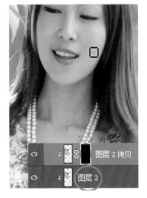

步骤 10 调整明暗及颜色

按住 Ctrl 键并单击"矩形 4"图层，载入选区，新建"曲线"调整图层，并在"属性"面板中运用鼠标拖曳曲线，调整选区亮度，再新建"色相 / 饱和度"调整图层，选择"红色"，输入"饱和度"为 +8，提高图像饱和度。

步骤 11 绘制箭头图形

选用"横排文字工具"文字，再单击"自定形状工具"按钮，在"形状"拾色器中单击"箭头 9"形状，在输入的文字右侧绘制一个灰色箭头，然后按下快捷键 Ctrl+T，打开自由变换编辑框，将箭头顺按顺时针旋转 45 度。

步骤 ⑫ 更多文案的添加

选择"直线工具",设置"粗细"为 4 像素,在文字下方绘制一条灰色直线,继续使用同样的方法,在人物右侧添加其他的文字及图案。

03 商品细节展示处理

步骤 ⑴ 复制标题并更改文字

新建"商品设计要点"图层组,复制"标题栏"图层组,得到"标题栏拷贝"图层组,将此图层组移至"商品设计要点"图层组下,使用"横排文字工具"对图标层中的标题文字做相应的调整。

步骤 ⑵ 绘制椭圆图形

在"商品设计要点"图层组新建"设计要点 01"图层组,选择"椭圆工具",在显示的工具选项栏中设置填充色为无,描边色为 R210、G210、B210,然后在文件中绘制一个合适的正圆图形。

步骤 ⑶ 复制图形更改填充色

选中"椭圆 2"图层,复制该图层,得到"椭圆 2 拷贝"图层,按下快捷键 Ctrl+T,打开自由变换编辑框,再按住快捷键 Ctrl+Shift 键不放,将鼠标移至编辑框转角位置,单击并拖曳,等比例缩放圆形,然后并将填充色更改为黑色。

步骤 ⑷ 设置滤镜锐化图像

打开下载资源 / 素材 /16/03.jpg,将打开的服饰商品图像复制到黑色圆形图像上方,得到"图层 3"图层,选中"图层 3"图层,执行"滤镜 > 锐化 > 锐化"菜单命令,锐化图像。

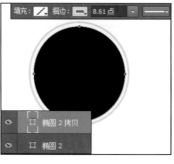

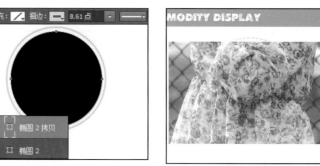

步骤 ⑸ 创建剪贴蒙版

选中"图层 3"图层,执行"图层 > 创建剪贴蒙版"菜单命令,创建剪贴蒙版,隐藏多余图像。

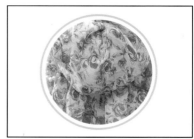

步骤 06 调整亮度和对比度

按住 Ctrl 键不放，单击"椭圆 2 拷贝"图层，载入选区，新建"亮度 / 对比度"调整图层，输入"亮度"为 30，"对比度"为 -2，提亮图像，降低对比度。

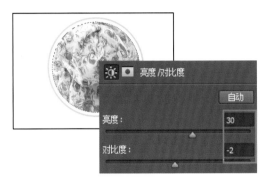

步骤 07 设置选项更改描边效果

选中"椭圆 2"图层，复制图层，得到"椭圆 2 拷贝 2"图层，按下快捷键 Ctrl+T，打开自由变换编辑框。再按住快捷键 Ctrl+Shift 键不放，将鼠标移至编辑框转角位置，单击并拖曳，等比例缩放圆形，在选项栏中调整选项，将图形更改为虚线描边效果。

步骤 08 添加图层蒙版

选中"椭圆 2 拷贝 1"图层，单击"图层"面板中的"添加图层蒙版"按钮，添加图层蒙版，运用黑色画笔在左侧的虚线位置单击，隐藏图形。

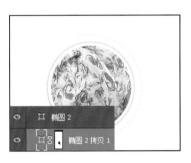

步骤 09 绘制多边形并复制图形

设置前景色为 RGB，选择"多边形工具"，在选项栏中输入"边"为 3，在虚线旁边绘制一个粉色的三角形，继续使用同样的方法，在页面下方绘制图形并置入图像，选用"椭圆工具"和"横排文字工具"在服饰图像旁边输入相关的文字信息。

步骤 10 替换文字及图案

选中"设置要点 01"图层组，复制该图层组，然后分别对各图组中的图像所在位置进行调整，得到错位排列的图案效果。再将"设计要点 01 拷贝"和"设计要点 01 拷贝 2"图层组命名为"设计要点 02"和"设计要点 03"图层组。根据要表现的商品信息，对图层组中的商品及文案信息进行相应的更改。

04 页面输出前的切片操作

步骤 01 切片图像

制作好商品展示页面后，接下来就要开始对界面进行切片存储，为后面上传做好准备。选择工具箱中的"切片工具"，在页面中单击并拖曳，创建第一个文件切片。

步骤 03 执行菜单命令在对话框中预览图像

完成切片工作后，执行"文件 > 存储为 Web 所用格式"菜单命令，打开"存储为 Web 所用格式"对话框，在对话框中选择 JPEG 格式存储并优化这些用于网络的切片图像。

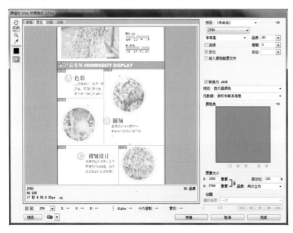

步骤 04 指定文件的存储名称和格式

设置后好优化选项后，单击"存储为 Web 所用格式"对话框右下角的"存储"按钮，打开"将优化结果存储为"对话框，输入文件名，选择存储格式为"HTML 和图像"，单击"保存"按钮。在弹出的对话框中单击"确定"按钮，存储图像。

步骤 02 继续划分切片

继续使用"切片工具"，在画面中对整个页面中的各个区域进行切片设置，将网页中的图像分割成一块一块的图像。

步骤 05 将文件存储于指定文件夹

完成所有 HTML 图像存储操作，在指定的存储文件夹中会出现一个 images 文件夹和一个网店商品展示设计 .html 网页。其中 images 文件夹中存储了所有切片图像，用户可以通过网络上传的方式，把这些图像上传至网店中。完成本实例的制作。

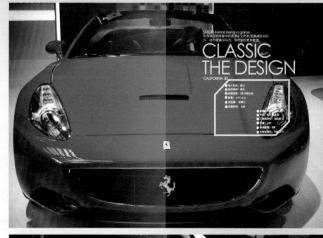

　　商品照片除了在电商中的应用外，在传统媒体上的应用也是非常普遍的，将拍摄的照片经过编辑，对照片中的商品颜色、瑕疵进行处理后，将其应用到各类传统媒体上，向社会公众传递出更多的商品信息。本实例是应用汽车作为素材，制作的一个产品宣传画册。

16.2
传统媒体中的应用——产品宣传画册

照片点评

在拍摄时，由于拍摄环境中有其他元素的影响，使拍摄出的商品背景略显零乱。

为了让室内的光线更明亮，开启了较多的灯光。这些灯光反射到车身上，出现较多的白色反光区域，影响了画面的整体效果。

车子亮部与暗部对比反差较大，使得车身上的局部细节不是很清晰。

处理思路解析

1 创建新文件，构建页面主体框架，将要表现的商品复制至新建的文件中。

2 根据商品特征，定义页面风格，对文件中汽车的色彩进行调整，再添加文字信息。

3 向新页面添加图片，并对图像中的瑕疵进行编辑，去除汽车上面明显的反光，使车身变得更干净。

4 应用同样的处理方法，对另外几处图案和文字进行编辑，得到完成的内页，最后为内页设置出血效果。

实例步骤讲解

素　材：
下载资源 \ 素材 \16\05~11.jpg
源文件：
下载资源 \ 源文件 \16\ 传统媒体中的运用 .psd

01 绘制页面并添加商品图像

步骤 01 创建新文件

执行"文件 > 新建"菜单命令，打开"新建"对话框，在对话框中设置新建文件大小以及背景颜色等，设置后单击"确定"按钮，新建文件。

预设(P):	自定	▼
大小(I):		▼
宽度(W):	210	毫米 ▼
高度(H):	297	毫米 ▼
分辨率(R):	72	像素/英寸 ▼
颜色模式(M):	RGB 颜色 ▼	8 位 ▼
背景内容(C):	白色	▼

步骤 02 绘制矩形填充渐变

创建新图层，选择"矩形工具"，绘制一个与新建文件同等大小的矩形，在选项栏中设置填充色为从灰色到白色渐变，调整渐变类型，为绘制的矩形填充径向渐变效果。

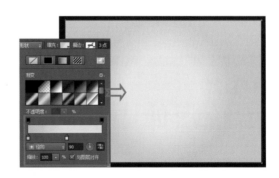

步骤 03 绘制矩形

新建"页面 01-02"图层组，选择"矩形工具"，在选项栏中设置选项后，在图像左上角绘制一个白色矩形；再将前景色更改为 R214、G214、B241，选用"矩形工具"在绘制的白色矩形左侧绘制一个灰色矩形。

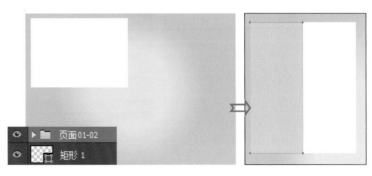

步骤 04 绘制渐变效果

选择"渐变工具",设置"从黑色到白色渐变",从灰色矩形右侧往左侧拖曳线性渐变,隐藏图像,得到渐隐的矩形效果。

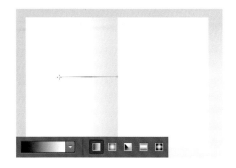

步骤 06 创建剪贴蒙版

选择轮胎所在的"图层 1"图层,执行"类型 > 创建剪贴蒙版"菜单命令,创建剪贴蒙版,将超出多边形的图像隐藏起来。

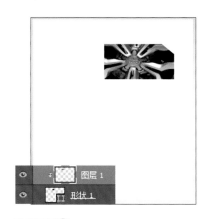

步骤 05 绘制图形并复制至图形上方

选择"钢笔工具",设置前景色为黑色,在右侧的白色矩形上方绘制一个黑色多边形,然后打开下载资源／素材/16/05.jpg,将打开的图像复制到黑色矩形上,调整至合适大小。

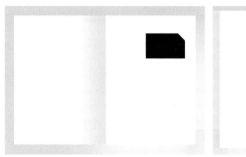

步骤 07 转换黑白效果

按住 Ctrl 键不放,单击"形状 1"图层缩览图,载入选区,单击"调整"面板中的"黑白"按钮,单击"属性"面板中的"自动"按钮,将图像转换为黑白效果,继续使用同样的方法,将另一张汽车图像添加至页面中并转换为黑白效果。

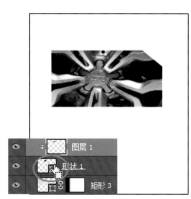

步骤 08 绘制灰色矩形

选择"矩形工具",设置前景色为 R154、G154、B154;在渐变矩形上方绘制一个灰色矩形条,按下快捷键 Ctrl+T,适当旋转绘制的矩形,然后复制多个矩形图形,分别对复制的各个矩形的位置进行调整。选中绘制的灰色矩形以及复制的所有图矩形图形,按下快捷键 Ctrl+E,合并图层;创建"矩形 3"图层;选择"矩形选框工具",在矩形上方绘制矩形选区。

步骤 09 在页面中输入文字

单击"图层"面板中的"添加图层蒙版"按钮，为"矩形 3"图层添加图层蒙版，隐藏选区外的图形，选择"横排文字工具"，在页面中的合适位置单击，并输入不同大小的字体。

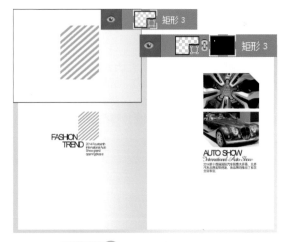

02 向新页面添加汽车并去除瑕疵

步骤 01 创建图层组绘制矩形

新建"页面 03-04"图层组，选择"矩形工具"，设置前景色为白色，在已经编辑好的前两个页面位置绘制一个白色矩形。

步骤 03 单击去除照片反光

选择工具箱中的"污点修复画笔工具"，在汽车上方较小的白色反光区域单击，修复画面中细小的白色反光。

步骤 04 去除商品图像上的瑕疵

选择工具箱中的"仿制图章工具"，在选项栏中设置"不透明度"为 61%，按住 Alt 键不放，在画面的干净车身上单击取样图像，然后在白色的反光位置涂抹，继续修复车身上的瑕疵。

步骤 02 复制图像

打开下载资源／素材／16/07.jpg，将打开的图像复制到新建文件上方，得到"图层 3"图层。

提 示

调整画笔

使用"污点修复画笔工具"在图像上涂抹操作时，可以按下键盘中的 / 键，对画笔笔触大小进行自由的放大或缩小操作，得到更准确的修复效果。

步骤 05 创建剪贴蒙版

选中汽车所在的"图层 3"图层，执行"图层 > 添加图层蒙版"，创建剪贴蒙版，将超出白色矩形的部分图像隐藏起来。

03 调整汽车商品的影调

步骤 01 设置"色相/饱和度"

按住 Ctrl 键不放，单击"矩形 4"图层，载
入选区，新建"色相/饱和度 1"调整图层；
并在"属性"面板中选择"红色"选项，设
置红色"色相"为 -1，"饱和度"为 -19，
再分别选择"青色""洋红""蓝色""绿色"
和"黄色"选项，将这些颜色的"饱和度"
都设置为 -100，根据设置参数，调整汽车色彩。

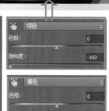

步骤 02 设置"曲线"增强对比效果

按住 Ctrl 键不放，单击"色相/饱和度 1"图层，载入选区，
新建"曲线"调整图层，选择"增加对比度（RGB）"选项，
增强对比效果，再单击"曲线 1"图层蒙版，选用黑色画笔
涂抹不需要变换明暗的汽车位置涂抹，还原图像亮度。

步骤 04 绘制图形输入文字

选择"钢笔工具"，在显示的工具选项栏中设置填充色为无，
描边颜色为 RGB，描边粗细为 8.33 点。运用"钢笔工具"
绘制黄色图形，选择"椭圆工具"，在黄色的图形中间绘制
一个白色小圆，然后将绘制的白色小圆连续单击并调整至合
适位置，并添加相关的商品文字。

步骤 03 复制图形更改图层顺序

在"页面 01-02"图层组中选中"矩
形 3"图层，执行"图层 > 复制图
层"菜单命令，复制图层，得到"矩
形 3 拷贝"图层；将此图层移至"页
面 03-04"图层组中的"曲线 1"图
层上方。

步骤 05 添加更多图像及文字

继续使用同样的方法，对另外两个页
面中的文字和照片进行处理，得到完
整的画册页面。

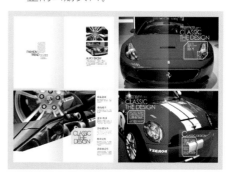

04 满足后期印刷出版出血设置

步骤 01 显示标尺效果

完成画面页面的设计后，通常需要为页面设置出血效果，防止裁刀裁切到成品尺寸中的图片或文字。在 Photoshop 中按下快捷键 Ctrl+R，显示标尺效果。

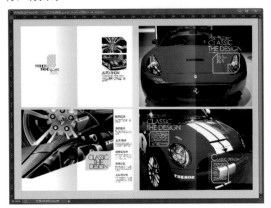

步骤 02 拖出参考线

选择"移动工具"，在显示的标尺上方单击并向下拖曳，创建一条水平参考线，继续使用同样的方法，为画册图像完成页面的出血效果。

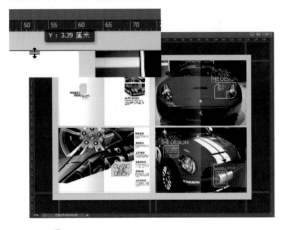

步骤 03 调整分辨率和颜色模式

画册最后需要将其打印出来，因此需要转换为 CMYK 颜色模式，执行"图像 > 模式 >CMYK 颜色"菜单命令，弹出提示对话框。单击对话框中的"拼合"按钮，拼合图像并从 RGB 颜色模式转换为 CMYK 颜色模式，执行"图像 > 图像大小"菜单命令，将编辑后的图像分辨率更改为 300 像素 / 英寸。

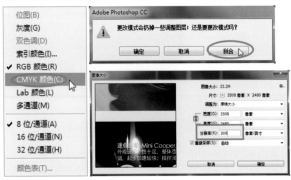

步骤 04 设置存储格式

为了让画册打印出来的效果更好，可以选择以 TIFF 较大文件格式存储，执行"文件 > 另存储为"菜单命令；在打开的对话框中选择文件类型为"TIFF（*.TIF;*.TIFF）"，单击"确定"按钮。

步骤 05 存储 TIFF 图像

弹出"TIFF 选项"对话框，在对话框中单击"确定"按钮，存储 TIFF 图像，并在存储的文件中显示存储的打印文件。

提示

画册出血尺寸

为了满足后期作品的印刷装订工艺要求，需要为图像设置出血。对于画册来说，出血可以是在每边距上各加 3mm，即横向或竖向左右两边或上下两边各加上 3mm，合计起来就是两边共加上 6mm。